LA MORT DE LA MORT

Pour échanger avec le Dr Laurent Alexandre :
laurent.alexandre@dnavision.be

www.editions-jclattes.fr

Dr Laurent Alexandre

LA MORT DE LA MORT

Comment la technomédecine
va bouleverser l'humanité

JC Lattès

Maquette de couverture : Atelier Didier Thimonier

ISBN : 978-2-7096-3680-3

Première édition avril 2011.

À Suzanne Lavault

Sommaire

Introduction

Quelles seront les mutations marquantes du XXIe siècle ? Certaines sont évidentes : la généralisation du numérique, l'émergence de l'économie verte ou encore la montée en puissance de l'Asie. Toutes ces évolutions sont réelles et devraient en effet marquer ce siècle. Mais la révolution la plus importante progresse dans l'indifférence d'une opinion anesthésiée par le silence des médias et des politiques : la révolution biotechnologique.

En réalité, la légèreté avec laquelle ce sujet est évoqué – quand il l'est – fait penser au commentaire de Louis XVI dans son journal intime à la date du 14 juillet 1789[1] : « Aujourd'hui, rien… » L'irrésistible avancée des biotechnologies est pourtant en route. Ses conséquences sur l'homme et sur la Nature même de la vie humaine seront sans commune mesure avec toutes les mutations économiques qui se préparent et pour lesquelles nous sommes presque surinformés. Cette révolution mériterait un sommet mondial au moins autant que le réchauffement climatique, voire plus.

1. Louis XVI revenait de la chasse et n'était pas au courant de la gravité des événements survenus à Paris.

Rares sont aujourd'hui les publications qui permettent au non-initié de mesurer l'ampleur de ce qui se prépare dans les laboratoires du monde entier. Pourtant, les progrès en cours sont assez simples et explicables à tous. La génomique et les thérapies géniques, les cellules souches, la nano-médecine réparatrice, l'hybridation entre l'homme et la machine sont autant de technologies qui vont bouleverser en quelques générations tous nos rapports au monde. Il est ainsi probable que l'espérance de vie doublera, au minimum, au cours de ce siècle.

Le recul accéléré de la mort sera la plus vertigineuse conséquence de ce que les spécialistes appellent la « grande convergence NBIC », c'est-à-dire les synergies entre Nanotechnologies, Biologie, Informatique et sciences Cognitives. L'idée que la mort est un *problème à résoudre* et non une *réalité imposée* par la Nature ou par la volonté divine va s'imposer. Avec l'exploration de l'Univers, l'euthanasie de la mort va devenir l'ultime frontière pour l'Humanité.

Nous allons avoir la capacité technique de bricoler la vie, et rien ne nous empêchera d'user de ce pouvoir. La question n'est plus de savoir si la bataille contre la mort sera victorieuse ou non, mais quels seront les dégâts collatéraux de cette victoire sur la définition de notre Humanité.

Ce futur vertigineux est entre nos mains.

La convergence technologique aura donc des répercussions dans toutes les dimensions de notre société : morale, économique, sociale et culturelle.

Il est facile d'impressionner, encore plus de faire peur, quand on aborde le sujet de l'avenir de l'Humanité. Mais mon objectif n'est pas de jouer au prophète de malheur.

Ce livre n'est pas non plus un ouvrage de science-fiction : il n'apportera aucune révélation fracassante ni aucun *scoop* détonant.

Mon objectif est d'abord d'expliquer des notions encore méconnues comme les thérapies géniques (la « réparation » de gènes défectueux) ou les nanotechnologies (des structures ou des machines à l'échelle d'un nanomètre, soit cent mille fois plus petits que le diamètre d'un cheveu), de manière à ce que chacun puisse prendre la mesure des révolutions qui nous attendent à l'horizon de quelques décennies.

Elle est ensuite de rassembler des informations qui existent déjà, mais qui sont éclatées dans des centaines de publications et d'articles. Tous les éléments qui sont mentionnés dans ce livre sont publics, publiés dans des revues et accessibles sur Internet. Mais, parce qu'elle est complexe – et nettement anxiogène –, cette information reste aujourd'hui confinée dans certains cercles de spécialistes. Il devient crucial de donner au public quelques clés pour mieux appréhender l'avenir de l'Humanité.

Comme souvent, l'attention est accaparée par de bruyants détails que tout le monde pense essentiels. Pendant ce temps, la vraie Histoire – celle dont on parlera dans deux siècles – progresse en silence, dans l'indifférence générale.

Les bouleversements technologiques à venir qui combinent l'ouverture de mondes neufs et inexplorés, la remise en cause de notre contrat social et la refondation de notre économie pourraient être respectivement comparés à ce que furent en leur temps la découverte de l'Amérique, la Révolution française et le développement d'Internet.

Les progrès génétiques, les nanotechnologies et l'explosion de la robotique vont littéralement remodeler l'Humanité dans les années qui viennent. Si le XXe a été le siècle, brutal, du moteur à explosion et des infrastructures en béton, le XXIe sera celui de l'infiniment petit. Un siècle à l'échelle moléculaire… dont les bouleversements seront, eux, gigantesques.

Mais pour donner au lecteur la mesure des transformations qui nous attendent, aucune comparaison historique n'est suffisante. Les changements à venir vont dépasser en ampleur, en rapidité et en impact tout ce que l'Humanité a connu par le passé. La future, ou plutôt les futures révolutions réuniront en un seul processus toutes les formes de changement que les précédentes ruptures de l'Histoire avaient séparément provoquées. Cela sera en particulier vrai dans le domaine médical : nous sommes à la veille d'un bouleversement qui fera passer l'ensemble des progrès médicaux du XXe siècle pour des micro-événements.

La démocratisation du « séquençage de l'ADN » d'un individu (c'est-à-dire la lecture des milliards d'informations contenues dans son patrimoine génétique) va révolutionner la médecine. La connaissance des caractéristiques génétiques de chacun ouvrira la voie à une médecine personnalisée. À terme, la « chirurgie » des gènes permettra la réparation d'anomalies génétiques aujourd'hui graves ou mortelles. La génomique, c'est-à-dire l'étude de notre fonctionnement biologique à l'échelle de nos chromosomes, permettra également de systématiser la culture et l'utilisation des cellules souches à des fins régénératives[1].

Le président Barack Obama – qui a nommé Francis Collins, le généticien qui dirigeait le consortium du pre-

1. Les cellules souches sont ces cellules qui ne sont pas encore spécialisées en un type de cellules spécifiques. Cette capacité de différenciation leur donne la possibilité de remplacer n'importe quel tissu ou organe malades. Ces « cellules de jouvence » sont ainsi les clés de la thérapie cellulaire et de la médecine régénératrice, déjà en plein essor.

mier séquençage humain, à la tête de la recherche médicale américaine – l'a bien compris[1]. Sa mission : faire de la génomique un axe majeur du redéploiement de l'économie américaine. La médecine personnalisée a désormais son ministre outre-Atlantique, quand, en France, nous en sommes encore à nous interroger sur les cellules souches, accumulant ainsi de fatals retards.

Nous avons une idée générale de ce qui nous attend : nous pouvons prévoir à coup sûr la domestication toujours plus grande de la Nature par l'homme, y compris de la Nature humaine.

La science va nous permettre de prendre notre destin en main et il paraît peu vraisemblable, en dépit des protestations prévisibles, qu'un mouvement collectif puisse empêcher cette évolution fondamentale. C'est un chemin sur lequel l'Humanité est engagée depuis qu'elle a appris à domestiquer le feu ; la marche vers la maîtrise totale de soi et du monde ne fait que prolonger une direction que l'Humanité a prise depuis longtemps.

Plutôt qu'essayer d'empêcher cette évolution, il faudra donc réfléchir aux moyens de l'accompagner dans les meilleures conditions. On parle beaucoup aujourd'hui « de la fracture numérique », c'est-à-dire du fossé culturel entre les

1. Le 8 juillet 2009, Barack Obama a annoncé la nomination du généticien Francis Collins à la têt des NIH, les instituts américains de la santé. Ce spécialiste de la génétique a été directeur du National Human Genome Research Institute de 1993 à 2008. Doté d'un budget annuel de 30 milliards de dollars, les NIH finance les six mille scientifiques de ses laboratoires propres, mais aussi plus de trois cent vingt-cinq mille chercheurs travaillant dans diverses universités et instituts de recherche aux États-Unis et ailleurs dans le monde.

« anciens », qui ne maîtrisent pas l'informatique, et les autres. Cette fracture restera cependant un épiphénomène, comparé à la grande « fracture génétique » qui s'annonce pour les années 2030. Notre génération et la suivante pourraient bien, en effet, être les dernières dans l'histoire de l'Humanité à ne pas bénéficier d'une « réparation » et d'une sorte de contrat d'entretien perpétuel de leur patrimoine génétique et biologique. La plus grande inégalité de tous les temps se situera entre ceux d'avant *la fin de la mort* et les autres.

Certains futurologues prédisent que les capacités humaines exploseront[1], grâce à la convergence NBIC, aux alentours de 2050. Peut-être sont-ils optimistes. À vrai dire, la question de la date est secondaire : 2050 ou 2100, peu importe.

Les questions essentielles sont ailleurs : l'homme, transformé par l'hybridation avec les machines, changera-t-il de nature ? Avec l'avènement de l'intelligence artificielle, l'Humanité biologique va-t-elle perdre le pouvoir ? Les religions seront-elles anéanties – ou au contraire regonflées – par les progrès scientifiques qui s'annoncent et la prise en main par l'Homme de son destin ? La mort de la mort préfigure-t-elle la mort de Dieu ? La religion de la technologie est elle en train de remplacer la religion ?

Même si nous ignorons à ce jour le détail des événements, il est crucial que la société se saisisse de ces questions et se prépare à cette mue. Régulièrement, les lignes morales admises à un moment donné subiront des transgressions toujours plus grandes et toujours plus rapides. La définition de ce qui est admissible évoluera constamment, soulevant chaque fois une indignation vite absorbée par un nouveau déplacement des lignes.

1. Ce moment est appelé la « singularité ».

Les quatre révolutions NBIC provoqueront à coup sûr d'importantes tensions sociales et politiques. Tout au long de ce livre, nous nous pencherons sur les différentes étapes des bouleversements à venir pour en comprendre les conséquences.

Ces transgressions scientifiques, introduites initialement dans le but de soigner l'espèce humaine, conduiront à des oppositions violentes – et souvent légitimes – entre ce que nous appellerons les bioconservateurs et les candidats aux bénéfices des avancées de la science. De l'homme « réparé » à l'homme « augmenté », il n'y a qu'un pas qui sera inévitablement franchi. La biopolitique, qui commence juste à se structurer avec les lois bio-éthiques, deviendra sans aucun doute un sujet majeur pour les responsables politiques au cours du XXIe siècle.

D'ores et déjà, de nombreux intellectuels bioconservateurs s'inquiètent, peut-être à juste titre. Francis Fukuyama[1], le brillant philosophe américain et ancien conseiller du président George W. Bush, demande purement et simplement l'interdiction immédiate des biotechnologies… avant qu'il ne soit trop tard ! Pour Francis Fukuyama, comme pour d'autres philosophes, laisser se développer les biotechnologies reviendrait à euthanasier deux mille ans d'histoire judéo-chrétienne. La technomédecine, l'hybridation de l'Homme avec la machine, et tout le reste, condamneraient l'Homme et ses valeurs à disparaître. Peu importe l'énorme demande sociale pour des traitements médicaux plus efficaces et une vie

1. Francis Fukuyama, *La Fin de l'homme*, Gallimard, 2004.

meilleure. Selon lui, ouvrir la boîte de Pandore des biotechnologies serait un tel cauchemar que l'Humanité doit, dès aujourd'hui, consacrer tous ses moyens – y compris ses moyens militaires – à arrêter le mouvement que la science a lancé. Francis Fukuyama, au moment de la chute du mur de Berlin et de l'empire soviétique à la fin des années 1980, avait écrit un retentissant article sur « La fin de l'Histoire » dans lequel il expliquait que, le communisme étant mort, il laissait la place au libéralisme, lequel était l'aboutissement de l'évolution humaine... Sa demande d'arrêter la marche de la biotechnologie se situe dans le droit fil de son analyse sur la fin de l'histoire politique. Commet-il la même erreur en voulant arrêter l'histoire des biotechnologies ?

Qui, des bioconservateurs ou des bioprogressistes, aura le dernier mot ? Sans prendre parti, ce livre cherchera à décrire les termes du débat. Il est urgent de décrypter les enjeux des nouvelles technologies. Il s'agit de saisir ce que le progrès va très bientôt rendre possible ; de comprendre que, face à certaines évolutions inéluctables, il est encore possible de choisir entre certaines options.

Le plus grand risque n'est pas la révolution biotechnologique en elle-même mais le fait que, faute de conscience suffisante, le débat n'ait jamais lieu. Ce risque est d'autant plus grand qu'il n'y aura pas de « grand soir biotechnologique » mais une avancée aussi régulière qu'inexorable. Ce débat à nul autre pareil ne peut être que long, passionné et complexe. Il devra répondre à une multitude de questions, car l'évolution à venir se traduira par des myriades de petits choix plutôt que par une grande rupture monolithique.

Mais il tournera fondamentalement autour d'une seule grande question : quelle société et quelle humanité voulons-nous pour demain ?

La première partie livrera le panorama des évolutions scientifiques en cours ou imminentes qui vont bouleverser notre société. Des lobbies efficaces, idéologiquement bien armés et liés à de puissantes entreprises, travaillent déjà activement à diffuser ces nouvelles technologies jusqu'au cœur de notre humanité.

Puis nous montrerons, dans les deux parties suivantes, que l'application croissante des nouvelles biotechnologies sera inévitable pour au moins deux raisons : elle apparaîtra comme une nécessité biologique et elle répondra à une forte demande sociale.

La question du traitement politique de ces questions sera l'objet de la dernière partie. Face à cette demande, il est en effet urgent que le politique prenne enfin sérieusement en main la question biotechnologique.

PREMIÈRE PARTIE

LE GÉNO-TSUNAMI APPROCHE

Un tsunami, terme japonais, est une vague importante et inhabituelle qui déferle sur un rivage et emporte tout sur son passage, dûe à un séisme, une éruption volcanique sous-marine ou un glissement de terrain. Après un abaissement étrange du niveau de la mer, il provoque un mur d'eau qui s'élève en quelques secondes et détruit tout sur son passage.

Le lendemain de Noël 2004, une de ces vagues fatales a touché onze pays autour de l'océan Indien, dévastant en particulier les côtes de Sumatra et causant plus de deux cent mille victimes. Les images de ce séisme marin d'une incroyable puissance sont restées dans toutes les mémoires. Le terme « tsunami » – au sens de cataclysme et d'événement violent et inattendu – est, depuis cette tragédie, une métaphore très utilisée. Un parti politique subit un profond revers à une élection et on dit qu'il est victime d'un tsunami électoral ; la faillite d'une grande banque américaine en 2008 – qui a déclenché la crise économique – a été qualifiée de tsunami financier…

Mais l'analogie entre le tsunami et la révolution génomique n'est pas exagérée. Les deux phénomènes ont en commun la violence, le caractère implacable et radical du renversement de l'ordre établi.

Les révolutions des biotechnologies que nous allons décrire ressembleront à une vague (technologique d'abord, puis morale, politique et sociale) qui s'abattra sur le monde entier en quelques décennies. C'est un véritable géno-tsunami qui va déferler et remettre en question nos certitudes et nos habitudes.

Une différence majeure avec le tsunami marin est que le géno-tsunami est relativement prévisible. Nous n'aurons aucune excuse quand nous verrons le mur se dresser devant nous. Nous ne pourrons pas dire que nous ne savions pas. Mais la connaissance du phénomène doit aussi être accessible aux non-spécialistes. C'est précisément l'objet de ce livre !

Dans cette première partie, nous allons chercher à expliquer la Nature des innovations scientifiques à l'origine de l'onde de choc.

CHAPITRE 1

NBIC : QUATRE LETTRES POUR EN FINIR AVEC LA MORT

NBIC. Peut-être lisez-vous pour la première fois cet acronyme barbare, mais dans quelques années il pourrait bien devenir aussi familier que le sigle EDF. NBIC résume en quatre lettres les révolutions technologiques dont la conjonction va nous conduire peu à peu vers une « Humanité 2.0 », pour reprendre une terminologie du Web.

Quatre révolutions simultanées qui vont tout changer

Les Nanotechnologies, la Biologie, l'Informatique et les sciences Cognitives (intelligence artificielle et sciences du cerveau) progressent, en effet, mais elles vont surtout converger, en ce sens que les découvertes dans un domaine serviront aux recherches dans un autre. Cette synergie décuplera la puissance de la recherche et permettra des avancées spectaculaires. En quelques décennies, la science-fiction d'aujourd'hui deviendra la science tout court.

Le siècle de la molécule...

L'histoire des progrès scientifiques depuis trois siècles est, fondamentalement, une affaire d'échelle : chaque saut technologique important a été la conséquence d'une capacité nouvelle à maîtriser la matière sur une dimension de plus en plus petite.

La première révolution scientifique et industrielle, à la fin du XVIIIe siècle, était fondée sur la maîtrise de la matière à l'échelle du millimètre ; elle a permis l'émergence de l'industrie lourde.

La deuxième, au XXe siècle, reposait sur la maîtrise de la matière à l'échelle du micromètre, et a conduit au développement des ordinateurs.

La troisième révolution scientifique s'appuie sur les nanosciences qui permettent le contrôle de la matière à l'échelle moléculaire et atomique. Le XXIe siècle sera celui de la molécule.

Dans quelques décennies, les nanotechnologies vont nous permettre de construire et réparer, molécule par molécule, tout ce qu'il est possible d'imaginer. Non seulement les objets usuels, mais aussi des tissus et des organes vivants.

Grâce à ces révolutions concomitantes de la nanotechnologie et de la biologie, chaque élément de notre corps deviendra ainsi réparable, en partie ou en totalité, comme autant de pièces détachées. En réalité, la révolution biologique est déjà en marche : nous sommes déjà capables de reprogrammer – sommairement pour l'instant – notre patrimoine génétique. La connaissance des faiblesses génétiques de chaque individu conduira à une médecine personnalisée, puis à la « chirurgie des gènes ». Beaucoup de maladies pourront ainsi être éradiquées et, à terme, nous pourrons enrayer la détérioration du génome humain qui menace (nous verrons pourquoi et comment).

… *Et de l'intelligence artificielle*

Les deux autres révolutions, celles de l'informatique et des sciences cognitives, produiront également des résultats spectaculaires. L'augmentation exponentielle des vitesses de calcul informatique et l'émergence de l'intelligence artificielle permettront notamment de développer des automates dont l'intelligence pourrait dépasser celle de l'Homme.

Vous souvenez-vous de l'époque où l'on assurait que l'ordinateur ne battrait jamais le cerveau humain aux échecs ? En 1996, un ordinateur nommé Deep Blue était dominé par le champion du monde d'échecs du moment, Garry Kasparov (par quatre victoires à deux). Un an plus tard, en mai 1997, le champion dut cette fois s'incliner.

Au-delà des impressionnantes capacités de calcul mises en œuvre, la difficulté à créer une intelligence artificielle (IA) est de parvenir à reproduire la plasticité du cerveau humain, c'est-à-dire la capacité de nos neurones à changer de mode de fonctionnement selon le contexte[1].

L'intelligence dépasse, en effet, la simple capacité de mémorisation et de traitement d'une grande quantité d'informations[2]. L'intelligence artificielle possédera cette capacité de mettre les choses en relation et on peut parier

---

1. Nous reviendrons plus en détail sur le fonctionnement du cerveau car une part importante des évolutions à venir est conditionnée par la structure très particulière de ce formidable outil.

2. *Interligere*, en latin, désigne la capacité à lier entre elles les choses, plus que leur compilation.

qu'elle concurrencera celle de l'homme d'ici à 2050, voire plus tôt. Des spécialistes de l'IA prévoient qu'elle sera d'ici à la fin de ce siècle beaucoup plus puissante et subtile que le plus remarquable cerveau humain, dépassant ainsi les limites de la complexité cognitive d'origine biologique.

Elle ira même plus loin : elle deviendra capable d'évoluer – ce que jusqu'à présent aucune machine ne peut faire – et aura les caractéristiques plastiques du cerveau humain. Cette dernière propriété est la plus importante, car elle échappe au déterminisme, qui est la marque des machines. En rompant le rapport nécessaire entre des causes données et les réponses apportées, on donne une place à la volonté. Autrement dit, on crée un véritable libre arbitre. Pas besoin d'avoir vu le film *2001, l'Odyssée de l'espace*, pour comprendre que la grande convergence NBIC comporte sa part de risques !

La cognitique : de la cartographie de l'esprit à l'intelligence artificielle

Le développement de l'intelligence artificielle supposera une meilleure connaissance du cerveau, qui reste un continent à explorer. Constitué de cent milliards de neurones, sa compréhension nécessite une puissance informatique tout juste disponible. Toutefois, l'analyse de la structure cérébrale progresse rapidement au rythme des capacités de traitement informatique. La cartographie de l'esprit humain vient de débuter et elle va prendre deux ou trois décennies. Le projet « Connectome[1] » vise, par exemple, à

1. www.humanconnectomeproject.org. Ce programme, qui repose sur un partenariat entre UCLA et Harvard, est très synergique avec les travaux du Paul Allen Institute, dont nous parlons plus loin.

représenter l'ensemble des synapses en trois dimensions. La phase actuelle est consacrée au cerveau de la souris, qui ne possède que cent millions de neurones et nécessite déjà un Pétaoctet (un million de milliards de données) de stockage informatique par millimètre cube de cerveau. L'homme possède mille fois plus de neurones, avec un câblage nettement plus complexe. Le responsable du projet « Connectome », le Dr Jeff Lichtman, attend avec impatience[1] de pouvoir disposer des moyens informatiques nécessaires pour passer à l'homme. Il faut, pour cela, des ordinateurs Zettaoctets (plusieurs milliers de milliards de milliards de données) et donc attendre les années 2018-2020. L'analyse complète du câblage neuronal humain nécessitera des serveurs un million de fois supérieurs à ceux dont nous disposons aujourd'hui. Une puissance Zettaflops (mille milliards de milliards d'opérations à la seconde) s'impose. Cela suppose soit de mettre en réseau un nombre élevé d'ordinateurs, soit d'attendre la fin de la décennie 2020-2030[2]. Le connectome, fruit du croisement de nos gènes et de nos expériences intellectuelles, est une pièce maîtresse dans la progression de la cognitique. Comprendre comment sont stockées nos émotions et notre mémoire est fondamental pour lutter contre les maladies dégénératives. Les enjeux sont immenses.

La cognitique se développe de façon exponentielle, mais dans l'indifférence, parce que l'opinion n'a pas encore compris qu'une intelligence artificielle est d'ores et déjà née : Google !

---

1. *New York Times*, 27 décembre 2010.

2. Intel pense que le seuil Zettaflops, soit un million de fois la puissance maximale disponible aujourd'hui, sera franchi vers 2029.

C'est grâce à Internet que la cognitique se développe. L'émergence de moteurs intelligents, d'algorithmes auto-apprenant suppose la participation de milliers de chercheurs de par le monde, que seul Internet peut réunir en temps réel. La diffusion immédiate de toute innovation, de toute découverte est la première pierre de l'envol de la cognitique. La première étape correspond à la mise en commun, la mutualisation des connaissances à l'échelle de la planète. Cela se fait sous plusieurs formes. D'une part, par la création de moteurs de recherche porteurs d'un embryon d'intelligence artificielle. D'autre part, grâce à la mise en commun des bases de connaissance[1]. Ce point est crucial dans les progrès en génomique. Sans le partage des algorithmes bio-informatiques entre tous les défricheurs de l'ADN, la génomique n'existerait pas. Les nouvelles mutations découvertes sont partagées, les nouvelles méthodes statistiques aussi. Cet univers « open-source » construit une intelligence collective, bien éloignée des robots humanoïdes de science-fiction, mais qui marque le début de l'intelligence artificielle. La Noosphère de Teilhard de Chardin[2] se bâtit sous nos yeux sans que nous en ayons conscience. Les savoirs se transmettent de façon virale, à toute vitesse. Sur chaque sujet un peu pointu, des blogs partagent astuces et nouvelles idées à la vitesse de la lumière.

Cette alchimie qui se met en place est un formidable accélérateur dans les sciences de la vie.

---

1. La mise à disposition de tout le monde de la base de données Medline en 1997 par Al Gore a révolutionné la diffusion de la connaissance.

2. Ce philosophe jésuite avait théorisé l'émergence d'un cerveau planétaire réunissant toute l'Humanité sous une forme dématérialisée.

Avec les progrès de l'intelligence artificielle et de l'informatique, nous allons créer des interfaces cerveau-ordinateur. Des versions primitives de ces interfaces existent déjà : des capteurs implantés dans le cerveau de singes, par exemple, permettent à ces derniers de contrôler des robots par la pensée[1]. Dans quelques décennies, nous pourrions être « assistés » par des puces intégrées dans notre cerveau ou interfacés *via* un casque muni de micro-électrodes. Nous serons aussi et surtout « connectés » aux bases de données universelles (Internet), et capables à terme de communiquer directement par la pensée d'humain à humain. Nous pourrons, au sein d'une sorte de Facebook futuriste et dématérialisé, créer des groupes de « conscience collective » et nous rencontrer dans des mondes virtuels d'un réalisme parfait, à mille lieux de l'actuel et basique Second Life.

Fertilisations croisées : le grand carrefour NBIC

Les quatre composantes de la révolution NBIC se fertilisent mutuellement. La biologie, et notamment la génétique, profite de l'explosion des capacités de calcul informatique et des nanotechnologies indispensables pour lire et modifier la molécule d'ADN. Les nanotechnologies bénéficient des progrès informatiques et des sciences cognitives, qui, elles-mêmes, se construisent à l'aide des

1. En mai 2008, l'équipe d'Andrew Schwartz de l'université de Pittsburgh (Pennsylvanie) marque une avancée dans ce domaine : des singes ont commandé par la pensée un bras-robotique pour saisir des aliments et les manger. Ce type d'interface pourrait rapidement servir à des personnes paralysées. Source : « *Cortical control of a prosthetic arm for self-feeding* », Velliste M. *et al.*, *Nature*, 2008.

trois autres composantes… En effet, les sciences cognitives utiliseront la génétique, les biotechnologies et les nanotechnologies pour comprendre puis « augmenter » le cerveau et pour bâtir des formes de plus en plus sophistiquées d'intelligence artificielle, éventuellement directement branchées sur le cerveau biologique humain.

Avec le passage à l'échelle nanométrique, nous allons pouvoir former des combinaisons entre les atomes, les neurones, les gènes ou les bits des ordinateurs. La physique, la biologie et l'informatique vont se conjuguer, ouvrant ainsi des possibilités infinies et vertigineuses. Chaque objet, si petit soit-il (par exemple un nanorobot), pourra être un mini-ordinateur communicant.

Intégrés par millions dans notre corps, ces nanorobots nous informeront en temps réel d'un problème physique. Ils seront capables d'établir des diagnostics et d'intervenir. Ils circuleront dans le corps humain, nettoyant les artères et expulsant les déchets cellulaires. Ces robots médicaux programmables détruiront les virus, les cellules cancéreuses. Plus spectaculaires encore, les neuronanotechnologies ont l'objectif de modifier le fonctionnement du cerveau au niveau des neurones.

La dimension révolutionnaire des technologies Nano tient au fait que la vie opère à l'échelle du nanomètre. Les composants moléculaires de nos cellules sont des machines nanométriques. Maîtriser le nanomonde permettra donc de manipuler le vivant. Les progrès technologiques effacent rapidement la frontière entre la chimie et la biologie, entre la matière et la vie. Il faut bien comprendre que, à l'échelle du nanomonde, il n'y a aucune différence entre une molécule chimique et une molécule « vivante ». La fusion de la biologie et des nanotechnologies transformera le médecin en ingénieur du vivant et lui donnera, décennie après décennie, un pouvoir inouï sur notre nature biologique. Le bricolage du vivant semble sans limites. Puisqu'il n'y a pas de différence entre chimie et biologie, la transformation du vivant semblera de plus en plus légitime dans une société où la lutte contre nos faiblesses biologiques et nos souffrances sera prioritaire aux yeux de l'opinion. Les citoyens penseront que les technologies NBIC sont moralement acceptables, parce qu'elles permettent de dépasser nos limites et de réduire les blessures de la vie[1].

Ce potentiel synergique des quatre révolutions NBIC va provoquer tout au long de ce siècle des changements inimaginables. Tous nos rapports au monde et à la vie en seront transformés. Les définitions de la liberté et de l'égalité, le droit, la justice seront bouleversées. Nos repères philosophiques et moraux vont trembler sur leurs bases : l'évolution exponentielle des révolutions technologiques ne nous laissera pas le temps de souffler. Les changements de paradigmes seront incessants, et nous devrons en quelques décennies digérer plus de changements radicaux que l'Humanité au cours de toute son histoire.

Le journaliste scientifique Hervé Kempf a une expression saisissante pour décrire ce tourbillon : par analogie avec le Paléolithique et le Néolithique, il parle de notre entrée dans le « Biolithique[2] ». Car c'est bel et bien une nouvelle ère pour l'Humanité qui commence, aussi com-

---

1. Cette éthique utilitariste a été théorisée par Stuart Mill dès le XIXe siècle. Elle pourrait bien être la marque de notre siècle.

2. Hervé Kempf, *La Révolution biolithique*, Albin Michel, 2000.

parable dans ses bouleversements que celles qui ont suivi l'invention de l'outil ou la maîtrise du feu.

L'intelligence humaine « non biologique », c'est-à-dire obtenue grâce à des ordinateurs que nous implanterons dans notre cerveau, est un sujet qui soulèvera des polémiques terribles, mais qui s'imposera à travers les générations nourries à la réalité virtuelle et convaincues des bienfaits de la technologie, à côté desquelles nos jeunes adeptes de la Playstation feront figure de conservateurs tatillons.

Les questions qui se poseront seront nombreuses et déstabilisantes. Un homme « hybride », bardé de prothèses high-tech, dont les performances intellectuelles sont largement artificielles, est-il encore un homme ? Jusqu'à quelle proportion d'artefacts implantés le restera-t-il ?

Plus préoccupant, « l'humain-cyborg », « l'humain hybride » ultra-puissant de 2060 s'accommodera-t-il de l'existence de l'humain biologique ? Comme l'a écrit le chercheur Bill Joy, inventeur du langage Java et cofondateur de la société informatique Sun, dans un article publié par la revue américaine *Wired* resté célèbre, « Le futur aura-t-il encore besoin de nous[1] ? » En d'autres termes, des ordinateurs des millions de fois plus intelligents que nous ne seront-ils pas tentés de nous éliminer purement et simplement ? Sommes-nous en train de foncer tête baissée vers notre propre destruction ?

Nous verrons dans la troisième partie pourquoi et comment ce tourbillon ahurissant va renverser une à une les défenses dressées à la hâte pour en contenir la progression. Nos sociétés auront à peine le temps de digérer une

1. *Wired*, avril 2000.

nouvelle transgression que la suivante aura pris le relais, chaque barrière franchie facilitant l'effondrement de la suivante. La « biopolitique » dont nous parlerons dans la dernière partie de cet ouvrage sera en permanence au cœur des débats dans les assemblées législatives, mais aussi dans les familles. Il est temps de se préparer à la tempête. Le progrès va tout renverser sur son passage, et nous avec, si nous ne sommes pas solidement amarrés…

Mieux comprendre la mort… pour accélérer son grignotage

La révolution NBIC commencera… par la fin ! Elle trouvera son principal débouché dans l'univers de la médecine, tant la demande sociale de retarder le vieillissement et la mort est presque universelle et illimitée. Et, pour la première fois dans l'histoire de l'Humanité, la lutte entre la médecine et la mort n'est pas jouée d'avance. Pour apprécier la portée de cette révolution, il nous faut d'abord comprendre ce qu'est la mort en tant que mécanisme biologique et quelle est sa place dans l'histoire de la vie.

Je meurs donc je suis

Le mystère de la mort, depuis l'aube des temps, a fait l'objet d'un mélange de craintes et de vénérations. La mort a été socialisée et exorcisée au moyen des discours religieux qui lui accordent une place centrale quoiqu'à la signification variable. Pour les catholiques, les morts sont appelés auprès de Dieu ; pour les musulmans, la mort réalise le destin ; pour les hindouistes et les bouddhistes, l'Homme se réincarne et son passage sur terre en temps qu'humain n'est peut-être pas sa première vie.

Nécessité fait loi, la résignation face à la mort a longtemps été la règle. La seule croyance que partage l'Humanité est celle que nous allons tous mourir, toujours. Schopenhauer ne disait-il pas que la vie est une mort ajournée ? Pour l'homme du XXe siècle, l'idée de supprimer la mort était aussi saugrenue que la perspective d'aller sur la Lune à l'époque de Napoléon. Elle pourrait pourtant se révéler, *in fine*, aussi réaliste.

Pourtant, nous avons presque honte à l'idée que nous pourrions considérablement faire reculer la mort. Paradoxalement, si penser la mort nous est douloureux, penser l'absence de mort nous est plus difficile encore. Mais, pour les générations futures baignées dans une médecine de combat, notre résignation face à la mort pourrait bien devenir une énigme.

Beaucoup d'intellectuels considèrent que le but de la philosophie est d'apprendre à mourir. Apprivoiser notre hantise de la mort permet ainsi de bien vieillir et de bien mourir. La psychologue Marie de Hennezel, qui a beaucoup aidé le président François Mitterrand à accepter sa mort, défend une vision très positive du vieillissement. Elle soutient que le bien-vieillir est un beau combat qui ne doit pas être vécu comme un échec désespérant. La sagesse cultivée très tôt dans notre vie doit ainsi permettre de vivre notre fin de façon joyeuse. Nous devons à cette vision lucide et positive de la vieillesse et de la mort une meilleure prise en charge des mourants depuis une quinzaine d'années. Les centres de soins palliatifs, où des soignants remarquables accompagnent les patients en phase terminale avec une lumineuse affection, y trouvent leur origine. Ce visage d'une fin positive peut nous convaincre que nous avons une place dans la société jusqu'au bout. Nous devons réapprendre à mourir, nous expliquent ces humanistes. Cela permet, en tout cas, de sortir le mourant du ghetto où la société moderne l'a enfermé, depuis que l'escamotage de la mort s'est imposé.

Cette vision positive de la fin de vie n'est pas partagée par tout le monde. Beaucoup vivent leur vieillesse avec une profonde nostalgie. L'écrivain Michel Tournier remarque avec tristesse que « la vieillesse, c'est la voie de garage[1] ». C'est cette conception qui se répand le plus et qui entraînera la revendication à lutter contre la mort avec toutes les facettes de la technomédecine. La chanteuse Carla Bruni résume dans une de ses chansons ce refus de la sagesse : « Quand je verrai ma mort juste au pied de mon lit… je lui dirai : écoute, laisse-moi juste une minute. Juste encore une minute, juste encore une minute. » En fait, plus la mort recule, plus elle paraît terrifiante et insupportable.

L'opinion penchera davantage du côté de Carla Bruni que de Marie de Hennezel ! C'est d'autant plus inéluctable que la philosophie du bien-vieillir fait référence à la mort d'avant « l'épidémie de maladie d'Alzheimer ». Cette belle mort entourée des êtres chers a laissé la place à une mort peu enviable succédant à un long crépuscule cérébral. La maladie d'Alzheimer[2] horrifie la société et va dissoudre nos dernières réticences à l'égard de la technomédecine, qui sera perçue comme la seule issue.

---

1. *L'Express*, 19 mai 2010.
2. Ainsi que les autres formes de démences séniles.

Demain, la mort ne sera plus l'aboutissement naturel de toute vie. Elle deviendra une maladie comme une autre, bien qu'un peu plus complexe à éradiquer… ou un choix pour les suicidaires. Ce bouleversement existentiel sera traumatisant tant le bio-fatalisme, le mortalisme, c'est-à-dire l'acceptation de l'inéluctabilité de vies courtes, sont inscrits dans nos cultures. Réaliser que la mort est une maladie comme les autres, ou plus exactement « la dernière maladie », n'est pas évident.

Il nous faudra des années pour accepter l'idée que nous ne sommes pas inéluctablement mortels. Des années pour cesser de nous définir par le slogan défaitiste « je meurs, donc je suis » !

Histoire naturelle de la mort

La définition de la mort a beaucoup évolué. Elle peut être brutale ou survenir comme aboutissement du processus de vieillissement. Aujourd'hui, elle est constatée quand le cerveau est définitivement lésé. L'ancienne définition, l'arrêt du fonctionnement du cœur, n'a pas survécu à la réanimation cardiaque : on peut être réanimé et donc vivre après un arrêt cardiaque.

Le vieillissement s'accompagne souvent d'une ou plusieurs maladies chroniques qui affectent la santé en détériorant un organe et par là même les grandes fonctions physiologiques régulées par cet organe (cœur et circulation, poumons et respiration, pancréas et cycle glycémique…). Mais le vieillissement ne touche en lui-même aucun organe, aucune fonction particulière. Les personnes âgées qui ne souffrent pas de démences séniles de type Alzheimer conservent même des capacités intellectuelles et mnésiques tout à fait correctes.

Le vieillissement est la conséquence immédiate d'une détérioration de la machinerie cellulaire. Toutes les composantes de la cellule se détériorent progressivement. Les mitochondries, les usines énergétiques, perdent de la puissance et se dérèglent. Le noyau cellulaire qui contient nos chromosomes, eux-mêmes porteurs d'un nombre croissant d'erreurs de recopiage, est affecté par une détérioration des protéines essentielles qui affectent la division cellulaire. Les télomères[1] qui forment l'extrémité des chromosomes diminuent de taille dans la quasi-totalité des cellules jusqu'à bloquer la division cellulaire. En parallèle, nos cellules souches « naturelles » disparaissent ou perdent leur activité.

Le vieillissement est le fruit de la conjugaison de plusieurs phénomènes biologiques. Le premier est la production d'énergie qui dégage une quantité croissante de radicaux libres toxiques. Ces derniers ont un effet délétère sur la molécule d'ADN, les membranes, le squelette et la machinerie cellulaire dans son ensemble[2]. Le second phénomène est la diminution de la production des protéines, lesquelles présentent de surcroît un nombre croissant d'erreurs de structures du fait de la saturation des mécanismes de réparation de l'ADN[3].

1. Les télomères sont une succession des six bases ADN « TTAGGG » un nombre très élevé de fois.

2. Ce qui ne signifie pas nécessairement que la réduction artificielle des radicaux libres freine le vieillissement. En tout cas, pas chez « C. Elegans », le ver préféré des biologistes.

3. Ces anomalies ne sont absolument pas transmissibles et restent limitées à la cellule concernée. Ces perturbations de la séquence des gènes ne modifient pas le génome des spermatozoïdes et des ovules.

Les protéines mal conformées à cause des erreurs mal réparées de la séquence ADN et de la saturation des mécanismes de réparation des protéines perturbent la régulation des autres constituants cellulaires : les glucides et les lipides, qui jouent un rôle essentiel dans l'organisation de la cellule. Des cascades d'événements pernicieux s'auto-entretiennent. La cellule est envahie de déchets cellulaires. Les récepteurs hormonaux sont perturbés. Les communications entre cellules sont l'objet de dérèglements croissants. Rapidement, l'accumulation de molécules détériorées dépasse les capacités de réparation. Des dépôts de cholestérol et de calcium bouchent les artères, des inflammations chroniques abîment les tissus, des cancers apparaissent, les organes se renouvellent de moins en moins bien.

Tous ces facteurs se cumulent et détériorent progressivement l'organisme. Des pathologies liées à l'âge peuvent s'y ajouter, mais ce n'est pas obligatoire : la vieillesse n'entraîne pas nécessairement l'apparition de maladies. Toutefois, chez la plupart des individus, les successions de dégradation biologique génèrent des pathologies bien identifiées telles que le diabète de type 2, des cancers, l'athérosclérose, la maladie d'Alzheimer ou de Parkinson…

Ces dérèglements se combinent pour entraîner, à l'échelle des tissus entiers et de l'individu, une diminution de la performance des organes, prélude à la mort…

Tout cela est bien réel mais ne résume pas la complexité et l'ambiguïté de la mort.

Une vision dépassée de la mort

Au-delà des mécanismes chimiques, décrits plus haut, à l'œuvre dans la mort cellulaire, les scientifiques découvrent actuellement que le vieillissement est un phénomène extrêmement complexe. La vieillesse n'est pas seulement la conséquence d'une accumulation d'erreurs biologiques et d'un phénomène d'usure. C'est aussi une forme d'autodestruction indispensable à l'apparition de la complexité. Nous allons voir que la mort cellulaire programmée, le suicide cellulaire, a été une innovation considérable et a permis l'émergence de formes de vie complexes, mieux armées pour s'adapter à leur environnement. En définitive, la mort est à la fois une dégradation du programme de la vie et une de ses composantes.

Nous commençons à identifier les gènes responsables du suicide cellulaire qui participent de notre vieillissement et de notre mort, mais aussi ceux à l'origine des formes de vie complexe[1]. De plus – ce qui ne pourra que provoquer des débats philosophiques et moraux d'une grande intensité –, modifier ces gènes pour en neutraliser l'action s'annonce possible. La compréhension des mécanismes génétiques des maladies, telle la progeria[2] ou le syndrome de Werner[3], qui s'accompagnent d'un vieillissement précoce et transforment des enfants en vieillards, contribue également au décryptage des mécanismes biologiques du vieillissement.

1. On nomme apoptose (ou mort cellulaire programmée) le processus par lequel des cellules déclenchent leur « suicide ». Cette mort cellulaire est génétiquement programmée.

2. La progeria de Hutchinson-Gilford est une affection caractérisée par un vieillissement prématuré débutant dès dix-huit ou vingt-quatre mois.

3. Le syndrome de Werner se traduit par un vieillissement prématuré, associé aux maladies du grand âge (ostéoporose, artériosclérose, cataracte) ainsi qu'à une prédisposition à certains cancers. Les premiers symptômes interviennent généralement à l'âge de dix ans.

L'étude biologique de la mort débute tout juste

Les liens entre vieillissement et mort, entre mort cellulaire et vieillissement sont beaucoup plus complexes que ce que les scientifiques imaginaient. Le corps n'est pas une machine mécanique, en ce sens que ses cellules se renouvellent sans cesse, à l'exclusion de la plupart des neurones[1]. En réalité, deux phénomènes sont enchevêtrés. Le vieillissement du corps freine le renouvellement des cellules et, parallèlement, la détérioration des cellules et leur moindre capacité à se diviser provoque le vieillissement de l'organisme.

La compréhension biologique du vieillissement et de la mort a timidement commencé avec le Français Elie Metchnikoff et l'Allemand August Weissmann. Ce dernier eut l'intuition que l'immortalité n'avait pas grande utilité aux yeux de l'évolution et qu'elle n'avait guère de chance d'être sélectionnée. Weissmann avait pris l'exemple de la disparition des yeux chez les animaux cavernicoles. L'immortalité est inutile, pensait Weismann.

Hayflick démontre en 1961 à l'institut Wistar de Philadelphie que les cellules ne peuvent se diviser qu'un nombre réduit de fois : cinquante fois pour les fibroblastes, dont le déclin est en grande partie responsable de nos rides, par exemple. L'excès de soleil fragilise les fibroblastes et hâte le moment où ils ne peuvent plus se diviser, ce qui accélère le vieillissement de la peau.

Les gènes impliqués dans le vieillissement et la mort sont tellement enchevêtrés avec ceux de toutes les fonctions biologiques que leur analyse durera une ou deux décennies. Il

1. Cependant, on sait désormais que de nouveaux neurones sont produits même chez l'adulte, notamment ceux impliqués dans les processus de mémorisation.

n'y a encore eu aucune analyse de ces gènes par séquençage intégral de l'ADN humain. Cela sera fait d'ici à 2013.

De nouveaux territoires de recherche, au-delà de l'ADN, commencent à apparaître. L'épigénétique, c'est-à-dire la régulation des gènes par des protéines et groupements chimiques autour de la molécule d'ADN a un rôle crucial dans le vieillissement. En particulier, les gènes responsables de la synthèse des protéines protectrices sont bloqués lorsque l'on vieillit[1]. La synthèse des protéines, pivot de l'organisation cellulaire, est ainsi profondément altérée. Ce sont des modifications de ce type qui expliquent que la reine des abeilles vit plusieurs années et les ouvrières vingt jours, alors qu'elles ont le même ADN. Chez l'abeille, cette régulation est contrôlée par l'alimentation : c'est la gelée royale[2] dont est nourrie la future reine qui va multiplier par cent son espérance de vie.

L'âge moyen de la mort dépend principalement de l'histoire évolutive de l'espèce. L'évolution arbitre implicitement entre de multiples contraintes : importance des prédateurs, ressources alimentaires, etc. Ceci explique les grandes différences d'espérance de vie entre les espèces. Bon nombre d'espèces de saumon meurent juste après la ponte, par exemple. Les mécanismes de réparation de l'ADN pourraient être bien plus performants mais cela consommerait beaucoup d'énergie, ralentirait la division cellulaire et

1. Certaines séquences de la molécule d'ADN sont alors modifiées par l'ajout d'un radical chimique « méthyle », ce qui bloque l'activité des gènes proches. Le changement de la conformation spatiale de la molécule d'ADN et la modification désordonnée des marques sur sa séquence perturbe la copie des ARN messagers par l'enzyme RNA Polymérase.

2. En revanche, chez l'homme, la prescription de gelée royale n'a aucun fondement scientifique.

aurait pu réduire la variabilité génétique et donc freiner la loterie génétique, dont nous verrons l'importance.

La longévité de chaque espèce est un compromis qui résulte de la confrontation, depuis des milliards d'années[1], des individus et de leur environnement. Notre biologie s'est construite par sélection des individus qui étaient porteurs des mutations génétiques les mieux adaptées à la niche écologique où ils se situaient.

L'inconséquence de ce qui nous arrive après l'âge de la reproduction n'avait guère d'importance quand on mourait peu d'années après la puberté. Il y a cinquante mille ans, l'âge moyen de la mort, vers vingt-cinq ans, correspondait à la fin de la période de reproduction qui débutait vers douze ou treize ans. Aujourd'hui, les premiers enfants arrivent en moyenne à vingt-sept ans, ce qui dépasse l'âge de début du vieillissement biologique dans notre espèce (entre vingt et vingt-cinq ans). Nous vivons désormais plusieurs décennies après la phase reproductive. Aucune espèce animale ne connaît de périodes de dégradation post-reproduction aussi longues que l'homme moderne.

Comme tout compromis, celui qui détermine notre durée de vie est évolutif : la longévité d'une espèce n'est pas intangible, mais au contraire incroyablement plastique[2]. La

1. La vie est apparue sur Terre il y a quatre milliards d'années.

2. Au sein d'une même espèce, l'inégalité dans l'espérance de vie montre ainsi combien l'âge de la mort dépend également de circonstances individuelles particulières (hygiène de vie, environnement, etc.). Chez l'Homme, l'espérance de vie, en particulier, est différente selon les catégories sociales. Celle d'un ouvrier est inférieure de sept ou huit ans à celle d'un cadre supérieur. Louis XIV lui-même n'a-t-il pas vécu jusqu'à soixante-treize ans à une époque où l'espérance de vie moyenne ne dépassait pas trente ans pour le commun de ses sujets ?

modification de certains gènes a déjà permis une augmentation radicale de la durée de vie du ver de terre, équivalente à une durée de plusieurs siècles chez l'homme. Des modifications équivalentes ont été réussies chez la souris, qui est de toute évidence un modèle plus convaincant que le ver de terre. L'application de principes semblables sur l'homme n'est qu'une question de temps…

Les trois bienfaits de la mort

La mort se présente désormais sous un jour inattendu. Elle est tout à la fois un effet collatéral, un produit, un échec et un « choix » de la sélection naturelle.

Avant d'être une malédiction, elle est, avant tout, une innovation biologique majeure. La mort est un double produit de la sélection naturelle. D'une part, elle a été utilisée par l'évolution pour sculpter les formes de vie évoluées et structurer la compétition des générations pour la survie. D'autre part, le vieillissement est la conséquence de la non-pertinence de ce qui se passe après la reproduction au regard de l'évolution.

La mort n'est qu'une option biologique

Si la mort n'est pas nécessaire, alors pourquoi existe-t-elle ? Cette question est déjà en elle-même difficile à poser, car nous avons été élevés selon le postulat aussi implicite qu'indiscutable que la mort des individus est le corollaire indispensable de la vie, son contrepoids en quelque sorte. Si nous faisons abstraction de cette réticence culturelle et cherchons à aborder scientifiquement le phénomène de la mort, nous nous apercevons que celle-ci présente en fait trois visages : elle est simultanément sculptrice du vivant, conséquence du modèle de reproduction et outil permettant l'évolution.

La théorie de l'évolution montre que la mort, celle des individus comme celle des cellules qui les composent, comme tout processus biologique, joue bien un rôle. Elle s'inscrit dans un mécanisme biologique contingent et non nécessaire. La mort est née lors du passage des formes de vie unicellulaires aux organismes complexes : elle est le moyen trouvé par la Nature pour assurer la continuité, l'organisation et l'évolution des espèces vivantes complexes.

Si la mort des individus recule, il existe néanmoins, pourrait-on penser, une barrière « naturelle » à la durée de vie qu'aucune hygiène de vie, si saine soit-elle, qu'aucune intervention médicale ne saurait permettre de dépasser : celle de l'horloge inscrite dans nos gènes. C'est à la fois vrai… et faux.

La mort n'est pas une fatalité. Certaines cellules ne meurent pas ou presque pas spontanément : les cellules cancéreuses[1] et les cellules qui vont donner les spermatozoïdes et les ovules peuvent se diviser indéfiniment.

La mort cellulaire, comme tous les autres processus biologiques contenus dans nos gènes, est en train d'être décryptée. Et ce décryptage nous conduit à changer radicalement l'image de la mort : de la faucheuse, qui intervient de l'extérieur, en fin de parcours, nous passons à une sculptrice, qui modifie de l'intérieur, chaque jour, la forme même de l'être vivant.

1. Bien évidemment, la tumeur finit par tuer l'individu qui l'héberge. Mais les cellules cancéreuses peuvent se diviser très longtemps en éprouvette.

La mort sculpte le vivant

La mort des cellules préfigure évidemment celle de l'organisme tout entier, mais son rôle est en fait plus ambigu. La mort cellulaire joue d'abord un rôle central dans la vie de l'organisme. C'est au philosophe et biologiste français Jean-Claude Ameisen que nous devons un renouveau dans la compréhension du rôle de la mort. Le vivant est comparable à une sculpture dont les formes n'émergent peu à peu que grâce au suicide de certaines cellules. C'est en retirant de la matière au bloc de marbre que le sculpteur dégage la statue ; de même, c'est le renoncement de certaines cellules qui permet la vie des autres. Ce processus se met en œuvre dès le début de la vie des êtres vivants. C'est ainsi que sont séparés les doigts de la main, que sont creusées les veines ou la cavité buccale. En réalité, nous sommes à tout moment pour partie en train de mourir et pour partie en train de renaître, les deux processus s'équilibrant de façon subtile et différente au fil du vieillissement jusqu'à la mort de l'individu. Le suicide cellulaire est donc nécessaire à la vie. Une perturbation minime du suicide cellulaire entraîne par exemple des pathologies de la formation des mains qui sont palmées sans individualisation des différents doigts, comme si le sculpteur n'avait pas suffisamment enlevé de matière au bloc de marbre, rendant la statue imparfaite. Le blocage des enzymes nécessaires au suicide cellulaire chez la souris est catastrophique et l'animal n'y survit pas. De la même façon, le cancer consiste en la survie et la reproduction de certaines cellules qui ont perdu leur capacité à se suicider.

Cette première fonction de la mort est, on le comprend, absolument cruciale. Sans le suicide cellulaire organisé, il n'y aurait pas de forme de vie complexe. Nous verrons plus loin combien le subtil pilotage du suicide cellulaire des neurones façonne notre cerveau. Sans la mort cellulaire programmée[1], nous n'existerions pas en tant qu'espèce pensante.

La mort, prix à payer de la reproduction et de la sélection naturelle

Le deuxième visage de la mort est lié à la reproduction sexuée. Cette dernière correspond à une modalité d'existence particulière qui n'est en rien consubstantielle au fait d'être vivant : les bactéries, par exemple, peuvent se reproduire très longtemps sans mourir[2].

Si nous mourons, c'est que la sélection naturelle a conduit à un mécanisme de survie très particulier qui est celui de la reproduction sexuée. Pour le dire schématiquement, la dégénérescence de la vieillesse est la contrepartie de la formidable vitalité de la jeunesse. Tout est fait pour que nous soyons dans la meilleure forme possible jusqu'à la procréation ; ensuite, l'évolution n'intervient plus : le but est atteint et le flambeau de la vie transmis. Tout athlète sait qu'un sprint et un marathon correspondent à deux gestions de l'énergie tout à fait différentes : le sprinteur donne toute l'énergie disponible en une dizaine de secondes pour gagner la course, mais le maintien d'une telle vitesse sur une longue distance est très difficile. La nature a choisi la technique du sprint car il est vital pour l'espèce que les individus arri-

1. Synonyme de suicide cellulaire.

2. Mais pas indéfiniment, contrairement à ce que l'on a longtemps pensé à tort.

vent le mieux et le plus vite possible jusqu'à la puberté. Jusqu'à l'âge de la reproduction, notre organisme subit d'importants stress biologiques qui usent nos cellules. Pour y arriver, l'évolution a privilégié des voies métaboliques très performantes mais qui génèrent un stress oxydatif[1] délétère pour nos cellules. Ainsi la mort n'est pas un défaut ou une malédiction, mais simplement une de ses dimensions logiques : l'individu n'a pas d'importance du point de vue biologique ; seule compte la survie de l'espèce.

De même, l'évolution a sélectionné une utilisation modulaire des gènes. Un gène participe à de multiples fonctions biologiques. Cela s'appelle la pléiotropie. Un gène a bien souvent un effet positif sur les organismes dans la jeunesse et négatif après la reproduction. Cela n'a pas de conséquence sur la survie de l'espèce et est donc ignoré par la sélection naturelle. Nous sommes porteurs de gènes utiles pour nous amener à la reproduction mais qui nous tuent après. Des régulations biologiques positives se retournent contre nous, après l'âge de la reproduction. Plusieurs gènes qui favorisent des maladies graves (le diabète de type 2 par exemple) à l'âge de la maturité auraient un effet favorable au début de la vie et favoriseraient l'arrivée à la puberté. Cette multifonction des gènes explique pourquoi l'idée d'une manipulation d'une poignée de gènes pour faire reculer facilement la mort est bien naïve : on ne peut pas juste extirper les « mauvais gènes » de notre organisme pour ne garder que les « bons », car « mauvais » et « bons » gènes sont souvent les mêmes ! La manipulation génétique

1. La machinerie cellulaire produit alors des éléments chimiques de la famille de l'eau oxygénée qui endommagent les constituants de la cellule.

se heurtera constamment aux effets multiples, et pas tous négatifs, des gènes qui favorisent notre vieillissement. Les premières manipulations génétiques chez la souris visant à agir sur des gènes impliqués dans le vieillissement (Klotho, SIRT, IGF1, SOD…) ont bien augmenté la longévité mais les lignées de souris sont devenues stériles.

Le couple reproduction-mort est-il pour autant une option comme une autre à laquelle la Nature aurait pu facilement préférer un autre système de garantie de la pérennité ? Pas tout à fait. Il est aussi une astuce de survie permettant de compenser la probabilité d'accident mortel de l'individu. Imaginons en effet un organisme qui ne mourrait pas, et n'aurait par conséquent aucune raison de se reproduire. Même si ses chances d'être victime d'un accident quelconque mettant en danger sa vie (chute de pierre ou d'arbre, foudre, prédateur, etc.) sont minimes, la probabilité qu'un tel événement se produise tendra néanmoins inéluctablement vers 100 % à mesure que son existence s'allongera. Sans reproduction, ce serait l'espèce même qui serait menacée[1].

Mourir pour mieux évoluer : le grand loto des mutations génétiques

Troisième et dernier visage de la « mort utile » : son rôle dans l'évolution darwinienne. Toute la subtilité et l'efficacité du mécanisme viennent de ce qu'il permet non seulement la reproduction, mais surtout l'évolution. Si

1. Le scientifique américain Steven Austad a démontré que la même race de lémurien a un cycle reproductif beaucoup plus court dans un environnement menaçant (du fait de nombreux prédateurs) que dans un environnement plus sûr.

nous ne nous étions jamais reproduits qu'à l'identique, nous serions encore des cellules primitives[1] baignant dans la soupe originelle. Selon la logique darwinienne, l'évolution s'est faite par une marche au hasard d'accidents génétiques entraînant des mutations dont certaines permettent une meilleure adaptation à l'environnement et donc la survie du sujet. La condition de ce mécanisme, c'est la succession des générations, chaque individu représentant un « tirage » dans le grand loto de l'évolution.

Un joueur de loto a une chance sur quatorze millions d'empocher le gros lot. Les chances de tomber au hasard sur une mutation génétique qui permettra de mieux affronter son environnement et de survivre sont plus faibles encore. C'est pourquoi l'équilibre naturel repose sur une durée de vie la plus courte possible, en fonction des espèces, et une succession rapide des générations. Ensuite, il repose sur un nombre de coups de dés élevé par génération : en moyenne, sur les cinq cents derniers millions d'années, il y avait un survivant sur mille à chaque génération, toutes espèces confondues. Autrement dit, un seul individu (plantes, champignons, animaux…) sur mille à deux mille congénères arrivait à l'âge de la reproduction. Les autres correspondent à des essais ratés. Sur deux générations, ce mécanisme correspond donc à une probabilité de transmission de un sur un million (mille fois mille). Sur mille générations, le survivant est le gagnant d'une loterie où il y avait une chance sur $10^{3\,000}$ (1 avec trois mille zéros derrière) de gagner. À côté, l'Euromillions est gagné d'avance. L'évolution s'est donc constituée à travers un nombre inimaginable de lancements de dés. Ça passe

1. Appelées proto-cellules.

ou ça casse… Et dans l'immense majorité des cas… ça casse. On l'ignore dans la plupart des cas parce que, évidemment, ne survivent que les mutations favorables ou au mieux neutres, les autres ayant été sorties du jeu. Les mutations positives relèvent de l'accident heureux, de la régulation par hasard. Nous ne voyons donc que les cas heureux, les mutations défavorables ont fini dans les poubelles de l'histoire de la vie. Il existe le même effet d'optique dans le business : on voit Microsoft, Apple ou Google, mais on ne voit plus les dizaines de milliers de start-ups qui ont déposé le bilan et disparu…

L'évolution, qui dispose d'un temps très long, effectue à l'aveugle un nombre presque infini d'essais, et ne garde que les essais réussis. Nous faisons tous, nous qui vivons aujourd'hui, partie de ces gagnants, et même d'une longue lignée de gagnants. L'évolution achète tous les billets de loterie. Il y a beaucoup de perdants, mais il y a beaucoup de billets et beaucoup de tirages. Depuis quatre milliards d'années, il a bien fallu pour que nous existions qu'aucun d'entre nous n'ait jamais eu d'ancêtre mort en bas âge ! À chaque génération, nos ancêtres ont tous obtenu un billet gagnant.

Par ailleurs, les animaux accumulent de l'expérience avec le temps. Si l'évolution avait favorisé les espérances de vie longues, elle aurait défavorisé les animaux jeunes porteurs d'innovations génétiques face aux vieux, dont l'expérience pourrait contrecarrer leur moindre potentiel.

Un autre mécanisme aurait-il pu fonctionner ? L'absence de reproduction est problématique pour les espèces qui ont besoin d'évoluer, ne serait-ce que parce que le milieu est lui-même changeant. En mourant, l'individu d'une espèce laisse place à d'autres individus, qui auront, collectivement au moins, plus de chances d'affronter le monde efficacement.

L'organisme qui n'est pas capable de s'adapter à son environnement est en grand danger. À proprement parler, ce ne sont donc pas les plus « forts » (au sens de puissance physique) qui sont sélectionnés par le mécanisme darwinien, mais ceux qui peuvent s'adapter le plus rapidement et le plus parfaitement à leur environnement.

Comment les NBIC vont euthanasier la mort

La mort semblait une évolution biologique inévitable, la loi universelle de la vie. Le corps s'use progressivement, la médecine ne pouvant que ralentir modestement cette dégradation inéluctable.

Pourtant, la biologie moderne apporte une vision différente. La mort des individus, nous l'avons vu, semble plutôt résulter d'un désintérêt de l'évolution pour ce qui se passe après la procréation. Cela engendre une régulation des mécanismes de « suicide cellulaire », qui diminue notre espérance de vie. L'évolution n'a que faire de sélectionner des mécanismes de protection contre les défaillances de l'organisme.

Dans cette perspective, la mort survient à un âge différent selon les espèces, mais elle n'a rien d'obligatoire ni d'inévitable… du moins pour une Humanité maîtrisant les technologies NBIC.

Une révolution médicale et philosophique est en marche. Le combat contre la mort va s'intensifier, tout en respectant les dimensions utiles du suicide cellulaire. La mort deviendrait un choix et non plus notre destin.

Une frontière sans cesse repoussée

Bien qu'acceptée comme inéluctable, la mort a toujours été combattue par l'Humanité avec tous les moyens mis à sa disposition. Du Moyen Âge au XIXe siècle, l'espérance de vie n'augmente en moyenne que d'un an par siècle. La mortalité infantile, la famine, les guerres, les grandes épidémies expliquent largement cette stagnation. La mort était présente à chaque instant et l'homme n'avait pas plus de prise sur elle que n'importe quelle espèce vivante. Tout commence à changer avec les découvertes médicales, notamment celles de Pasteur et le développement des thèses hygiénistes[1]. Ces dernières ont permis de formidables progrès.

Actuellement, l'espérance de vie progresse déjà rapidement[2]. Les maladies ont-elles pour autant disparu, au moins dans les pays riches ? Évidemment non. Rien qu'en France, en 2010, neuf millions de personnes sont atteintes d'une maladie lourde (cancer, Alzheimer, sida, diabète, etc.), soit près de 15 % de la population. Ces pathologies sont la première cause de mortalité chez les personnes de plus de soixante-quinze ans.

Mais la Nature de ces maladies, leur impact sur la vie individuelle et collective évoluent au cours de l'Histoire. Les maladies d'aujourd'hui ne sont plus celles d'hier. Adieu peste et choléra, bonjour maladies cardio-vasculaires, cancers et maladies neurodégénératives, sans oublier

---

1. Grâce aux découvertes de Louis Pasteur sur le rôle des bactéries et des germes dans la contamination des maladies, l'hygiénisme s'est développé au cours du XIXe siècle en mettant en avant l'importance de l'hygiène pour la santé humaine.

2. L'espérance de vie augmente de trois mois chaque année. Autrement dit, en un an, notre mort ne se rapproche que de neuf mois.

les nouvelles pathologies infectieuses comme le sida, le SRASS ou les nouvelles formes de grippe.

Les grandes épidémies du passé ont disparu parce qu'on a appris à les soigner et mieux encore à les prévenir notamment grâce aux vaccins. Si d'autres pathologies ont pris leur place, cela ne signifie pas que la maladie, en tant que telle, soit impossible à éradiquer.

Les nouvelles technologies vont permettre de réparer les gènes et les constituants de la machinerie cellulaire au cœur même de nos organismes pour lutter contre le vieillissement.

En finir avec métro-boulot-tombeau : vivre sans la mort

De fait, la technologie médicale change progressivement le rapport des hommes à leur mort. Très longtemps vécue en compagnie des proches, la mort s'est cachée et a été médicalisée à partir des années 1950. Aujourd'hui, deux personnes sur trois meurent à l'hôpital. La médicalisation de la fin de vie fait de la mort la conséquence d'une maladie et non l'aboutissement d'un processus naturel – la vie. Cette tendance va encore s'accentuer à mesure que l'arrêt ultime de la machine humaine pourra être repoussé de plus en plus loin.

Après la mort cachée, nous assistons à sa biologisation et à son grignotage technologique. Ce recul de la mort a déjà débuté avec le remplacement d'organes par la transplantation, ou leur suppléance par des médicaments, mais aussi avec la médecine de la « ressuscitation » (réanimation lors des arrêts cardiaques, par exemple). La réanimation cardio-respiratoire dans les années 1960 a été une étape fondamentale puisqu'elle a démontré que la mort était réversible. D'ailleurs, il y a longtemps que le réanimateur a remplacé le curé au chevet des mourants.

Le processus va connaître une accélération foudroyante avec le déploiement des technologies NBIC, qui vont faire reculer les limites de l'existence. Cellules souches, implants électroniques et nanotechnologiques, géno-thérapie seront autant d'éléments mobilisés pour supprimer une à une toutes les brèches par lesquelles la mort s'insinue dans notre existence.

Les premiers signes de cette accélération sont déjà visibles. Les succès de la nano-biomédecine se multiplient. Il s'agit certes encore de résultats expérimentaux mais qui montrent bien l'ampleur des bouleversements à venir.

En un an, des progrès stupéfiants et inespérés ont été réalisés dans la thérapie génique, notamment dans le domaine des cécités (maladie de Leber[1]), et des maladies dégénératives cérébrales (adrénoleucodystrophie[2]). La perspective d'utilisa-

1. L'amaurose congénitale de Leber (ACL) conduit à une dégénérescence des récepteurs lumineux dans la rétine. Dès la petite enfance, les capacités visuelles des patients sont diminuées au point d'atteindre une cécité totale à vingt ou trente ans. Jusqu'alors, aucun traitement n'existait mais des essais de thérapie génique conduits sur douze personnes et révélés en 2009 ont donné des résultats étonnants, en particulier chez les enfants. « Age-dependent effects of RPE65 gene therapy for Leber's congenital amaurosis : a phase 1 dose-escalation trial », *The Lancet*, Volume 374, n° 9701, 2009, p. 1597-1605.

2. L'adrénoleucodystrophie est une maladie rare mais mortelle, caractérisée par la destruction progressive de la myéline, la gaine protectrice des neurones du cerveau. Pour la première fois, deux enfants ont pu être sauvés grâce à une autogreffe de moelle osseuse dont les gènes ont été réparés. Cette première française pourrait déboucher sur de nouveaux espoirs de traitement par thérapie génique pour d'autres maladies. « Hematopoietic stem cell gene therapy with a lentiviral vector in X-linked adrenoleukodystrophy », Cartier N. *et al.*, *Science*, 2009.

tion des cellules souches s'est également rapprochée du fait d'une avancée significative dans la compréhension des mécanismes de contrôle génétique de la différenciation cellulaire. Dans le domaine des neurosciences enfin, les implants cérébraux électroniques, qui sont de minuscules puces électroniques implantées dans le cerveau des patients, ont donné des résultats très encourageants et les techniques permettant aux tétraplégiques de commander un ordinateur ou une machine par la pensée, *via* un casque qui analyse les ondes cérébrales[1], ont progressé dans des proportions inattendues.

Au-delà de ces exemples ponctuels, les progrès dans la compréhension biologique du fonctionnement de notre organisme – notamment dans le domaine génomique –, laissent entrevoir, pour la première fois dans notre histoire, la possibilité d'une lutte globale efficace contre les mécanismes du vieillissement.

Après avoir observé et décrit ce processus de mort des cellules, la biologie devient capable d'arrêter le compte à rebours du vieillissement cellulaire, avec tout ce que cela implique sur l'apparition – ou plutôt la non-apparition – des maladies et la correction des inégalités du patrimoine génétique. La mort de la mort, c'est d'abord la correction des inégalités face aux maladies et une sorte de défi à la sélection naturelle puisque les déficiences biologiques peuvent être identifiées et corrigées.

1. Schématiquement, toutes les activités humaines génèrent une activité cérébrale dans des zones distinctes dans le cerveau. En enregistrant ces signaux et en les associant à des actions, il est possible de convertir une activité cérébrale en un signal délivré à un ordinateur. Le laboratoire BrainLab de l'université de Géorgie utilise ce procédé soit pour déplacer un curseur, soit pour piloter une chaise roulante, toujours par la pensée. http://www.cis.gsu.edu/brainlab/

Résumons-nous. Pendant longtemps, la sélection a été radicale : les inadaptés étaient « exclus du jeu » par la mort avant même d'atteindre la puberté, c'est-à-dire de posséder la capacité de se reproduire. Dans la loi impitoyable de cette nature originelle, le fait pour un individu d'atteindre la puberté était le signe d'une adaptation suffisante à l'environnement, ce qui lui donnait le droit de « relancer les dés » de l'évolution génétique en se reproduisant. La mort permettait la suppression rapide et en douceur de ces myriades de branches de l'évolution qui n'étaient que des impasses, dans un environnement donné[1].

Au-delà du blocage purement génétique de notre vieillissement, ce sont les différentes maladies qui écourtent l'existence ou la rendent plus pénible qui seront maîtrisées. L'association de la biotechnologie et des nanotechnologies va nous permettre d'éliminer progressivement les pathologies existantes ainsi que celles qui apparaîtront dans le futur. L'hybridation de l'homme avec l'ordinateur va encore élargir le champ des possibles. La mort pourrait se réduire aux causes accidentelles ou criminelles et aux suicides. On pourra toujours passer sous un bus en traversant la rue, ou se faire assassiner dans un parking – si nous ne sommes pas passés en parallèle à la civilisation de la surveillance généralisée qui se profile –, mais on ne mourra plus d'un cancer ou d'un infarctus.

Le séquençage intégral de l'ADN au prix du jeans

La première étape de la révolution du vivant est l'accélération des progrès concernant notre connaissance du

1. Sans la chute de la météorite du Yucatan, il y a soixante-cinq millions d'années, les dinosaures n'auraient sans doute pas disparu.

génome et sa manipulation. Ces progrès iront probablement encore plus vite et plus loin que tout ce que nous pouvons imaginer aujourd'hui.

La technomédecine prendra véritablement son essor à l'horizon 2020, avec la conjonction de la démocratisation du séquençage de l'ADN, c'est-à-dire sa lecture et son analyse – qui est un préalable à la réécriture de notre génome – et l'arrivée de la « chirurgie des gènes ».

Les avancées vertigineuses dans le séquençage intégral de l'ADN sont un exemple frappant de la Nature exponentielle du progrès technologique. En 1980, les généticiens considéraient que l'on ne pourrait jamais séquencer l'intégralité de notre ADN. Quand le gigantesque programme de recherche international « Projet Génome Humain », destiné à dresser la carte de l'ADN d'un être humain, a démarré en 1990, les plus optimistes estimaient qu'il faudrait quinze ans pour en venir à bout. Les sceptiques déclarèrent même, au regard de la puissance des ordinateurs de l'époque et de la technique de séquençage utilisée, qu'il faudrait entre trois et cinq siècles.

En réalité, ce projet colossal de trois milliards de dollars – auquel participèrent des généticiens du monde entier – toucha au but en 2000, avec l'annonce en grande pompe par Bill Clinton et Tony Blair d'une première ébauche[1] du génome humain. Pour l'anecdote, le président américain décréta immédiatement que le fruit de ces recherches

1. Le 26 juin 2000, Bill Clinton a fait cette annonce à la Maison-Blanche en présence de Tony Blair, Premier ministre britannique, et des deux ennemis d'alors lancés dans la course au décryptage : Francis Collins, directeur du consortium public international National Human Genome Research Institute, et le Dr Craig Venter, président de Celera Genomics Corporation. Les résultats de leurs travaux furent respectivement publiés dans *Nature* et *Science*.

ne pouvait faire l'objet d'un brevet, et que chaque chercheur pourrait avoir accès gratuitement aux données. La conséquence fut un plongeon des valeurs biotechnologiques dont les capitalisations boursières chutèrent de cinquante milliards de dollars en deux jours à la bourse de New York.

La version définitive du génome humain fut publiée en 2003. Une masse considérable de données, détaillant les quelques vingt-cinq mille gènes[1] de l'ADN, noyés dans les trois milliards de combinaisons (les « paires » de base avec les lettres ATGC) qui forment l'ADN[2]. Avec cette publication – disponible sur Internet en libre consultation –, la recherche en biologie s'est considérablement accélérée.

Si le premier séquençage intégral de l'histoire a coûté trois milliards de dollars et sollicité des milliers d'experts internationaux pendant treize ans, la Nature exponentielle des progrès informatiques a vite permis de faire chuter les coûts. Nous en étions à un million et demi de dollars en 2007. À cette époque, le principal spécialiste de ces questions, l'Américain Rob Carlson, estimait que nous ne disposerions pas du séquençage intégral au prix symbolique de 1 000 dollars avant 2025... Deux ans après, les nouvelles méthodes de séquençage l'ont obligé à modifier ses prévisions. Aussi incroyable que cela puisse paraître, nous passerons probablement sous la barre des 1 000 dollars dès 2013.

Jusqu'où cela ira-t-il ? L'hypothèse la plus vraisemblable est que le séquençage intégral de notre ADN devrait coûter

1. Selon la définition retenue, il existe entre 21 000 et 25 000 gènes.

2. On sait désormais que les zones qui ne codent pas pour les vingt-cinq mille gènes sont très importantes et pas du tout de l'ADN poubelle, « *junk DNA* », en anglais, comme on le croyait en 2003.

le prix d'une paire de jeans – même non griffé ! – avant 2020 et ainsi permettre une démocratisation de la techno-médecine.

Jonathan Rothberg, le fondateur de « 454 », l'un des principaux fabricants de machines réalisant le séquençage ADN, observe que chacune des machines séquence en quelques instants plus d'ADN qu'il n'en a séquencé pendant les sept années de son doctorat en génétique[1]. En dix ans, le coût du séquençage de l'ADN a été divisé par un million. Jamais aucune activité humaine, pas même l'industrie des circuits intégrés, n'a connu une évolution aussi foudroyante.

Le 1492 de notre ADN : un nouveau monde qui reste à explorer

Grâce à cette cartographie, la médecine a commencé à comprendre les mécanismes et les codes de la vie à l'échelle moléculaire. Nous pouvons déjà reprogrammer des gènes, et même fabriquer des gènes artificiels grâce à la biologie de synthèse. Nous n'en sommes pourtant qu'à l'âge de pierre de la technomédecine.

La fin du programme « génome humain » se compare à la découverte de l'Amérique en 1492. Les mêmes questions, les mêmes problèmes et les mêmes conséquences ravageuses sur notre ancien monde (que l'on songe à l'inflation générée en Europe par l'afflux de métaux précieux d'Amérique du Sud) se profilent. Que faire de ce nouveau continent ? Quelles ressources en tirer ? Comment l'organiser ?

1. Jonathan Rothberg a désormais quitté « 454 » pour fonder une autre société spécialisée dans la fabrication de séquenceurs ADN : Ion Torrent.

Quel est l'intérêt de connaître l'intégralité du patrimoine génétique de milliers d'individus ? Avec un million de personnes intégralement séquencées en 2013 dans le monde, les généticiens vont bénéficier de bases de données colossales pour comprendre le rôle de chaque portion de notre ADN. Vers 2022, ce sera un milliard d'hommes et de femmes dont l'ADN aura été intégralement analysé. Pour le moment, seule une infime partie des séquences de l'ADN a été rattachée à des pathologies. Vers 2020, la démocratisation du séquençage intégral sera devenue réalité et nous disposerons alors d'une excellente capacité d'interprétation des résultats.

Grâce à l'augmentation très rapide du nombre d'individus dont on aura entièrement séquencé le génome – permise par la baisse du coût du séquençage –, les bases de données seront, dans les prochaines décennies, infiniment plus riches qu'aujourd'hui. Malgré l'immense complexité des maladies, la science avance à grands pas. Les études GWAS (*genome wide associations studies*) visent à relier les variations génétiques aux pathologies.

Pour comprendre le lien entre les maladies et certaines composantes génétiques, il faut comparer les génomes des sujets atteints de la maladie observée avec ceux des sujets sains. Or, ce mécanisme est cumulatif. Plus il y a d'observations, plus la connaissance de la signification du génome est importante ! Fin 2009, un groupe de cent mille patients a été enrôlé en Californie par la fondation Kayser afin d'établir des corrélations entre leurs pathologies et leur ADN[1].

1. Baptisé « The Research Program on Genes, Environment and Health », ce programme envisage de collecter cinq cent mille échantillons. Plus d'informations sur le site : http://www.dor.kaiser.org/external/DORExternal/rpgeh/index.aspx

Le premier homme qui vivra mille ans est peut-être déjà né[1]

Un incroyable choc technologique va bouleverser la médecine et accélérer le recul de la mort. Au-delà de la simple lecture de notre ADN, il reposera sur quatre avancées majeures : la thérapie génique, les nanotechnologies, la biologie de synthèse et le clonage thérapeutique.

Le réveil de la thérapie génique est en cours. Dix ans après l'échec des premières tentatives, des résultats extrêmement encourageants ont été obtenus tout au long de l'année 2009, notamment, nous l'avons dit, dans le traitement des cécités congénitales. Après les thérapies géniques, qui se « contentaient » d'introduire plus ou moins aléatoirement de l'ADN réparateur dans la cellule, la chirurgie des gènes va s'attacher à remplacer de façon spécifique et précise la séquence d'ADN qui pose problème à l'intérieur du noyau de nos cellules. La technique de réparation génétique dite des « méganucléases[2] », élaborée par

---

1. Un enfant qui naît aujourd'hui aura quatre-vingt-dix ans au début du XXIIe siècle. La technologie de cette époque permettra peut-être déjà d'atteindre des espérances de vie très longues.

2. Les « systèmes de recombinaisons par les méganucléases » (ou MRS) ne consistent pas seulement à apporter aux cellules un gène sain, mais bien de « réécrire » le texte du gène malade grâce à un ingénieux système de « couper-copier ». D'une part, les méganucléases coupent l'ADN à un endroit très précis. D'autre part, un bout d'ADN médicament (matrice ADN) flanqué des séquences homologues à celles entourant la coupure va tromper le processus naturel de réparation de l'ADN de la cellule, qui va le recopier à cet endroit précis. Plusieurs études préliminaires utilisant cette technique sont en cours concernant des maladies monogéniques.

une société française[1], est un exemple prometteur des progrès à venir dans ce domaine.

Un autre secteur de recherche est primordial dans le vaste domaine des biotechnologies : la « biologie synthétique », ou « ingénierie génétique ». Elle a pour ambition principale de produire des génomes artificiels plus performants que ce que propose la Nature.

Il s'agit donc de créer du vivant en laboratoire, à partir de matière inerte, ce qui n'est pas sans poser de redoutables problèmes éthiques. Cette biologie synthétique devrait permettre de développer des applications très intéressantes. Le remplacement des séquences d'ADN responsables du vieillissement dont nous avons déjà parlé pourrait être une de ces applications concrètes.

Le clonage thérapeutique, qu'on appelle par précaution de langage « thérapie cellulaire » pour ne choquer personne, repose sur l'utilisation des cellules souches. Cette technique devrait aussi devenir rapidement un des piliers de la médecine du XXIe siècle.

Pour fabriquer ces cellules souches, il existe aujourd'hui plusieurs méthodes, qui ne passent plus forcément par la technique du clonage, puis par l'utilisation de ces embryons comme matière première pour récolter les précieuses cellules. Les cellules souches, véritables « cellules de jouvence », ont un potentiel médical phénoménal car elles ont la possibilité de se transformer en cellules adultes dédiées, et seront donc un jour aptes à remplacer un organe défaillant. Les cellules souches font passer la médecine

1. En France, la société française Cellectis travaille par exemple sur ces questions. Malheureusement, elle est l'arbre qui cache le désert. En effet, la France et l'Europe sont trop peu présentes sur ce gigantesque marché en devenir…

d'une logique de réparation à une logique de régénération. Des maladies comme la démence d'Alzheimer, le diabète ou les maladies cardiovasculaires pourraient être combattues efficacement grâce à ces cellules « miracle[1] ». À l'heure actuelle, nous savons utiliser ces cellules de jouvence pour fabriquer du cartilage, des neurones, du muscle ou des cellules cardiaques que nous pouvons implanter dans le cœur. Nous commençons à comprendre comment les programmer pour former des organes entiers[2]. Gageons que cela sera chose faite dans les deux prochaines décennies.

Un nouveau cap dans la technomédecine sera franchi avec les nanotechnologies. Nous entrerons alors de plain-pied dans l'ère de la fabrication à l'échelle moléculaire, sans doute la plus spectaculaire révolution médicale du siècle à venir. Nos corps seront parcourus par d'innombrables nanorobots capables de se mouvoir, de communiquer et de réparer nos molécules et gènes défectueux. Ces robots seront capables de détecter la présence de produits dangereux dans notre environnement, de détruire des toxines, de mesurer la concentration de protéines dans une cellule, ou de nettoyer notre corps de toute présence indésirable…

Les nanotechnologies nous permettront aussi de fabriquer et remplacer n'importe quelle partie du corps. Cha-

---

1. Nous verrons plus loin que les patients devront être protégés des effets d'annonce prématurés émanant de pseudo-savants, des fausses promesses et des charlatans dont ces technologies vont favoriser le développement.

2. Dans ce cas, le principal défi est de prendre en compte la structure 3D de l'organe. Mais des résultats prometteurs ont été récemment obtenus avec certains organes « cultivés en laboratoires » : os, vessie et même un foie miniature.

cun pourra peu à peu se faire remplacer les membres ou les organes jugés défectueux. Ces « pièces détachées » seront plus performantes, plus solides, plus durables que notre peau, nos veines, hanches, ou jambes d'origine. Il est par exemple tout à fait probable que nous pourrons un jour remplacer notre squelette par un nano-squelette aussi solide que léger. Même chose pour le cœur, les poumons, et l'essentiel de nos organes[1].

Une boîte à outils NBIC pour une médecine de combat

Fondamentalement, nos cellules sont de minuscules usines remplies de machines-outils nanométriques. Les enzymes, qui sont l'une des catégories des protéines, sont des machines remarquables qui reproduisent tous les types de machines industrielles. La RNA polymérase qui copie l'ADN en ARN est une photocopieuse du monde du milliardième de mètre. Le ribosome qui traduit les messages génétiques en protéines ressemble à une chaîne d'assemblage industrielle. La mitochondrie est une centrale électrique miniature, qui produit l'ATP[2], grâce à une enzyme qui se compare à une turbine éléctrique. Les enzymes qui ouvrent les deux brins de la molécule d'ADN ressemblent beaucoup à une fermeture Éclair.

La vie est une minuscule usine nanométrique. C'est pour cela que les progrès continus dans les technologies Nano vont maintenant pénétrer le monde de la

---

1. Remarquons au passage que la notion de dopage sportif deviendra caduque, car invérifiable et ingérable…

2. L'ATP est la réserve énergétique des cellules.

santé. Le médecin deviendra d'ailleurs un « ingénieur Nano » !

Une médecine de combat utilisant toutes les armes NBIC pour entretenir nos « usines cellulaires » est sur les rails. Certains médecins spécialisés en bio-gérontologie cherchent à inverser le vieillissement en agissant au niveau moléculaire dans la cellule, et critiquent le défaitisme des gériatres qui acceptent passivement, prétendent-ils, l'arrivée de la mort.

Comprendre les mécanismes fondamentaux du vieillissement et s'y opposer à tous les niveaux, lutter contre toutes les détériorations de nos tissus, à l'échelle nanométrique : tel est l'objectif.

Certaines actions seront mécaniques et chercheront à reconstruire les protéines et les cellules lésées. D'autres tenteront d'agir sur les mécanismes génétiques du vieillissement. Cela devra être fait avec beaucoup de prudence, tant les mécanismes du vieillissement sont intriqués dans les grandes fonctions de nos cellules et de nos tissus. Rappelons-le, il n'y a pas de gène de la mort.

Les nanotechnologies permettent d'agir différemment puisque à cette échelle du nanomètre le comportement et la structure des forces physico-chimiques de la matière changent. Dans le nanomonde, les relations entre les objets sont différentes et permettent donc de nouvelles manipulations. La déformabilité, la tension de surface sont bouleversées, ce qui permet des interventions inimaginables à l'échelle macro. Le 28 septembre 1989, les ingénieurs d'IBM réussissaient à écrire IBM en manipulant trente-cinq atomes de xénon, un par un. En 2005, le Texan

James Tour[1] réussit à construire un nanovéhicule. Les premiers engrenages nanométriques de 1,2 nanomètre ont été produits à Singapour, en collaboration avec le Français Christian Joachim, en 2009[2]. L'ère des nanomachines vient de commencer.

Les nanotechnologies vont permettre d'agir de façon très ciblée au cœur de la cellule. Des nanovecteurs vont transporter les thérapeutiques dans les bonnes cellules, voire dans certains compartiments de la cellule (noyau, mitochondries, réticulum, ribosomes…). Des formes sommaires de nanovecteurs sont à l'essai pour délivrer les chimiothérapies afin de réduire les doses et de ne toucher que les cellules cancéreuses. Ultérieurement, des nanomachines, nanomoteurs ou nanorobots pourront réparer ou améliorer le fonctionnement de nos cellules de façon spécifique et ciblée. Des nanocapteurs nous informeront de l'état de fonctionnement de notre organisme et pourront déclencher ou réguler l'activité des nanorobots. Une régénération mécanique des tissus par des nanomachines sera complémentaire des technologies d'ingénierie cellulaire et des thérapeutiques à base de cellules souches. Ces nano-outils pourraient permettre, en association avec l'ingénierie tissulaire, de régénérer les dents dans quelques années[3].

Une voie originale et complémentaire théorisée par le généticien Miroslav Radman entend construire une médecine de la résilience grâce à l'analyse d'espèces vivantes telles que les bactéries *Deinococcus Radiodurans*,

1. « Recent Progress on Nanovehicles », *Chem. Soc. Rev.*, 2006.
2. *Nature Materials* , 2009, p. 576-579.
3. Travaux de l'équipe Inserm U977, menés par le Dr Benkirane-Jessel.

qui ont des capacités de réparation hors du commun, notamment de lutte contre le stress oxydatif[1]. Les progrès de l'imagerie médicale – eux-mêmes liés aux progrès dans l'analyse électronique des signaux et la miniaturisation des optiques – ouvrent des horizons inespérés il y a seulement dix ans. Des capsules miniatures dotées de minicaméras numériques que l'on avale permettent de filmer l'intérieur du tube digestif même aux endroits inaccessibles aux endoscopes traditionnels. La visualisation de l'activité cérébrale par la technologie PET a révolutionné l'analyse des pathologies neurologiques.

Les cellules souches sont entrées dans une phase cruciale. De nouveaux procédés de différenciation n'utilisant pas de cellules issues d'embryons et présentant de faibles risques de cancérisation ont été annoncés. De plus, l'association de cellules souches à des matrices artificielles rend possible la fabrication d'organes complexes, ce qui est l'objectif ultime de la thérapie à base de cellules. Des expérimentations sont en cours pour produire des trachées et même des cœurs.

La manipulation des tissus ne fait que commencer. En 2009, une équipe franco-allemande à réussi à réorienter chez la souris les cellules pancréatiques, qui sont déficientes dans le diabète[2]. Dans le futur, il est ainsi envisageable que l'on se passe de cellules souches. Marius Wernig à Stanford a réussi à transformer un fibroblaste, cellule notamment de soutien de la peau, en un neurone[3]. La possibilité de transformer n'importe quelle cellule de notre organisme

1. Le stress oxydatif est un facteur majeur de détérioration de nos protéines et des différents constituants cellulaires.

2. Collombat P., Mansouri A., *Cell Cycle*, 2009.

3. *Nature*, janvier 2010.

en n'importe quelle autre, grâce à un bon cocktail biochimique, est à portée de main.

Bien sûr, pour chacune de ces technologies, les obstacles sont légion. Mais sur chaque difficulté, une, dix, cent start-ups biotechs travailleront jusqu'à trouver une solution. En 2002, il semblait définitivement acquis que le Web n'était pas adapté au multimédia et que la vidéo n'y avait pas sa place. Des centaines de start-ups pensaient le contraire : Youtube et Daily Motion ont très vite prouvé que c'était possible et plusieurs milliards de vidéos sont lues chaque jour sur le Web.

La loi de Moore envahit le vivant

Pour saisir l'ampleur des bouleversements qui nous attendent, il faut bien comprendre la différence entre une croissance « linéaire » ou « exponentielle » de la technologie. La rapidité d'évolution des technologies est très sous-estimée. Le schéma de progrès linéaires et réguliers est totalement inadapté.

En matière scientifique et technologique, il se produit en effet souvent des bonds en avant qui sont autant de ruptures d'une courbe linéaire.

Le rythme d'accélération des nouvelles technologies s'accroît de plus en plus vite. En un siècle, il a plus fait évoluer la vie des hommes que ne l'ont fait trois millénaires de civilisation précédents.

La bande passante de l'Internet et la puissance de calcul des ordinateurs, par exemple, suivent une courbe exponentielle. La montée en puissance de l'activité économique liée à Internet est la conséquence directe de cette rupture, encore complètement sous-évaluée au début des années 1990.

Autrement dit, la tendance exponentielle laisse la tendance linéaire le nez dans la poussière.

La loi de Moore[1] est le réacteur nucléaire de toutes ces nouvelles technologies. Elle devrait persister jusqu'en 2035 ou 2040, grâce à de nouvelles techniques de gravure des circuits intégrés et à l'optimisation de leur architecture. La puissance des circuits intégrés devrait donc être multipliée, à prix égal, par un million. Autrement dit, dans la montée à l'« Himalaya informatique », nous n'avons grimpé que 8 millimètres sur les 8 848 mètres qui nous séparent du sommet. Les choses sérieuses n'ont pas encore commencé : la révolution informatique n'en est qu'à ses débuts.

Même si la loi de Moore s'infléchissait à partir de 2030, cela ne changerait pas grand-chose au rythme des bouleversements. Les spécialistes de la convergence NBIC s'accordent en effet sur un point : nous sommes arrivés dans une zone de grandes turbulences.

Cette démocratisation de la puissance informatique rend possibles des analyses impensables en 1995.

Beaucoup de philosophes des sciences avaient prédit que la complexité du vivant était telle que l'interprétation biologique resterait très limitée. Pour reconstituer[2] la structure d'un génome humain après son séquençage, il est, par exemple, nécessaire de disposer d'une puissance

1. Loi énoncée en 1975 par Gordon Moore, l'un des fondateurs d'Intel, selon laquelle la puissance des circuits électroniques double à coût constant tous les dix-huit mois.

2. Cette étape s'appelle l'« alignement mapping ».

d'un Téraflops, c'est-à-dire de serveurs informatiques réalisant mille milliards d'opérations par seconde[1]. Cette puissance accessible en 2011 à une start-up n'existait nulle part sur terre il y a quinze ans. Les analyses biologiques les plus complexes nécessitent aujourd'hui des serveurs Pétaflops (un million de milliards d'opérations par secondes) ; en 2018, les premiers serveurs Exaflops[2] seront mis en service tandis qu'une puissance Pétaflops tiendra dans une seule armoire informatique – un « rack » – et sera à la portée de n'importe quelle PME.

Nous nous sommes habitués à l'explosion des capacités informatiques, mais nous ne sommes pas préparés à l'explosion de nos capacités d'action sur la matière vivante. Or cette contamination du monde du vivant par des lois exponentielles bouleverse le paysage.

Elles le feront en deux étapes. Elles permettent d'ores et déjà de comprendre, de lire, d'interpréter la vie. Ensuite, elles s'attaqueront à la réécriture, la modification de la vie par le biais des nanobiotechnologies.

Il y a encore trois ans, rares étaient les spécialistes qui comprenaient que la biologie de synthèse[3] allaient basculer dans le monde des exponentielles.

Le coût de fabrication des nanorobots médicaux, des chromosomes synthétiques, des vecteurs de la thérapie génique vont chuter pendant des décennies et leurs performances exploser[4].

---

1. Opérations dites à « virgule flottante ».

2. Un milliard de milliard d'opérations par seconde.

3. Y compris la synthèse de chromosomes artificiels.

4. Les unes après les autres, les différentes facettes de l'industrie du vivant passent d'une croissance linéaire (1-2-3-4-5-6-7-8-9-10…) à une croissance exponentielle (1-2-4-8-16-32-64-128-256-512-1024…).

Les courbes exponentielles sont révolutionnaires mais elles n'impressionnent pas, au début. Les premiers microprocesseurs sont passés de mille à deux mille circuits dans l'indifférence générale. Mais, à force de doublement tous les dix-huit mois, on dénombre désormais plusieurs milliards de transistors sur un microprocesseur de la taille d'un ongle. La violence des exponentielles ne saute pas aux yeux immédiatement.

Première mise en service de serveurs informatiques pour chaque pallier de puissance mesuré en nombre d'opérations par seconde		
KiloFlops	Mille opérations par seconde	1950
MegaFlops	Un million	1964
GigaFlops	Un milliard	1986
TeraFlops	Mille milliards	1998
PetaFlops	Un million de milliards	2007
ExaFlops	Un milliard de milliards	2018
ZettaFlops	Mille milliards de milliards	2029
YottaFlops	Un million de milliards de milliards	2037 ?

La plupart des spécialistes en électronique des années 1960 étaient sceptiques vis-à-vis des anticipations de Gordon Moore. Aucun généticien, à part Craig Venter, n'avait anticipé l'effondrement du coût du séquençage de l'ADN. Nous avons vu que la grande majorité des généticiens pensait en 1990 que le séquençage intégral de nos chromosomes était techniquement impossible.

Les médecins, peu au fait de ces dynamiques, sous-estiment d'ailleurs l'impact de la nanomédecine et de l'ingénierie tissulaire et génomique. La croissance exponentielle des performances n'est pas encore visible, parce que ce processus vient de s'enclencher.

Quand une exponentielle démarre, ce qui était inconcevable « hier » devient réalisable « aujourd'hui » et sera trivial « demain ». Ce sont ces courbes exponentielles qui vont terrasser la mort. Il faut préciser que la loi de Moore n'est pas une loi « physique », elle témoigne seulement que, à certaines périodes, l'état de la technologie et la mobilisation des chercheurs et des industriels permet une croissance exponentielle du rendement d'une production industrielle. Il s'agit largement d'une prophétie autoréalisatrice : si tout un secteur adhère à cette vision, les acteurs vont mobiliser d'immenses ressources et capitaux pour rester dans la course. Actuellement, tous les acteurs du monde du séquençage de l'ADN adhèrent à l'idée que le coût du séquençage va continuer à baisser de 50 % tous les cinq mois et mobilisent en réaction les ressources nécessaires. La baisse des coûts entraîne à son tour une explosion de la demande, qui encourage les industriels à poursuivre cette diminution au même rythme[1].

Ces évolutions sont d'autant moins évidentes à anticiper par les spécialistes qu'elles peuvent être décourageantes. Un séquenceur de dernière génération séquence trois milliards de bases ADN à l'heure[2], ce qui représente sept cent cinquante mille bases chaque seconde. Certains spécialistes du

1. Cette dynamique a été très bien documentée dans la cas des circuits intégrés. Le rôle de l'association américain des fabricants de circuits intégrés a été crucial. Ce syndicat professionnel a constamment convaincu ses adhérents que le fait de décrocher par rapport à la loi de Moore leur serait fatal. Les industriels ont lutté jour et nuit pour respecter les anticipations de la loi de Moore, avec succès depuis quarante ans.

2. Cinq milliards par heure à la fin de 2011.

séquençage ont consacré une vie entière pour séquencer mille bases ADN... soit le millième de ce qu'un seul automate séquenceur réalisera en une seconde à Noël 2011.

De la même façon, les plus grandes inventions nanobiotechnologiques et les plus puissantes armes contre le vieillissement et la mort surgiront de façon inattendue et sous des formes imprévues. La sérépendité, c'est-à-dire le fait de mettre au point accidentellement une innovation, jouera à plein. La multiplicité des zones de fertilisation croisée entre les différentes technologies de l'univers NBIC favorisera les « surprises technologiques ». Les NBIC ne seront pas un long fleuve tranquille !

L'immortalité pour demain : une vision naïve

La technomédecine n'offrira pas une espérance de vie de plusieurs siècles du jour au lendemain. La biologie des animaux, dont l'homme fait partie, est extrêmement complexe. Certaines de nos fragilités biologiques sont également des forces cachées. Beaucoup de modifications séduisantes au premier abord peuvent avoir des conséquences délétères. Ainsi, l'utilisation des cellules souches peut favoriser le développement de cancers. De même, la manipulation de l'enzyme télomèrase, qui module la longueur des télomères[1], pourrait favoriser la prolifération tumorale. Il n'y aura pas de remède miracle et unique contre le vieillissement mais des cocktails thérapeutiques associant plusieurs armes issues des NBIC, continuellement améliorés décennie après décennie. Comme à cha-

---

1. Les télomères sont les extrémités des chromosomes. Leur raccourcissement est associé au vieillissement, puisque cela finit par bloquer la division des cellules.

que époque, des technologies miracles seront présentées au consommateur en quête d'immortalité et susciteront, *a posteriori*, moqueries et incrédulité. Les riches Américains qui ont acheté une place dans une des nombreuses sociétés de cryogénie qui ont fleuri vers 1970 ne risquent pas de ressusciter demain grâce à la technomédecine : ces sociétés ont déposé le bilan et l'électricité qui alimentait les cuves où reposaient à –196 degrés les corps en attente de « deuxième vie » a été coupée... il y a déjà bien longtemps.

Les remèdes farfelus contre la vieillesse jalonnent notre histoire. Le Dr Voronoff, du Collège de France, greffait des testicules de singe aux personnes âgées en quête de rajeunissement. L'hypermédiatisation qui a accompagné les travaux sur la DHEA, dont l'impact sur le vieillissement est extrêmement faible, montre à quel point il faut être prudent[1]. De même, les compléments alimentaires ont bien souvent des résultats opposés à leur objectif. Récemment, un traitement à base de papaye verte a été présenté, par un célèbre Prix Nobel de médecine, comme un remède sensationnel contre les effets de l'âge.

Beaucoup de discours simplistes brouillent l'opinion. Les médias l'abreuvent de simplifications coupables : la prétendue découverte d'un gène de l'infidélité ou de l'altruisme font croire à des mécanismes simples là où, en réalité, nous sommes en présence d'interactions complexes entre des multitudes de séquences génétiques et l'environnement. Le fait qu'un changement d'une lettre

1. Les travaux sur la DHEA n'émanent cependant pas d'un quelconque charlatan ou gourou manipulateur, mais d'un très grand scientifique, le Pr. Beaulieu, qui a manifestement été dépassé par la demande sociale de remèdes anti-âge !

de notre ADN sur trois milliards suffise à transformer un enfant de cinq ans en vieillard[1] ne signifie pas qu'on puisse devenir immortel en bricolant un seul gène.

L'extrême complexité de notre organisation biologique laisse peu de place à un hypothétique remède universel contre la mort. Et, comme toujours, les remèdes efficaces auront des effets secondaires. La surveillance des traitements sera primordiale. La compréhension et la manipulation fine de notre corps prendra des décennies, mais l'issue ne fait pas de doute : aucune barrière technologique ne nous arrêtera durablement.

1. Dans la progeria, par exemple.

Chapitre 2

Le technopouvoir ou les fabricants du futur

Ces progrès gigantesques ne resteront pas longtemps cantonnés dans les laboratoires de recherche. Poussés par une forte demande sociale qui leur ouvrira une à une toutes les portes, ils bouleverseront les mécanismes économiques et sociaux qui régissent les rapports entre les êtres. Ils auront notamment pour effet d'instituer une forme de technopouvoir qui tentera de se substituer au pouvoir politique.

Le pouvoir des technocrates – issus des meilleures écoles ou universités – déclinera au profit d'une hégémonie d'un nouveau genre. On assistera à la montée en puissance de ceux qui contrôlent les technologies NBIC : ce sera le règne des « technologues ». Derrière la convergence NBIC, une philosophie de transformation radicale de l'Humanité – le transhumanisme – rêve de changer l'Homme.

La fusion de la technologie et de la vie

Le projet transhumaniste de fusion de la technologie et de la vie se déploie en trois étapes :

— d'abord, la technologie pénètre la vie grâce aux prothèses médicales et la bio-ingénierie ;

— puis, la technologie crée la vie artificielle. Les annonces fracassantes de Craig Venter[1] témoignent du début de la course ;

— enfin, la technologie dépasse, voire remplace la vie. La montée en puissance de Google, embryon d'intelligence artificielle, prouve que cette étape n'est plus si lointaine.

Alors que les bioconservateurs mènent des combats d'arrière-garde, un véritable lobby bioprogressiste est déjà à l'œuvre, qui prône l'adoption enthousiaste de tous les progrès NBIC, quitte à changer l'Humanité.

Ce lobby est particulièrement puissant sur les rives du Pacifique, de la Californie à la Chine et à la Corée du Sud, soit à proximité – et ce n'est pas un hasard – des industries NBIC. C'est là qu'émerge la nouvelle devise de notre siècle : la vie n'est qu'une nanomachine particulièrement sophistiquée !

Des « transhumains » aux « posthumains »

Notion encore quasi inconnue en Europe, le transhumanisme est un mouvement culturel et intellectuel, mais ni religieux ni politique. La plupart des transhumanistes se réclament de l'humanisme, ne sont pas croyants, rejettent le racisme, l'autoritarisme, les pseudosciences et les sectes. Ce sont des cartésiens, très au fait des nouvelles technologies, adeptes des libertés individuelles, qui viennent de tous les horizons politiques. La World Transhumanist Association souligne, par exemple, qu'elle milite

1. Sur la création de la première cellule artificielle en juillet 2010.

pour une « démocratie radicale, reposant non pas sur la seule liberté, mais sur l'égalité et la solidarité (pour un accès universel au progrès) ». L'on retrouve bien cette revendication d'égalité qui est, on le verra, une vecteur puissant de progression des transgressions biotechnologiques. Les transhumanistes soutiennent un contrôle réfléchi des nouvelles technologies pour en permettre une utilisation sûre. Mais, au même titre que la démocratie radicale, les transhumanistes soutiennent une vision radicale des droits de l'humain. Pour eux, peu importent la race, le genre ou l'origine : un citoyen est un individu, un être autonome qui n'appartient à personne d'autre qu'à lui-même, et qui décide seul des modifications qu'il souhaite apporter à son cerveau, à son ADN, ou à son corps. La démocratie radicale dans laquelle souhaite vivre le transhumaniste est une société qui ne bride ni les libertés individuelles ni la volonté de chacun d'augmenter son potentiel. La technologie est un moyen d'échapper à la tyrannie du destin, de la Nature et de sa condition sociale.

La société humaine construite autour de l'agriculture est née il y a dix millénaires ; la société industrielle, il y a deux siècles ; notre société, fondée sur les technologies de l'information, il y a une vingtaine d'années. Les paradigmes de l'Humanité sont de plus en plus courts. Il semble même que cette dernière s'habitue à ces changements sans cesse plus rapides, les nouvelles générations développant une capacité inédite à utiliser avec habileté de nouveaux artefacts technologiques dont ils n'ont même pas besoin de lire le mode d'emploi. Plus qu'une simple capacité, l'adoption des innovations technologiques est devenue pour les jeunes générations un véritable mode d'existence ; il semble que le projet éthique contemporain se concentre tout entier dans le simple fait d'être ouvert et réceptif à la nouveauté, quelle qu'elle soit.

Sous l'influence des technologies NBIC, l'*Homo sapiens* va devenir la première espèce « libre », dans le sens où il sera libéré des incertitudes de la sélection darwinienne. Cet affranchissement de la servitude d'une nature cruelle et brutale éliminant la plupart des individus afin que quelques-uns survivent a commencé depuis longtemps : on l'appelle civilisation. Ce que les NBIC vont apporter de nouveau, c'est la radicalité de la rupture avec le système darwinien. Nous ne serons plus les jouets d'un tri accompli sur des critères et par des forces de sélection aveugles qui nous sont extérieures, mais les décisionnaires et véritables sélectionneurs actifs des attributs de notre humanité. L'homme biotechnologique aura toutes les cartes en main pour « s'arracher à la Nature », comme disaient les philosophes des Lumières, et décider de son avenir.

Selon les tenants du technopouvoir, le XXIe siècle devrait connaître grâce aux technologies NBIC deux périodes distinctes. La première période, que les techno-optimistes appellent la « transhumanité » (terme utilisé ici comme synonyme « d'humain amélioré »), est déjà commencée. La seconde, la « posthumanité », s'imposerait dans la deuxième moitié du XXIe siècle avec « l'humain-cyborg », augmenté par une intelligence artificielle puissante – notamment des dispositifs électroniques implantés dans le cerveau – qui ferait de lui un être hybride, une machine autant qu'un être biologique.

Pour avoir l'air sérieux, les technologues évitent d'utiliser le vocable « surhomme » qui est pourtant très tentant dès lors que l'on parle d'humains aux capacités qui sont celles que les bandes-dessinées prêtent aux « super-héros ». Ils ne veulent pas passer pour des auteurs de mangas japonais. D'abord, bien sûr, parce que le terme de « surhomme » a fait l'objet d'une utilisation spécifique par Nietzsche et que sa réutilisation par le nazisme a achevé de brouiller sa signification. Ensuite et surtout, parce que le terme de « surhomme » suggère une hiérarchie. Penser que l'homme augmenté sera « au-dessus » de l'homme normal, c'est porter un jugement de valeur qui n'a pas lieu d'être. La seule chose que l'on peut dire avec certitude, c'est que cette nouvelle humanité sera *différente* de l'ancienne, d'où les termes de transhumanité et de posthumanité.

Si la première utilisation du mot « transhumaniste » remonte aux années 1950, sa popularisation date du milieu des années 1990. C'est à cette période que les futurologues et chercheurs commencent à mieux cerner les promesses de la convergence NBIC. L'arrivée d'une classe transhumaine, puis posthumaine, germe progressivement dans l'esprit des spécialistes.

C'est une certitude angoissante pour les bio-conservateurs. Francis Fukuyama[1] ne doute pas de l'avènement de cette nouvelle humanité. Dans son livre *La Fin de l'homme*[2], il met en garde contre les technologies qui vont transformer l'Humanité à un degré inimaginable, et s'inquiète des conséquences politiques de cette révolution. Pour lui, la victoire du mouvement transhumaniste, malheureusement, est aussi inquiétante que certaine. Fukuyama va jusqu'à imaginer que les pays bioconservateurs devraient

---

1. *Cf.* introduction.
2. Francis Fukuyama, *La Fin de l'homme. Les Conséquences de la révolution biotechnique*, La Table ronde, 2002.

avoir recours aux armes pour protéger l'Humanité biologique des « excès » de la science…

La technologie crée la vie

Nous venons d'entrer, beaucoup plus tôt que prévu, dans la deuxième phase, celle de la vie artificielle.

20 mai 2010 : Craig Venter annonce, dans le journal américain *Science*, la création de la première cellule artificielle. Il s'agit d'une étape essentielle dans la programmation de la vie, selon des principes proches de la conception d'un logiciel informatique, qui restera dans les livres d'Histoire. Ainsi, la perspective de créer la vie à partir de matière chimique inerte se rapproche à vive allure, même si la vie intégralement artificielle attendra encore un peu.

Techniquement, Craig Venter a réussi à créer artificiellement un assez long chromosome d'environ un million de bases chimiques. Ce chromosome artificiel, constitué des quatre lettres de l'alphabet génétique que nous avons en commun avec l'ensemble des espèces vivantes sur terre (ATCG, pour Adénine, Thymine, Cytosine et Guanine), a été entièrement produit en éprouvette en suivant une modélisation informatique.

Puis ce chromosome artificiel a été intégré dans une bactérie dont on avait auparavant supprimé l'ADN d'origine. L'équipe a enfin réussi à « rebooter », c'est-à-dire à faire redémarrer, cet organisme d'un genre nouveau, désormais capable de se reproduire. Pour la première fois, une forme vivante fonctionne avec un programme génétique conçu sur ordinateur puis construit chimiquement en éprouvette, et n'est plus le produit erratique de la sélection darwinienne. Cela accrédite l'idée que le programme génétique est fondamentalement un subtil logiciel, et la vie une nanomachine, certes particulièrement complcxe, mais malléable par la science.

Il existe donc aujourd'hui deux lignées d'espèces vivantes sur terre[1] : toutes celles qui descendent de LUCA (*Last Unique Cell Ancestor*), la dernière cellule commune avant la séparation des différentes formes naturelles de vie, et JCVI-syn1.0, la création de Venter.

Dans les deux ou trois prochaines décennies, les révolutions biotechnologiques vont se succéder à vive allure. Des cellules totalement artificielles seront vraisemblablement produites avant 2025. La reprogrammation génétique se banalisera afin de traiter les pathologies les plus graves et les plus sensibles aux yeux de l'opinion : le cancer, les maladies neurodégénératives, les myopathies… Une compétition industrielle mondiale féroce conduira à des technologies destinées à créer des « super-cellules », plus performantes, plus puissantes, à la durée de vie supérieure. Il va être possible de tester des milliards de génomes artificiels conçus sur ordinateur en associant, tels des morceaux de Lego, des briques génétiques. Craig Venter possède aujourd'hui la plus belle collection de ces bio-bricks qui vont permettre d'écrire les chromosomes à partir de modules préfabriqués.

Le passage de ces technologies à la médecine quotidienne est juste une question de temps. Il se compte en décennies et non en siècles. On produira des globules rouges renforcés, des neurones moins fragiles. Des gènes

1. Y compris l'Homme.

provenant d'espèces animales ou de végétaux seront introduits dans notre ADN. Une ingénierie de la régénération tissulaire utilisant des cellules souches modifiées et renforcées verront bientôt le jour.

L'Homme qui se prend pour Dieu

Craig Venter est à l'avant-garde d'un programme de transformation radicale de l'Humanité, et va peut-être devenir le savant le plus important de l'histoire.

Avec Thomas Edison, il est l'un des très rares hommes à avoir conduit deux révolutions scientifiques. Entre 1990 et 2003, il a incontestablement été le chef de file des savants qui ont réussi le premier séquençage intégral de l'ADN humain. Nous l'avons vu, ce qui en 1985 était considéré comme impossible par la quasi-totalité des biologistes – séquencer intégralement nos chromosomes – a été réalisé grâce à la technique dite du « *shotgun* » pensée et mise en œuvre par Venter. C'est lui qui a compris que la génétique était d'abord de l'informatique, et que la loi de Moore[1] allait rendre enfantin demain ce qui semblait impensable hier. Depuis 2005, Venter a osé lever le tabou suprême : après avoir lu l'ADN humain, il souhaite maintenant écrire les génomes.

Venter avance comme d'habitude plus vite que prévu. La vie artificielle se rapproche à grands pas et que ce soit 2020 ou 2025 ne change pas grand-chose. Des bouleversements fondamentaux sont en vue.

---

1. Qui prédit, rappelons-le, un doublement des capacités d'un microprocesseur tous les dix-huit mois.

La démonstration que la vie peut être produite en éprouvette conduira à des débats passionnés sur les limites du pouvoir de l'Homme. Les travaux de Venter ont déjà suscité interrogations et inquiétudes. Le président Obama lui-même a diligenté une enquête sur ces technologies qui pourraient être détournées par des terroristes. Les religions vont également devoir se positionner face à une situation qu'elles n'avaient pas prévue ; des groupes religieux se sont d'ailleurs émus qu'un chercheur se croie autorisé à « imiter Dieu ». Ils n'ont pas fini de s'émouvoir…

Les travaux de Venter vont accélérer les thérapies géniques. Une meilleure compréhension des mécanismes génétiques permettra de lever les derniers freins à la généralisation des changements de notre génome.

On peut être certain que, à la suite de Venter, les tentations démiurgiques et prométhéennes des ingénieurs du vivant vont s'accroître. La vie, l'homme vont être perçus comme infiniment manipulables. Quelques voix timides ont demandé un moratoire sur les travaux de Venter, puis elles se sont tues. Il faut dire que le précédent moratoire sur les travaux génétiques, décidé à la conférence d'Asilomar en 1976 en Californie, n'a tenu que quelques semaines ! Qui est aujourd'hui en mesure de poser des limites ? Le bricolage du génome ne fait que commencer. D'ailleurs, Craig Venter a annoncé, le 11 octobre 2010, avoir réussi à fabriquer un génome mitochondrial[1] de souris entièrement artificiel.

---

1. La mitochondrie est l'usine énergétique de nos cellules. Ce composant joue un rôle crucial dans le vieillissement et les maladies dégénératives.

Le bricolage de la vie

La réécriture de la vie est, bien sûr, une discipline beaucoup plus complexe que l'aéronautique ou la mécanique automobile. La vie n'est pas un simple logiciel composé d'instructions linéaires et séquentielles. Le code génétique interagit de façon dynamique avec son environnement, ce qui n'est pas le cas d'un logiciel.

Nous savons voler à vitesse supersonique depuis le 14 octobre 1947, mais la biologie synthétique ne démarre qu'aujourd'hui. Les technologies nécessaires à la création de la vie artificielle n'ont franchi les seuils indispensables que depuis deux ans environ. Leur banalisation est en marche. L'« Artificial Life » progresse d'autant plus vite que les enjeux financiers et industriels sont immenses. Devenir le « Bill Gates de la vie artificielle » est le fantasme de toute une génération de spécialistes de la biologie synthétique.

Une myriade de start-ups génomiques va naître dans les prochaines années, recréant la dynamique qui a accompagné le début de l'économie du Web. Cette biologie synthétique va devenir un des piliers de l'économie mondiale. Des sociétés comme Blue Heron ou DNA 2.0 ne sont que l'avant-garde de ces futurs « Microsoft de l'ingénierie de la vie ». Nous verrons bientôt les meilleurs spécialistes du Web arriver dans les start-ups de biologie synthétique, tant la génomique et l'Internet ont de points communs. Une excitation comparable à celle qui a accompagné la naissance du Web va s'emparer des biotechnologies synthétiques. Malheureusement, la France a peu investi dans cet univers et n'y possède pas d'acteur industriel significatif.

Le cœur du technopouvoir : le mouvement transhumaniste

La domestication de la vie passionne les « transhumanistes » qui soutiennent l'augmentation de nos capacités et forment un lobby puissant aux États-Unis. Il existe certes quelques groupes folkloriques, parfois constitués de farfelus *new-age*, « néo-babas », ou de « technoprophètes » à l'ego surdimensionné. Mais, pour l'essentiel, ils sont composés de chercheurs, d'universitaires et d'industriels de haut niveau. Le mouvement transhumaniste s'est construit par opposition à l'idéologie de résignation face à la Nature et à la mort. Bien entendu, « l'amélioration » de l'humain soulèvera des débats moraux et éthiques. Mais, dans la guerre pour ou contre la modification de l'Homme, les transhumanistes ont gagné la bataille de l'expertise et de l'influence. L'entrisme des transhumanistes est impressionnant. Des institutions comme la Nasa, Arpanet[1] ou Google sont aux avant-gardes du combat transhumaniste. La production des intellectuels transhumanistes est de grande qualité. Le Pr. Nick Bostrom – directeur du Future of Humanity Institute à l'université d'Oxford – a ainsi publié plusieurs études remarquables sur les rapports entre l'homme biologique et les formes non biologiques d'intelligence.

Pour les transhumanistes, il n'y a pas de raison de refuser le progrès scientifique au nom d'un obscurantisme d'un autre âge. À condition, et c'est leur apport philosophique à ces questions, que les dangers induits par ces nouvelles technologies aient été évalués et des mesures défensives, adoptées.

---

1. Institution à l'origine de l'Internet.

Les philosophes transhumanistes se battent contre les oppressions morales, religieuses et politiques, dans le but de faire progresser l'Humanité. À l'image des philosophes des Lumières, ils s'opposent aux superstitions, à l'arbitraire et aux manifestations irrationnelles des bioconservateurs, néo-luddites[1] et intégristes de tous bords.

À leurs yeux, l'Humanité n'a aucun scrupule à avoir dans l'utilisation de toutes les possibilités de transformation de l'Humain offertes aujourd'hui par la science. Jetés par le hasard sur un sentier qui ne mène nulle part, les hommes reprennent finalement en main leur destin en cassant pour de bon une sélection darwinienne déjà fort mise à mal par la civilisation. Cette mort que la Nature nous a imposée, nous allons continuer à chercher à la combattre par les NBIC et, probablement, avec plus de succès que jamais.

Cette idéologie se présente comme progressiste : elle souhaite faire profiter l'ensemble des êtres humains, quelle que soit leur race, des bienfaits de la technologie. En cela, elle s'oppose aux théories racistes et eugénistes.

Les transhumanistes constituent un lobby de gauche qui souhaite renforcer encore l'État-providence grâce aux bienfaits de la technologie. On mesure tout de suite le piège : s'opposer au transhumanisme revient à légitimer les inégalités biologiques et à défendre une société à plusieurs vitesses au nom de valeurs conservatrices comme le respect de la Nature. Les bioconservateurs d'aujourd'hui

---

1. Le luddisme est un mouvement ouvrier du début XIXe siècle s'opposant à la mécanisation de la production. Son nom vient de l'ouvrier John Ludd qui aurait détruit deux métiers à tisser en 1780.

ne défendent plus le slogan *Travail, Famille, Patrie* mais *Dignité, Nature, Divinité*. La gauche plurielle française se déchirera sur ces sujets bio-politiques, puisque le parti communiste est plutôt bio-progressiste alors que la majorité des socialistes et des Verts sont bio-conservateurs.

Le média de référence des transhumanistes est Wired (www.wired.com), qui est quasiment l'organe officiel de la Silicon Valley, et qui promeut une vision radicalement optimiste et ludique de la technologie. Wired présente la société transhumaniste sous un jour attendrissant. Mais derrière le boy-scoutisme philosophico-technologique se cache en réalité un puissant lobby qui souhaite l'émergence rapide de l'Homme 2.0.

Les transhumanistes trouvent normal d'utiliser la technologie et les sciences pour augmenter les capacités physiques et mentales des êtres humains. Fervents défenseurs des technologies émergentes, ils considèrent notamment que la maladie et le vieillissement ne sont pas une fatalité et qu'il est légitime de prétendre à une vie plus longue, plus agréable, sans souffrance ni handicap. L'idée n'est pas nouvelle. La quête de l'immortalité est un fantasme qui remonte à l'Antiquité, et qui n'a jamais cessé d'exister. De Pic de la Mirandole à Condorcet en passant par Benjamin Franklin, beaucoup d'intellectuels ont prophétisé et souhaité une extension drastique de la longévité humaine et de ses capacités en général. En ce début de XXIe siècle, le mythe est sur le point de devenir réalité. Et le débat ne porte plus sur l'opportunité de transformer l'Homme mais sur les moyens d'assurer l'égalité de tous dans l'accès à ces techniques. Dernièrement, un éditorialiste d'une prestigieuse revue médicale s'inquiétait, non des dérives technologiques de renforcement du cerveau humain, mais des conditions nécessaires pour accorder aux étudiants pauvres des bourses leur permettant d'avoir accès à ces traitements… La question n'est déjà plus celle de l'acceptabilité mais de l'égalité de la diffusion de ces technologies.

De la science-fiction à la médecine-réalité : nous sommes déjà des transhumains

Réalité lointaine que tout cela ? Pas sûr. Nous sommes probablement beaucoup plus proches du transhumanisme que nous ne le pensons. En fait, on peut même dire qu'en ce début de XXIe siècle, nous sommes déjà des transhumains. La science nous a permis d'augmenter doucement notre espérance de vie. Nous avons des médicaments chimiques efficaces pour de nombreuses pathologies, des prothèses pour réparer nos genoux, nos hanches, nos artères, nos veines, les valves de notre cœur, nos dents ou nos os. Nous savons greffer un bras, un doigt, un cœur ou même un visage. Nous avons créé des prothèses, comme les lentilles de contact, ou des machines comme le *pacemaker*, pour lutter contre nos imperfections physiques.

De ce point de vue, le transhumanisme apparaît comme la simple continuation d'un mouvement ancien ; la poursuite d'un effort pour pallier nos déficiences physiques commencé il y a quelques siècles avec l'invention des béquilles ou des lunettes…

Pourquoi faudrait-il se féliciter de l'invention des lunettes pour mieux voir et refuser l'utilisation de la chirurgie oculaire permettant de supprimer la myopie ? Et si on accepte, pourquoi faudrait-il refuser une technologie permettant de rendre la vue aux aveugles ? Qui refuse aujourd'hui une prothèse de hanche quand l'arthrose détruit son autonomie ? La fixation d'une limite à ces « béquilles technologiques » est particulièrement malaisée, voire impossible.

Tout cela ne se fera pas en un jour. L'inévitable « transhumanité » représentera une longue période de transition vers la posthumanité. Pas à pas, année après année, petite transgression indolore par petite transgression indolore, notre transhumanité toujours plus technophile va se faire à l'idée de la « posthumanité ». Il est possible qu'il y ait en 2100 une majorité d'individus – des populations déjà génétiquement modifiées, et « améliorées » à bien des égards – pour passer de l'autre côté de la barrière.

Au terme du processus, le posthumain serait doté d'une intelligence artificielle d'une puissance phénoménale, lui permettant notamment de connecter son cerveau à un univers virtuel hyperréaliste de son choix. Son corps ne serait plus malade, ne se détériorerait plus, permettant de conserver une vigueur et une jeunesse quasi éternelles. La fatigue physique et intellectuelle n'existerait plus.

L'extension du champ des possibles réservés aux posthumains attirera de nombreux transhumains. Les néo-luddistes, les religieux et les écologistes conservateurs manifesteront sans doute contre ce qu'ils considéreront comme la fin de l'Humanité. Mais il ne fait guère de doute qu'ils seront minoritaires.

Qui pourra et, surtout, qui voudra résister à la « médecine d'amélioration », ce concept défini en 2003 dans un rapport du comité de bio-éthique des États-Unis[1] ? Ce

1. « Beyond Therapy : Biotechnology and the Pursuit of Happiness » (Octobre 2003) – Bioethic Commission – Rapport disponible sur le site : http://www.bioethics.gov/

document expliquait qu'à l'avenir il n'y aurait plus de frontière entre la médecine thérapeutique et la médecine de maintien et de prévention. Dans la biomédecine de demain, les nouveaux médicaments et les technologies thérapeutiques se combineront pour améliorer les capacités humaines, d'où cette notion « d'amélioration » de la race humaine, comme autrefois on a parlé d'amélioration de la race chevaline…

La comparaison peut paraître choquante. Oui, mais qui refusera pour lui-même, pour ses proches et ses enfants une réparation de son potentiel génétique, un renforcement de ses capacités cognitives et émotionnelles, une progression exponentielle de la durée de vie ainsi qu'une augmentation des performances sportives, voire sexuelles ?

Ce futur homme transformé et augmenté fait irrésistiblement penser aux héros de séries télé américaines des années 1970.

La médecine de l'amélioration ouvre la voie à l'homme et à la femme bioniques.

La science-fiction de naguère devient médecine-réalité.

La perspective est-elle celle d'un *remake* grandeur nature du *Meilleur des mondes* d'Aldous Huxley décrivant l'émergence d'un monde totalitaire ?

Pour les penseurs et les philosophes les plus libéraux, c'est tout le contraire. Nick Borstom déclare ainsi : « Le transhumanisme, c'est l'humanisme des Lumières plus les technologies[1]. » Il considère que l'utilisation des technosciences va permettre à l'homme de se libérer de ses limites

1. Paraphrasant Lénine et son célèbre « Le communisme c'est les soviets plus l'électricité ».

physiques, intellectuelles et psychiques, comme le siècle des Lumières a permis à l'homme d'élever sa pensée et de se libérer des schémas de pensée traditionnels, ce qui a amené de profonds et salutaires changements dans la société et dans l'ordre politique.

Pour autant, le danger totalitaire n'est pas exclu si l'accès aux technologies transhumanistes reste réservé à une minorité qui, de ce fait, pourra imposer sa loi et sa puissance au reste de l'Humanité.

Toute la question est de savoir si, au nom de ce risque, il faut – et surtout s'il est possible – s'opposer à l'évolution des technologies et à la convergence des NBIC.

L'Histoire a montré que l'Homme ne résiste jamais à l'attrait de la nouveauté, quand bien même celle-ci recèlerait un danger. Malgré Hiroshima, l'arme nucléaire s'est développée et est devenue une arme stratégique aux mains de quelques États, au point de donner au monde entier des sueurs froides. Aujourd'hui, certains pays – Corée du Nord, Iran – font du chantage nucléaire au reste de la planète.

L'homme résistera d'autant moins à la révolution biotechnologique que celle-ci lui promet un développement de sa propre puissance et une victoire sur la mort.

Considérant l'évolution ultra-rapide des mœurs, quel individu de 2080 voudra demeurer un humain obsolète, fragile et malade, quand ses voisins seront « géniaux » et quasi-immortels ? Qui voudra se contenter d'un QI banal et d'une simple mémoire humaine, quand les bio-puces offriront une intelligence artificielle supérieure à celle de millions de cerveaux humains cumulés et un accès immédiat à toutes les banques de données ? L'instinct grégaire, mais aussi la pression du groupe et la nécessité de rester dans la norme seront les garants de l'adhésion du plus grand nombre.

L'Humanité : une perpétuelle version béta

À travers l'opposition entre zélateurs du transhumanisme et tenants du bioconservatisme, ce sont en fait deux conceptions radicalement différentes de l'Humanité et de son sens qui se font face.

La vision bioconservatrice prend l'Humanité comme une donnée peu évolutive. Pour les plus intégristes d'entre eux, l'homme serait même apparu dès le début comme il l'est aujourd'hui, à l'instar d'Athéna sortant tout armée du crâne de Zeus. Cette version « créationniste » a encore des adeptes, même s'ils sont peu nombreux. Une autre version, plus « douce », fait de l'Humanité actuelle le résultat d'une évolution conduite en sous-main par un « dessein intelligent » d'origine divine.

Une troisième version sacralise le corps humain dans son fonctionnement actuel sans pour autant y voir un dessein divin. Pour les tenants de cette dernière version, la croyance en une évolution des corps est une idée ultralibérale élaborée pour distraire les masses de leur asservissement. Selon eux, en effet, toute tentative de concentrer l'attention des populations sur l'élément objectif du corps humain ne saurait être qu'un piège. Songer à faire évoluer l'homme ne peut être qu'une ruse de plus des puissants pour dominer les masses, voire créer des esclaves encore plus soumis. En résumé, « l'homme est très bien comme ça, c'est la société qu'il faut changer ».

La vision transhumaniste se situe résolument en rupture avec les précédentes. Considérant que nous sommes le fruit d'une évolution au hasard, elle milite résolument pour une modification *ad libitum* du corps humain. Comprenons bien ce que cette conception a de radicalement différent : il ne s'agit pas de faire accéder à un état nouveau, mais de faire de l'Homme un être en perpétuelle évolution et même de créer les conditions d'une rupture de la condition humaine. L'Homme devient un terrain d'expérimentation pour les technologies NBIC : un être perfectible, modifiable jour après jour par lui-même.

Les transhumains avouent n'avoir aucune idée de la posthumanité qui, selon eux, nous attend. L'idée est que l'homme du futur sera comme un site Web, à tout jamais une « version béta[1] », c'est-à-dire un organisme-prototype voué à se perfectionner en continu.

L'Humanité va entrer dans une ère où son évolution pourra être l'objet d'un véritable « dessein ». Mais ce dernier ne devra rien à une hypothétique transcendance ; il sera le fait des hommes eux-mêmes qui prendront en main leur destin. Cessant de faire de notre évolution un mécanisme infiniment lent et soumis aux caprices du hasard, nous en prendrons les commandes et l'accélérerons de telle façon que quelques générations suffiront à nous transformer radicalement.

Pour les tenants du transhumanisme, l'homme doit entrer dans un âge où il va s'augmenter, se modifier en permanence, utilisant toutes les ressources génétiques, biomécaniques et informatiques qui lui sont offertes. Il n'y a aucune raison, selon eux, de fixer une quelconque

1. Une version béta représente un sorte de brouillon d'un programme informatique, qui a vocation à être remaniée.

limite à nos capacités cognitives, mémorielles, ni même physiques.

Les différents groupes de transhumanistes s'accordent sur l'essentiel : nous allons tout droit vers la posthumanité et une hybridation de plus en plus intime avec les machines. La question n'est plus de savoir si la technologie va modifier radicalement l'être humain des prochaines décennies, mais de faire connaître ces problématiques au plus grand nombre, de réfléchir aux conséquences et d'alimenter le débat. Jusqu'où est-il raisonnable d'aller ? Et surtout, qui décide : y a-t-il un pilote dans l'avion NBIC ?

Cyber-paradis ou cyber-enfer ?

L'intelligence artificielle et les mondes virtuels vont devenir un des centres de l'économie et des activités humaines, professionnelles et ludiques. L'ennui, la dépression, et les suicides continueront probablement à exister, au moins pour les transhumains encore dotés d'une intelligence biologique. Mais pour les autres, transhumains et posthumains de demain, qui se sentiront parfaitement à leur aise dans le cybermonde, le champ des possibles s'étendra jusqu'à l'infini.

Qu'on en juge !

Le temps libéré par les nouvelles technologies sera sans doute largement consacré aux expériences virtuelles. La réalité virtuelle occupera une part croissante de notre temps. Elle proposera une variété d'environnements aussi excitants que ceux de la vraie vie. Ce sera à terme une source d'égalité entre les populations, puisque nous ne dépendrons plus de notre origine géographique et de nos moyens financiers pour rallier des points du globe, réels ou imaginaires, et rencontrer des individus de tous horizons. Ces mondes virtuels permettront de vivre des expériences inédites, avec des scénarios inimaginables aujourd'hui. Ils contribueront ainsi à l'épanouissement personnel des transhumains de demain. *Google Earth* est une étape prémonitoire de ce monde futur.

La vraie vie ne sera bientôt plus qu'un monde parmi les autres. Une réalité ni plus ni moins importante que tous les univers virtuels dans lesquels nous serons totalement immergés. Ces expériences seront si réalistes qu'il n'y aura aucune différence entre faire l'amour dans la vraie vie et faire l'amour avec un partenaire virtuel dans un lit imaginaire ! L'expérience sera probablement plus intéressante pour certains, puisqu'elle permettra de changer sa propre apparence (comme un avatar de jeu vidéo), et de rencontrer des partenaires dans des lieux aussi surprenants que dépaysants. Les mondes virtuels n'auront pas d'autres limites que l'imagination de leurs utilisateurs et de leurs techno-artistes, auteurs et programmateurs. Prendre l'avion pour Rio de Janeiro deviendra inutile, puisqu'on pourra visiter le Pain de Sucre et boire une noix de coco à Copacabana en se connectant mentalement au cyber-espace.

La description succincte de cette vie éternelle, immergée dans le cyber-espace, peut sembler terriblement ennuyeuse et inhumaine à un quinquagénaire de 2010, dont les relations avec l'Internet se limitent à envoyer des mails et payer ses impôts en ligne. Mais ce n'est pas l'avis des ados actuels, qui vivent déjà peu ou prou suivant ce modèle. Il suffit de faire le test autour de soi pour s'en convaincre. L'avenir high-tech qui se prépare n'est pas pour leur déplaire, et leurs enfants seront encore plus technophiles et transhumanistes qu'eux-mêmes. La passion pour la technologie des ados accros aux jeux vidéo est sans bornes. Ils sont capables de regarder la télé d'un œil, de jouer en ligne à un jeu vidéo avec des copains aux quatre coins du monde, tout en envoyant un SMS et en mangeant une glace. Leur capacité au *multitasking* (faire plusieurs choses à la fois) rend les parents fous de rage, et cette rupture provoque souvent des conflits générationnels importants. Ces adolescents ont déjà des comportements et un style de vie qui les rapprochent des posthumains du futur.

La transhumanité entre négations, peurs et désirs

Ces notions de « transhumanité » et de « posthumanité » peuvent sembler relever de la science-fiction *made in Hollywood.* Surtout en Europe, où les progrès à venir de la convergence NBIC ne sont pas encore bien connus. Pour le citoyen ordinaire, l'idée que nous puissions être à quelques décennies d'une « posthumanité » peuplée d'humains hybrides peut s'apparenter à une théorie millénariste de plus. Mais il est bon de se rappeler que, à toutes les époques, les utopies ont été moquées par des gens sérieux. Le célèbre astronome Forest Ray Moulton, de l'université de Chicago, disait en 1932 : « Il n'y a aucun espoir d'atteindre un jour la Lune. C'est physiquement impossible. La gravité terrestre est un obstacle insurmontable ! » Plus proche de nous, en 1956, le scientifique anglais sir Richard Wooley déclarait : « Tous ces articles à propos d'un voyage dans l'espace ne sont que foutaise ! » Et le très respecté ingénieur Lee De Forest enfonçait le clou : « Envoyer un homme dans l'espace dans une fusée, puis placer cette fusée en orbite autour de la Lune... Je puis vous dire dès aujourd'hui qu'un tel exploit ne se réalisera JAMAIS, quelles que soient les futures avancées technologiques ! » Quatre ans plus tard, le Soviétique Gagarine flottait dans l'espace et huit ans après, l'Américain Armstrong marchait sur la Lune et prononçait cette phrase historique : « Un petit pas pour l'Homme, un pas de géant pour l'Humanité. »

Même les généticiens les plus brillants ont complètement sous-estimé la révolution génétique. En 1970, Jacques Monod, Prix Nobel de médecine pour la découverte de l'ARN messager, écrivait dans *Le Hasard et la Nécessité*[1] : « L'échelle microscopique du génome interdit sans doute à tout jamais de le manipuler. » Cinq ans plus tard à peine débutaient les premières manipulations génétiques… Quant au séquençage de l'ADN, il y a seulement vingt-cinq ans, les plus grands biologistes affirmaient soit que l'on ne saurait jamais séquencer la totalité de nos chromosomes, soit qu'il faudrait attendre les années 2300 ou 2500 ! Ce fut terminé en 2003 et nous pourrons tous être séquencés d'ici à 2020. Cette sous-estimation du progrès technologique avait conduit Werner von Braun à déclarer : « J'ai appris à n'utiliser le mot "impossible" qu'avec beaucoup de précautions… »

Comment faire des prédictions sur ce XXIe siècle qui va nous voir changer davantage que pendant les derniers millénaires ? Les esprits ne sont pas préparés à se projeter si loin, si bien qu'ils idéalisent ou au contraire « cauchemardisent » à outrance, après qu'ils ont pris acte que la techno médecine allait devenir une réalité et que la convergence NBIC nous conduira tout droit vers la post-

1. J. Monod, *Le Hasard et la Nécessité. Essai sur la philosophie naturelle de la biologie moderne*, Le Seuil, 1970.

humanité. La première réaction est de prédire la disparition de l'Humanité : que nous allons entrer dans un univers glacé, hostile, déshumanisé, dirigé par des savants fous. Selon eux, un « posthumain » bardé de puces électroniques n'aurait plus rien d'humain. Ce futur qui s'annonce leur semble instinctivement négatif et contre nature.

Mais, au fond, qui peut dire aujourd'hui si le posthumain sera tellement différent de nous ? En d'autres termes, peu importe que nous fonctionnions avec des neurones biologiques ou en silicone, tant que notre conscience n'est pas affectée. Nous aurons toujours une conscience, qu'elle soit composée de millions de petits robots, de matière molle ou de silicone… C'est sans doute un des messages du film *Blade Runner* de Ridley Scott, dans lequel des androïdes montrent finalement que, à partir du moment où eux aussi sont doués de conscience et de sentiments, ils ne sont pas différents des hommes.

Le technopouvoir entre multinationales de la high-tech et philanthropreneurs

Les technologies NBIC ne seront pas comparables aux progrès de la science que nous avons connus par le passé.

Ce sont les rapports de force, les sources de pouvoir qui vont changer de main, échappant peut-être pour toujours aux détenteurs légitimes que sont les représentants politiques. En partenariat avec les lobbies transhumanistes grandissent en effet les entreprises qui seront les Microsoft de l'âge NBIC, à cette différence près que leur domination dépassera de très loin le seul domaine des affaires.

Une rupture économique qui n'a rien à envier à celle de l'Internet

La révolution du Web, on s'en aperçoit aujourd'hui, n'aura été que le prodrome de ruptures bien plus radicales, un peu comme la guerre de 1870 n'aura été qu'une aimable répétition des deux conflits mondiaux qui marquèrent le XXe siècle.

Comme le Web dans les années 2000, la génomique va chambouler nos sociétés et nos économies. La technomédecine et les NBIC vont entraîner une rupture profonde, une discontinuité de l'ordre établi. De nombreux acteurs du secteur ne voient pourtant rien venir, et semblent incapables de prendre la mesure de la révolution qui se prépare.

La comparaison avec l'arrivée d'Internet, que les médias n'avaient absolument pas anticipée, est particulièrement parlante dans l'exemple suivant. Il ne s'agit que d'une anecdote, mais elle montre comment l'histoire est en train de se répéter : Vinod Khosla, un des leaders de la Silicon Valley (cofondateur de Sun Microsystems), a rappelé cet épisode alors qu'on lui remettait le prix du « Visionnaire de l'année 2009 » en Californie. En 1996, au début du Web, il a réuni les dix plus grands journaux des États-Unis pour les prévenir du danger qui les guettait. Khosla et ses collègues expliquent aux magnats de la presse, médusés, que leur modèle économique ne peut pas durer. Internet va les tuer peu à peu, mais ils ont des idées pour les aider à s'adapter et survivre à la révolution en cours. Nous n'en étions alors qu'aux balbutiements d'Internet, et les magnats n'ont rien voulu savoir… Ils sont devenus des « Newsosaures », des dinosaures médiatiques. Rien ne dit que le plan de Khosla aurait fonctionné. Mais le refus, ou l'incapacité des grands médias de l'époque, de regarder la réalité en face n'est pas sans rappeler le scepticisme actuel sur la génomique. La crise grave que traverse la presse écrite dans la plupart des pays développés du globe est l'image anticipée de celle que traverseront demain ceux qui auront nié la révolution NBIC.

L'Internet a fait disparaître un nombre considérable de marchés qui paraissaient encore pérennes, il y a moins de dix ans. Il a littéralement dévalué tout ce qu'il a touché en proposant des solutions plus rapides, moins chères, plus efficaces ; il a aussi supprimé bien des intermédiaires de la chaîne de production. La source de la valeur ajoutée s'est déplacée de façon radicale ; des avantages concurrentiels sont partis en fumée, d'autres ont émergé de nulle part.

Personne n'aurait pu imaginer il y a quinze ans combien le Web allait transformer l'économie traditionnelle. C'est la définition même d'une technologie disruptive : elle détruit tout ce qui se trouve sur sa route. Les médias et l'industrie du divertissement sont exsangues. La téléphonie sur Internet a fait considérablement chuter les prix des communications téléphoniques, si bien que les acteurs traditionnels des télécoms ont beaucoup de difficultés à proposer des tarifs compétitifs. Ceux de la publicité ont baissé. Le marché des petites annonces a migré sur le Net. Le métier de journaliste est en pleine mutation. Plus personne ne veut payer un logiciel ou un film. Nous pourrions continuer longtemps à égrener la litanie des marchés que l'Internet a fait voler en éclats.

La génomique sera une technologie encore plus disruptive que l'Internet : bien plus qu'un simple pas en avant de la médecine, elle s'annonce comme une révolution. À moyen terme, la technomédecine va transformer nos sociétés de fond en comble.

Sur le plan économique, les laboratoires pharmaceutiques traditionnels sont menacés. Vont-ils être à la révolution génomique ce que les grands médias ont été à Internet : les dindons de la farce ? C'est une éventualité sérieuse. En effet, la génomique va entraîner moins de prescriptions de médicaments, car les effets secondaires seront mieux anticipés et contrôlés. Nous connaîtrons à l'avance les patients dont le profil génétique ne répondra pas aux molécules très coûteuses. Le chiffre d'affaires des laboratoires pharmaceutiques traditionnels pourrait donc baisser. Avec la génomique, nous allons passer d'une médecine de masse – des molécules chimiques vendues par millions de plaquettes à travers le monde – à un artisanat de luxe, avec des biomédicaments taillés sur mesure. L'industrie pharmaceutique va devoir évoluer puisque son cœur de métier va devenir la personnalisation des médicaments en fonction du profil génomique. Pour cette industrie, cela correspond à un changement de savoir-faire à peu près aussi radical que celui du fabricant de machine à écrire se tournant vers l'informatique pour survivre. Le modèle économique des grandes marques et des grands brevets (les *blockbusters* de la santé) va peu à peu perdre du terrain. La génomique permettra une infinité d'interventions personnalisées, c'est-à-dire exactement le contraire du modèle actuel. Comme pour le Web, les acteurs du secteur ne mesurent pas bien l'imminence du changement de paradigme. Comme pour le Web, le principe de la « longue traîne[1] » – des millions de solutions individuelles personnalisées plutôt que quelques solutions « prêt-à-porter » – va l'emporter sur les grandes marques.

1. Le terme anglais « *the long tail* » a été popularisé par Chris Anderson, spécialiste des nouvelles technologies, qui en a fait un essai.

Ce schéma est tout à fait comparable à celui qui dévaste aujourd'hui la publicité traditionnelle : une publicité ultra-ciblée sur Internet grâce au *tracking* de l'internaute se substitue aux gros spots diffusés à grands frais sur des chaînes généralistes dont l'audience s'essouffle. En publicité aujourd'hui, comme en médecine demain, le maître-mot sera « personnalisation ».

La « génération Y » comme on l'appelle aux États-Unis, la première à avoir grandi avec l'Internet, est déjà de plain-pied dans la logique Web 2.0. Avec sa logique de « maoïsme digital » (sus aux grandes marques, ces dinosaures du capitalisme sauvage !), elle refusera très vite la médecine de masse aussi peu efficace que coûteuse. Les sites Web consacrés à la génomique comportent déjà une partie communautaire qui va favoriser par exemple l'émergence de syndicats de patients en ligne, organisés par pathologies. À l'intersection de la génomique et du Web, les Ralph Nader[1] de la santé vont émerger. Ils seront capables de mobiliser des consommateurs tout autour du globe par l'intermédiaire des communautés virtuelles et de maîtriser la terrible arme du « buzz » qui fait et défait les réputations des sociétés. Cette synergie croissante de la génomique et du Web communautaire sera le moteur de la technomédecine et marquera une rupture profonde que peu de laboratoires anticipent.

Technopouvoir : la nouvelle fondation du capitalisme

La domination des entreprises de l'ère NBIC dépassera le seul marché des biens et services, fussent-ils liés à

1. Ralph Nader est un avocat américain qui a été le fondateur du mouvement consumériste.

la santé. Elles ne feront pas que répondre avec adresse aux demandes d'une population réclamant la mise à disposition des nouvelles biotechnologies. En réalité, les puissantes multinationales de l'ère Internet pourraient devenir les organisations hégémoniques de l'ère génomique.

À partir d'une ressource qu'il possédait en exclusivité – son fameux moteur de recherche fonctionnant sur un algorithme plus pertinent que les autres –, Google a obtenu un avantage concurrentiel durable par rapport à ses concurrents. À partir de cette simple innovation technologique, l'entreprise a pu devenir le référent quasi exclusif des recherches sur le Web, le point de passage obligé du « surf » de l'internaute. Capitalisant sur cette situation stratégique idéale, Google est devenu un expert en monétisation de sa formidable audience. L'entreprise a su progresser avec les innovations technologiques, développant une gamme de services pour les consommateurs (e-mail, gestion de la publicité, infos, etc.) et les entreprises (*tracking*, fréquentation des sites, notamment). Google a accru jour après jour ses gigantesques capacités de stockage et ses formidables bases de données répertoriant la connaissance mondiale et les comportements des internautes.

Aujourd'hui, Google présente le visage d'une multinationale de plus en plus tentaculaire : elle développe l'ordinateur virtuel (qui stocke les données *on-line* et donne accès à toutes les informations de l'internaute) ; elle développe la plus grande bibliothèque numérique du monde ; elle propose les photos satellites précises de tous les points du globe. Internet devient le média universel et Google en tient les clés. Cerise sur le gâteau, la firme s'intéresse aujourd'hui au séquençage génétique au travers de sa filiale

23andme[1], dirigée par la femme de Sergei Brin, le cofondateur avec Larry Page de Google. Elle a tous les atouts pour prendre rapidement la tête de la course à l'accumulation d'un maximum de données sur notre génome puisque la capacité de stockage et de traitement de l'information sont les ressources-clés de la médecine génomique.

Entre bioconservatisme et transhumanisme, Google a très clairement choisi son camp : il participe activement au lobbying bio-progressiste. Google pourrait bien devenir l'un des principaux architectes de la révolution NBIC.

Un exemple ? Google parraine, avec d'autres organisations telles que la Nasa, Singularity University[2]. Il s'agit d'un centre américain qui organise des cours et des séminaires avec les meilleurs spécialistes de la convergence NBIC. Le but : former les étudiants et les grands chefs d'entreprise aux progrès technologiques dont ce siècle va être le témoin. Le terme *singularity* (« singularité »), utilisé par les Anglo-Saxons, est un concept qui défend l'idée que la civilisation humaine sera un jour inévitablement dépassée par l'intelligence artificielle. À partir du point précis de la « singularité », le progrès n'est plus le fait du cerveau humain mais des machines. Si l'on ajoute que Ray Kurzweil, le pape du transhumanisme, dirige en personne cette université, on aura compris dans quelle optique cette dernière se place…

Il faut bien comprendre qu'au-delà de la demande populaire la pression la plus forte viendra plus certaine-

1. https ://www.23andme.com/
2. http://singularityu.org/

ment du monde économique lui-même. Beaucoup d'entreprises auront intérêt à adopter des biotechnologies. Des sommes absolument énormes sont en jeu, dépassant celles qui fondent aujourd'hui la puissance de l'industrie pétrolière ou de l'automobile. L'économie tout entière reposera bientôt non plus sur le paradigme de l'énergie, mais sur celui des NBIC.

Le tournant de « l'économie-verte » pourrait bien renforcer encore ce mouvement. Les liens étroits entre entreprises du Web, de la *cleantech*[1], des biotechnologies et de l'intelligence artificielle forment un écosystème puissant qui se renforce de jour en jour. Il ne serait pas étonnant que les entreprises de biotechnologie s'emparent du tournant du développement durable pour imposer du même coup leurs produits et services. Dans le désordre et la fébrilité, la transgression pourra progresser en silence. Cela sera d'autant plus facile que la biotech n'est pas de la *big science* contrôlable, visible et centralisée comme le nucléaire, l'aérospatial ou l'astrophysique. Elle n'a pas besoin de grandes machines imposantes. La transgression pourra se développer d'autant plus facilement qu'elle sera cachée.

La conséquence de tout cela ne sera pas seulement l'émergence d'immenses groupes touche-à-tout aux capitalisations boursières impressionnantes ; ce sera surtout l'apparition d'organisations détenant *de facto* l'intégralité des nouvelles formes de pouvoir de l'âge NBIC. L'accès à l'information, la connaissance des comportements de chacun d'entre nous, la maîtrise des communications, de l'information : tout cela sera entre les mains d'un nombre restreint d'intérêts privés.

1. L'économie verte.

L'arrivée des philanthropreneurs

Ce serait une erreur d'imaginer que le technopouvoir sera uniquement constitué de capitalistes obnubilés par la rentabilité de leurs investissements. Les principaux milliardaires de la high-tech développent une activité philanthropique à côté du business. Ce « philanthrocapitalisme » est d'une efficacité redoutable : il associe le professionnalisme de ces grands capitaines d'industrie et une vision messianique cherchant à faire progresser la médecine et la science. Bill Gates et Warren Buffet, les deux hommes les plus riches de la planète, ont déshérité leurs enfants pour financer la recherche médicale notamment dans le domaine des maladies infectieuses. La fondation Bill et Melinda Gates[1] a ridiculisé l'Organisation mondiale de la santé en assurant, en peu de temps, une couverture vaccinale en Afrique jugée impossible. Paul Allen, le cofondateur avec Bill Gates de Microsoft, a ouvert un fabuleux centre de recherche high-tech consacré à la recherche sur le cerveau[2]. Il a industrialisé la recherche sur la génétique du cerveau dans un cadre philanthropique, sans aucun objectif de profit.

Ces nouveaux centres de recherche augmentent la productivité de la recherche dans des proportions telles que la recherche traditionnelle est terriblement concurrencée. L'idéologie transhumaniste s'appuiera ainsi sur deux types de compagnons de route : les « capitalistes NBIC » et les « philanthropreneurs NBIC ». En 2009, Bill Gates et Warren Buffet ont lancé une initiative pour encourager

---

1. www.gatesfoundation.org dont la devise est *Toutes les vies ont la même valeur*.
2. www.alleninstitute.org

les milliardaires du monde entier à léguer 50 % de leur fortune à des œuvres philanthropiques[1]. Les milliardaires étant majoritairement technophiles et proches de l'idéologie transhumaniste, il est probable qu'une part significative des dons sera investie dans des projets médicaux et scientifiques NBIC.

Si le contrôle des entreprises à but lucratif est envisageable, il sera très difficile de réguler la recherche désintéressée menée par les philanthtropreneurs qui s'appuiera sur le lobby des patients. Et les patients préféreront presque toujours une petite ration de technologie supplémentaire à la mort ou au handicap.

Le technopouvoir sera beaucoup plus puissant avec une branche à but lucratif et des norias de philanthropes libres de faire du prosélytisme transhumaniste à but non lucratif.

Dans cette première partie, nous avons cherché à donner un aperçu des nombreux progrès prévisibles à court et moyen termes en matière de biotechnologies. En mêlant les bouleversements technologiques, économiques et sociaux, c'est finalement un nouveau régime de pouvoir que vont faire émerger les révolutions NBIC.

Nous avons tous vocation à être les artisans de notre futur et nous ne devons abandonner cette prérogative à aucun lobby, pas même au lobby transhumaniste.

C'est pour cette raison qu'il est urgent que les citoyens s'emparent de cette question pour tenter d'en garder la maîtrise. Un pouvoir citoyen doit s'organiser et des contre-pouvoirs sont indispensables.

---

1. La très impressionnante liste des philanthropreneurs qui ont répondu positivement est accessible sur www.givingpledge.org.

Cette biopolitique – qui sera l'objet de notre dernière partie – est notre meilleure chance de voir le tournant NBIC négocié pour le plus grand bénéfice de tous. Nous ne pouvons pas laisser les intérêts particuliers décider des grands équilibres sur lesquels sera fondée demain notre civilisation. Nous sommes à l'heure où de grands choix vont devoir être faits et assumés : comment piloterons-nous la modification de l'Humanité – et le développement d'une intelligence artificielle supérieure à la nôtre ? Des arbitrages qui seront réalisés aujourd'hui dépendra la manière dont nous emprunterons le chemin menant à la transhumanité, puis à la posthumanité.

Avant d'approfondir ce point, il convient d'expliquer plus précisément la Nature et les logiques du « toboggan biotechnologique » sur lequel nous sommes tous déjà engagés. Un « toboggan » qui va nous pousser irrésistiblement à appliquer toutes les nouvelles possibilités pour, finalement, nous modifier nous-mêmes profondément.

DEUXIÈME PARTIE

LA TECHNOMÉDECINE, UNE NÉCESSITÉ PLUS QU'UN CHOIX

Le génome humain n'a rien d'une machinerie rutilante et parfaite : c'est, en fait, un vaste capharnaüm à côté duquel le système d'exploitation informatique Windows est un jardin à la française. Cette construction a été réalisée sous la pression d'une sélection darwinienne très violente. Et, contrairement à une idée reçue, pas toujours pour le meilleur…

Le biologiste François Jacob parle du « bricolage de l'évolution ». Ce bricolage, témoin de quatre milliards d'années d'évolution, forme néanmoins un système qui fonctionne à peu près chez la majorité des individus. Il a même, au fil du temps, permis à la complexité cérébrale de se développer. Mais, à la manière d'un programme informatique, il a vocation à « bugger » de temps en temps. Jusqu'à présent, les bugs négatifs, de loin les plus fréquents, étaient éliminés par la sélection naturelle : les génomes concernés ne se transmettaient pas, faute, pour leurs « propriétaires », d'atteindre l'âge de la reproduction. À présent, grâce notamment à la médecine, ils peuvent se transmettre d'une génération à l'autre, et les bugs négatifs, eux, peuvent ainsi s'accumuler.

Le grand biologiste et lauréat du prix Nobel Jacques Monod l'avait déjà compris dans les années 1970 : sans sélection naturelle, le génome se dégrade. L'idée d'une dégénérescence possible de l'espèce humaine est aujourd'hui scientifiquement fondée, même si elle ne doit intervenir qu'à long terme. Jacques Monod n'était pas un conservateur raciste ou un partisan d'un eugénisme de droite, mais au contraire un humaniste de gauche, inquiet des conséquences, à l'horizon de dix ou quinze générations, du recul de la sélection naturelle. Son inquiétude était d'autant plus grande qu'il était persuadé que l'Humanité ne pourrait jamais corriger les anomalies de son ADN.

La moindre pression de sélection a des conséquences potentiellement dramatiques sur notre système nerveux central. La partie du génome qui pilote le câblage neuronal et le fonctionnement du cerveau est en effet en équilibre précaire. C'est un système très fragile, aussi subtil et complexe que désordonné, et toute erreur peut le désorganiser profondément. Ainsi, on a découvert qu'une modification minime de l'ADN à distance du gène MECP2 entraîne une baisse massive du volume cérébral et des capacités intellectuelles[1]. Le gène n'a même pas besoin d'être touché, il suffit d'une modification minuscule des morceaux d'ADN qui régulent à distance ce gène pour perturber de manière dramatique le fonctionnement cérébral.

La médecine traditionnelle, la culture, la pédagogie, ou d'autres éléments de civilisation permettront de compenser cette dégradation pendant quelque temps. Ils ont déjà commencé à le faire. Mais ces traitements symptomatiques ne seront pas éternellement efficaces face à une dégradation continue de notre génome. Notre fardeau génétique va insensiblement s'accroître.

1. Le syndrome de Rett est une maladie génétique caractérisée par un trouble grave et global du développement du système nerveux central, survenant chez les filles. Il entraîne un polyhandicap avec déficience intellectuelle et infirmité motrice.

Évidemment, il n'est ni possible ni souhaitable de revenir à la sélection naturelle pour « réparer » notre génome et repartir d'un meilleur pied. C'est pourquoi les nouvelles technologies du vivant (la technomédecine dans son ensemble) sont bien une nécessité et non pas un choix. Sans sélection naturelle, le génome humain est en danger et a besoin de la science.

Cela n'ira pas sans difficulté ni sans soulever de très sérieuses questions éthiques. Si le maïs génétiquement modifié génère aujourd'hui des manifestations, le débat sur l'homme génétiquement modifié laisse augurer des tensions autrement radicales. Mais ne rien faire pour protéger – ou réparer – notre génome reviendrait à accepter l'absence de bio-équité. Faudra-t-il laisser les enfants myopathes dans leur fauteuil roulant ? Au nom de quel principe leur refuser la guérison lorsque les thérapies géniques seront au point ? La sacralisation de la Nature – version « Verts » ? Une dignité humaine qui s'interdit de dépasser son créateur – version croyante ?

Doit-on accepter, au nom de l'intangibilité de la loterie génétique – autrement dit du hasard –, l'accident de recopiage d'une base chimique de notre ADN qui nous met dans un fauteuil roulant ou nous rend aveugle ? À cette question, il est probable que l'Humanité se prépare à répondre : non !

Métamorphosée par les progrès des NBIC, la médecine pourra peu à peu remplacer la marche erratique de la Nature par un pilotage systématique de la volonté humaine. Mais cela pourrait être aussi la porte d'entrée d'une modification irréversible de l'Humanité… Ce dilemme sera au cœur de la biopolitique.

CHAPITRE 1

L'ÉVOLUTION, MÉCANISME ERRATIQUE ET AVEUGLE

Selon la théorie de la « sélection naturelle » de Darwin, seuls les individus les plus adaptés à leur milieu survivent et se reproduisent davantage que les autres. Ce principe constitue le fondement de son autre théorie, celle de l'évolution des espèces[1].

Darwin a compris le premier que les caractéristiques des individus se transmettaient d'une génération à l'autre puisqu'elles sont héréditaires[2]. Il a saisi que l'homme était, à l'instar de toutes les autres espèces vivantes, le fruit d'une longue évolution, et que tous ont finalement des ancêtres communs.

Le problème, c'est que ce mécanisme – qui a su se montrer efficace puisqu'il nous a produits – s'est largement arrêté chez l'homme civilisé. L'évolution darwi-

1. *L'Origine des espèces par le moyen de la sélection naturelle, ou la Préservation des races favorisées dans la lutte pour la vie (On the Origin of Species by Means of Natural Selection, or the Preservation of Favoured Races in the Struggle for Life)* est publié par Charles Darwin en 1859.

2. Alors même qu'il ne connaissait pas les travaux de Grégoire Mendel sur les gènes.

nienne n'aura été qu'une parenthèse dans notre histoire, mais sa disparition n'est finalement pas une bonne nouvelle pour l'espèce humaine…

Le moteur darwinien

LUCA : Last Universal Common Ancestor

Darwin ne le savait pas encore, mais l'ancêtre ultime de toutes les formes de vie sur Terre se nomme LUCA, pour *Last Universal Common Ancestor* (la « dernière cellule commune »). Nous descendons de cette cellule, qui a vu le jour il y a environ trois milliards et demi d'années. Tout être vivant sur terre – bactéries, plantes, animaux, humains, etc. – partage ce code génétique originel à d'infimes différences près.

Beaucoup plus près de nous, il y a seulement trois cent trente millions d'années, vivait le tétrapode, le premier poisson à être « monté » sur la terre ferme. L'analyse de l'ADN montre que nous avons des gènes communs avec le cœlacanthe, un cousin du tétrapode, véritable fossile vivant dont il existe encore quelques exemplaires dans les profondeurs de l'océan Indien[1].

---

1. Véritables fossiles vivants, les cœlacanthes existaient déjà sur terre il y a trois cent cinquante millions d'années. Alors qu'on les croyait disparus depuis soixante-quinze millions d'années, la découverte d'un spécimen en 1938 en Afrique du Sud avait stupéfié le monde. À ce titre, le cœlacanthe est l'exemple le plus fameux de « taxon Lazare » (terme de paléontologie qui désigne une espèce que l'on croyait éteinte et qui réapparaît – comme Lazare, que Jésus ressuscite dans la Bible).

Voilà qui aurait conforté Darwin à l'époque où le monde le considérait comme un hérétique… L'homme descendant des primates ? Une hérésie dans l'Angleterre victorienne du XIXe siècle ! Sa théorie a dû attendre cinquante ans après sa mort (1882) pour être acceptée par la majorité de la communauté scientifique. La publication de son livre *L'Origine des espèces* en 1859 a provoqué une vague d'hostilité extraordinaire : des journaux où Darwin est caricaturé en singe, aux scientifiques conservateurs, en passant par l'Église anglicane, presque tous le condamnent. Le pape prend lui-même la parole pour dénoncer ses théories « saugrenues[1] ».

Cette époque est-elle révolue ? Qui, aujourd'hui, conteste encore la théorie darwinienne de l'évolution ? Le pape Jean-Paul II lui-même a fini, en 1996, par reconnaître son caractère incontournable : « Aujourd'hui, […] de nouvelles connaissances conduisent à reconnaître dans la théorie de l'évolution plus qu'une hypothèse[2]. » Un demi-siècle après l'encyclique *Humani Generis* de Pie XII qui ouvrait une première brèche dans l'opposition de l'Église catholique à l'égard des travaux de Darwin, le Vatican mettait officiellement un terme au débat doctrinal.

Pourtant, il existe encore un front antidarwinien. Le créationnisme, dans son acception littérale stricte, n'a plus guère qu'un nombre marginal d'adeptes, du moins en Europe. Plus personne ou presque n'ose affirmer que Dieu a façonné l'homme à partir d'argile et qu'il a pris une de ses côtes pour créer la femme, comme la Genèse.

1. Le pape Pie IX aurait qualifié la théorie darwinienne de « doigt du démon ».

2. Intervention du pape Jean-Paul II devant l'Académie pontificale des sciences le 22 octobre 1996.

Mais une position parente garde ses défenseurs sous le terme d'*intelligent design* (« dessein intelligent »). Les partisans de cette théorie, religieux avant tout mais parfois aussi savants réputés, acceptent l'évolution. Ils estiment en revanche que cette évolution n'a pas pu se faire au hasard : le génome humain, selon eux, n'aurait pas pu produire des résultats aussi complexes et aussi adaptés aux besoins de l'espèce si l'évolution n'avait pas été guidée par Dieu.

Mais cette position cadre mal avec la somme d'erreurs et d'énergie gaspillée qui, nous le savons maintenant, a accompagné toute l'histoire de l'évolution.

Un génome en mutation permanente

L'idée reste vivace chez certains bioconservateurs que le génome nous a été donné par la Nature et qu'il ne serait pas raisonnable d'y toucher.

Cette conception de la « perfection humaine » est elle aussi battue en brèche par les faits scientifiques. Nous savons aujourd'hui que le génome humain évolue en permanence et ne peut donc être assimilé à un héritage – un sanctuaire génétique – reçu une fois pour toutes. L'idée selon laquelle les êtres créés par la Nature seraient parfaits et immuables ne résiste plus à l'état actuel de nos connaissances.

Comme l'explique remarquablement l'éminent médecin belge et Prix Nobel 1974, Christian de Duve, il serait sot de déifier la Nature, qui est bien indifférente à nos intérêts : « La Nature n'est ni bonne ni mauvaise ; elle est neutre. La sélection naturelle est aveugle ; elle a autant de sollicitude pour le virus du sida que pour la moisissure productrice de pénicilline, pour le scorpion que pour le poète[1] », dit-il.

Pendant des millions d'années, l'Homme n'a été qu'une petite chose ballottée par la sélection naturelle, sans aucun moyen d'influencer sa propre destinée. l'Homme a commencé à dompter sommairement la Nature il y a dix millénaires, avec l'agriculture. Depuis quelques décennies à peine, nous commençons à pouvoir intervenir sur le vivant grâce à la biologie. C'est une révolution : notre emprise sur la Nature s'intensifie chaque jour un peu plus. C'est un véritable coup d'État de l'Homme sur le vivant. Nous allons bientôt avoir le pouvoir de remplacer le hasard aveugle de la Nature par des interventions ciblées. En particulier dans les parties de notre génome qui se dégradent.

L'ADN évolue au gré des erreurs de la Nature

Afin de mieux comprendre comment l'ADN évolue, notamment grâce aux infimes défauts de sa copie, commençons par rappeler ce qu'il est et à quoi il sert.

L'ADN (acide désoxyribonucléique), la « molécule de la vie », contient les informations héréditaires chez les êtres vivants. C'est une molécule universelle, très stable, qu'on retrouve aussi bien chez les animaux que les végétaux. Elle porte l'ensemble de nos gènes, ces derniers déterminant, en interaction avec l'environnement et la culture, ce que nous sommes : caractères, potentialités, mais aussi faiblesses. C'est notre « patrimoine » génétique. L'ADN de cha-

1. Christian de Duve, *Génétique du péché originel*, Odile Jacob, 2009.

que individu lui est propre ; il est présent dans toutes ses cellules (à l'exception des globules rouges), et s'est donc normalement recopié[1], presque à l'identique, à chaque division cellulaire, depuis le tout début de la vie embryonnaire, c'est-à-dire la première cellule de l'individu : l'œuf.

L'ADN contenu dans l'œuf provient pour moitié de l'ADN maternel et pour moitié de l'ADN paternel. Le père et la mère transmettent chacun une moitié de leur propre patrimoine génétique, différent à chaque enfant[2].

Le code génétique inscrit dans chaque molécule d'ADN est un langage écrit : il n'utilise que quatre lettres[3] (ATCG) mais ses mots sont extrêmement longs. La molécule d'ADN ressemble à une échelle hélicoïdale dont chaque barreau est constitué par une paire de « bases », soit A et T, soit C et G, chaque base étant fixée à un montant de l'échelle (un brin d'ADN). Ce sont les séquences selon lesquelles les paires de bases se succèdent qui déterminent les gènes.

Les gènes contiennent les instructions qui pilotent la fabrication des protéines dans notre organisme. Les protéines permettent de fabriquer les tissus vivants et de les faire fonctionner. Il y en a de formes et de natures différentes : des protéines dans le sang, des hormones, ou des enzymes. Les protéines ont aussi un rôle important dans notre système immunitaire.

L'ADN, qui conserve donc les plans, reste pour sa part entier et ne quitte jamais le noyau de la cellule, où il est

---

1. Le terme biologique est « répliqué ».

2. Rappelons qu'environ soixante-dix mutations génétiques se produisent pendant les préparations des spermatozoïdes et des ovules, qui n'existaient pas chez les parents.

3. Le terme « lettre » est une image. Il s'agit en fait de quatre bases chimiques.

protégé. Les instructions sont transmises au cas par cas par l'ARN messager, sorte de copie partielle et instable de l'ADN, qui, lui, quitte le noyau pour parvenir jusqu'à l'usine de fabrication des protéines, le « ribosome ». L'ARN messager est donc un intermédiaire qui transporte l'information génétique de l'ADN pour qu'elle soit traduite en protéines : il est crucial dans l'expression des gènes.

La réplication de l'ADN à chaque génération cellulaire grâce à la formidable et très complexe machinerie de photocopie de nos cellules se trompe rarement : à peine trois erreurs en moyenne à chaque réplication, sur plus de trois milliards d'éléments à copier. Cela correspond à une seule erreur pour cinquante recopiages successifs du dictionnaire…

Ces fautes de copie rarissimes, qui peuvent être plus ou moins étendues[1], sont pourtant les minuscules interstices où naît le changement. Si le taux d'erreur avait été nul, aucune évolution des espèces ne se serait produite.

Lorsqu'une mutation survient dans une cellule banale de l'organisme, cela n'entraîne pas de modification transmissible aux générations futures. En revanche, lorsque la mutation se produit lors du processus de division des cellules précurseurs des spermatozoïdes ou des ovules, ou bien encore au début de la formation de l'embryon, elle devient une composante du génome de toutes les cellules du futur enfant. Et elle sera elle-même transmise, puisque

1. Elles peuvent concerner une base unique, mais aussi conduire à la disparition d'un morceau – on parle alors de délétion –, à la multiplication d'un autre – ce sont les duplications –, etc. Les modifications les plus importantes sont liées à l'activité des transposons, nous y reviendrons.

présente dans les spermatozoïdes ou les ovules du futur adulte. Dans l'espèce humaine, on compte environ cinquante à soixante-dix mutations à chaque génération. L'accumulation de ces erreurs provoque donc une modification subtile au fil des générations, au sein d'une même famille.

Comment ces erreurs aléatoires expliquent-elles l'évolution ? Comment, en d'autres termes, le hasard finit-il par produire des êtres aussi formidablement adaptés à leur environnement que l'ours polaire ou le caméléon ?

Parmi ces erreurs, certaines peuvent être neutres pour la fabrication des protéines et/ou, *in fine*, l'espérance d'arriver à l'âge de la reproduction de l'individu qui les porte : elles seront transmises à la génération suivante, sans plus de conséquence immédiate qu'une augmentation du désordre apparent de l'ADN.

Certaines de ces modifications génétiques sont en revanche négatives et entraînent une faiblesse de l'individu, qui peut être fatale dès le stade embryonnaire, ou s'exprimer plus tardivement : ce sont celles que la sélection naturelle tend normalement à supprimer, l'ADN atteint ne se transmettant pas, ou peu. On estime, par exemple, qu'un tiers des fausses couches est lié à une anomalie génétique très grave[1]. Nous vivons tous les jours, sans le savoir, les hasards de l'évolution et de la sélection darwinienne qui persiste pour quelques anomalies génétiques critiques.

La troisième catégorie d'erreurs (encore plus rares) apporte à l'être vivant un élément qui améliore son adap-

1. Et il est acquis que les traitements qui s'opposent aux fausses couches précoces peuvent empêcher l'avortement spontané d'enfants porteurs d'anomalies graves.

tation à l'environnement (par exemple, une meilleure insertion du tendon d'Achille chez l'antilope Springboks qui lui permettra de mieux échapper au guépard, ou bien une capacité à se camoufler de façon heureuse dans un désert ou une forêt, etc.). Alors, dans un contexte de sélection darwinienne impitoyable, non tempérée par la civilisation, les individus qui auront développé cette nouvelle particularité survivront mieux que les autres et se reproduiront. Ainsi, de génération en génération, ce nouvel avantage intégrera peu à peu le patrimoine commun de l'espèce, en se généralisant.

Mécanismes du filtre darwinien

La vie sur terre est née avec un mécanisme darwinien atténué. Pendant environ un milliard d'années, la vie n'est qu'un grand système coopératif, une forme de communisme génétique. Une grande soupe « primordiale », un bouillon de culture à l'échelle planétaire, avec des échanges de gènes entre cellules primitives. Chaque cellule bénéficie ainsi des innovations de ses voisines. On se partage les gènes sans combattre. Tout le monde progresse en même temps. Dès qu'un nouveau gène[1] est créé quelque part dans la soupe primordiale, il se répand sans opposition. Ce bouillon primordial constitue la première étape dans l'évolution génétique. Cette étape s'est achevée à l'époque de LUCA[2], l'ancêtre commun à toutes les cellules existant aujourd'hui.

1. Les gènes étaient alors probablement constitués d'ARN et pas encore d'ADN.

2. Les échanges de gènes entre espèces n'ont pas totalement disparu, notamment chez les bactéries.

La deuxième étape d'évolution des génomes, la plus longue, est la parenthèse darwinienne. Une période de sélection très forte qui a permis notamment d'arriver jusqu'à l'émergence du cerveau des primates supérieurs et de l'Homme. Pendant cette période, qui dure près de quatre milliards d'années, la pression pour survivre est extrême. Les individus les moins adaptés sont éliminés avant de pouvoir procréer et ne peuvent donc pas transmettre leur patrimoine génétique.

En observant l'évolution de certaines espèces animales sur quelques dizaines d'années, on a un bon aperçu de la façon dont procède cette sélection. Dans un de ses livres, Christian de Duve[1] rappelle le cas fameux de papillons présents en Angleterre (les phalènes) dont il existait originellement deux variétés : l'une blanche et l'autre noire. Au XIXe siècle, la révolution industrielle couvre le territoire anglais d'usines rejetant massivement de la suie et couvrant ainsi les campagnes anglaises d'une couche noire. Conséquence ? Les phalènes blanches, devenues trop facilement visibles par leurs prédateurs, ont quasiment disparu. Les noires, elles, pullulent. Depuis que la production industrielle ne pollue plus de la même façon, les phalènes blanches font petit à petit leur réapparition. Bel exemple de l'impact de l'environnement sur la survie d'une espèce en raison d'une infime différence… qui fait justement toute la différence.

De la même manière, on a pu constater comment, en quelques dizaines d'années, la forme des becs des oiseaux pouvait changer selon l'évolution du milieu où ils vivent

1. De Duve, *Génétique du péché originel*, Odile Jacob, 2009.

et se nourrissent. Pendant la dernière offensive d'El Niño[1] dans l'océan Pacifique, l'humidité croissante a presque entièrement fait disparaître les pinsons de Darwin[2] à bec souple, incapables de creuser l'écorce détrempée des arbres pour y chercher leur nourriture constituée de petits vers. En dix ans, la répartition entre les deux espèces de pinsons a été bouleversée.

La sélection darwinienne peut se résumer ainsi : les faibles ou ceux qui sont moins malins que les autres sont tués à la chasse. Ceux qui courent moins vite que les autres passent à la trappe. Une histoire racontée par le scientifique Richard Dawkins résume bien le principe : deux mammifères voient un tyrannosaure avancer dans leur direction et se mettent à courir aussi vite que possible. Le plus bête dit à l'autre : « Pourquoi se fatiguer à courir ? Nous n'avons de toute façon aucune chance de courir plus vite qu'un T-Rex ! » L'autre lui répond : « Je ne cherche pas à courir plus vite que le T-Rex. Je cherche juste à courir plus vite que toi ! »

La fin de la sélection darwinienne chez l'homme : pour le pire ?

Sauf pour des anomalies génétiques très graves, la sélection naturelle est en cours d'achèvement chez l'homme, également chez la plupart des animaux domestiques[3] et

1. El Niño désigne un phénomène climatique particulier survenant peu après Noël dans l'océan Pacifique, marqué par des changements de température de l'eau, de pression atmosphérique et de zones de précipitations.

2. Appelés ainsi parce que c'est Darwin qui les a découverts pendant son grand voyage autour du monde.

3. Un teckel abandonné en forêt n'a aucune chance de survivre.

des plantes cultivées. Contrairement aux apparences, ce n'est pas une bonne nouvelle pour nous car, pour le dire vite, la fin de la sélection naturelle signe le début de la « dégradation naturelle ».

La sélection tue la sélection

Nous sommes tous les produits chanceux de la sélection. Rappelons-le, aucun d'entre nous n'a eu un ancêtre mort en bas âge depuis quatre milliards d'années. Mais en éliminant impitoyablement les moins aptes, le processus de sélection aboutit finalement à se supprimer lui-même : devenus capables grâce à notre cerveau de survivre dans un environnement hostile, nous avons considérablement adouci les rigueurs de la sélection darwinienne, notamment en nous organisant en société humaine, forme première d'entraide et de protection solidaires. En faisant émerger notre cerveau, l'évolution darwinienne a créé les conditions de sa propre éradication.

Un fait illustre à lui seul cette fin progressive de la sélection naturelle : la baisse de la mortalité infantile observée depuis quelques siècles. Autour de 200 ‰ enfants au XVIIe, elle est aujourd'hui de moins de 3 ‰ environ… La différence entre les deux chiffres indique que beaucoup des enfants qui survivent aujourd'hui n'auraient pas atteint la puberté et donc l'âge de la reproduction en des temps plus sévères. La médecine et la civilisation freinent aujourd'hui, fort heureusement, l'élimination des plus fragiles d'entre nous. La civilisation protège ceux que la Nature aurait éliminés sans ménagement. La vaccination et le traitement anti-infectieux ont joué un rôle-clé dans ce bouleversement. Combien, parmi nous, auraient survécu à la variole ou à la diphtérie si ces maladies n'avaient pas été contrôlées, voire éradiquées, grâce à la vaccination ?

Dans l'organisation des sociétés, la sélection sociale a rapidement pris le relais ou accompagné la sélection naturelle. L'élimination naturelle des individus les moins aptes à suivre l'évolution du monde et à y trouver leur place était originellement considérée comme normale. Cela allait des malades et des handicapés mentaux ou physiques aux inadaptés et à ceux auxquels la force intellectuelle ou physique n'assuraient pas une vie décente. La civilisation a ensuite progressivement réduit la compétition éliminatoire. Le recul de la sélection naturelle s'est amplifié à partir du XVIIIe siècle avec l'émergence des idées révolutionnaires qui se sont concrétisées au XIXe et au XXe siècle par l'organisation sociale et politique. Cet idéal de correction des inégalités et de refus de la sélection trouve aujourd'hui son apogée avec le concept de discrimination positive et de quota pour telle ou telle minorité.

Une lecture darwinienne explique cette évolution comme une régression des instincts individuels et une progression des instincts sociaux. Les conduites altruistes, la solidarité ont réduit la place et l'impact du triomphe individuel des plus aptes. Les intérêts individuels se sont partiellement effacés derrière les conduites collectives.

C'est dans ce contexte que l'on a beaucoup investi dans la médecine parce qu'on attend d'elle qu'elle corrige les handicaps, soigne les maladies, sauve les prématurés de plus en plus petits et fragiles.

La médaille a son revers : ce changement radical dans le mode de sélection – la robustesse physique et intellectuelle n'est plus une condition *sine qua non* et de moins en moins de maladies sont rédhibitoires – aura forcément un impact sur notre génome, qui ne fera que s'accroître avec le temps. La fin de la sélection darwinienne est une situation inédite dans l'histoire du monde et nous manquons de points de comparaison permettant de prévoir ce qui va se passer.

Faut-il vraiment se réjouir de la fin de la sélection naturelle ?

La troisième étape de notre évolution génétique, la période actuelle de quasi-« non-sélection » naturelle chez l'homme, a de très importantes conséquences sur notre génome. Certains auteurs ont, dès la fin du XIXe siècle, théorisé la fin de la sélection naturelle. D'ambitieux programmes eugénistes ont été imaginés à cette époque pour pallier l'absence de sélection naturelle induite par notre civilisation. La principale stratégie proposait de contrôler la reproduction humaine, en la limitant d'abord quantitativement, mais aussi – et surtout – qualitativement, en éliminant ceux qui ne répondaient pas à certains critères ethniques ou à tel ou tel niveau social et mental.

Ces thèses ont été à la mode jusqu'à la Seconde Guerre mondiale chez une bonne partie de la classe politique. Des hommes politiques célèbres comme Winston Churchill ont défendu des thèses eugénistes. Bien sûr, ce genre de projet paraît aujourd'hui singulièrement daté et, les nazis étant passés par là, toute idée de sélection volontaire d'individus fait désormais froid dans le dos[1].

---

1. Nous reviendrons plus loin sur l'image négative et caricaturale que nous avons de l'eugénisme, mot-épouvantail derrière lequel on cache beaucoup de fantasmes, alors même qu'on le pratique activement et en toute bonne conscience depuis fort longtemps.

Reste que l'organisation génétique de l'homme est effroyablement sensible et fragile ; sans l'intervention de la technomédecine, notre génome va se dégrader progressivement dans les prochains siècles.

Notre génome bouge encore…

Le recul de la sélection naturelle ne signifie pas que le génome humain est à présent figé, mais seulement que les combinaisons génétiques qui, jadis, n'auraient pas permis à leur propriétaire d'atteindre la puberté ne sont plus aujourd'hui éliminées. Le génome humain a beaucoup évolué depuis trente mille ans, grâce à la multiplication des rencontres entre groupes d'humains autrefois isolés. La mondialisation génétique n'a cessé de s'accélérer. Le brassage génétique a été massif avec l'accélération des migrations. Le métissage est d'ailleurs bénéfique pour les individus car il favorise la diffusion mondiale des innovations génétiques, tant que la sélection naturelle est à l'œuvre.

Il existe encore des signes visibles de sélection naturelle dans des conditions particulières. Les populations tibétaines qui vivent à très haute altitude présentent, par exemple, des spécificités génétiques impliquant notamment les gènes EGLN1 et PPARA[1] permettant une utilisation optimale de l'oxygène par l'organisme. Cette adaptation s'est faite en trois mille ans environ. Les populations chinoises d'origine Han, qui ne présentent pas ces mutations, s'adaptent mal aux altitudes supérieures à 4 500 mètres et leurs enfants ont un taux de mortalité infantile triple à

1. *Science*, juin 2010.

celle des Tibétains de souche[1]. Cela freine la « colonisation interne » du Tibet que le gouvernement chinois a mis en œuvre. Désormais, un train pressurisé, comme les avions, relie la Chine au Tibet… la lutte contre la sélection naturelle continue ! On peut parier que Pékin va tester la forme des gènes EGLN1 et PPARA chez les candidats à l'installation au Tibet, avant de pratiquer une modification des gènes par ingénierie génomique. La génétique au service de la géopolitique a malheureusement beaucoup d'avenir.

Si notre génome bouge encore, il ne suit cependant pas une marche comparable aux fluctuations d'un cours de bourse. Le recul de la sélection naturelle peut dégrader notre fonctionnement biologique, mais ne peut nous faire faire le chemin à l'envers. D'ailleurs, il n'y a en réalité pas de chemin, l'évolution étant le fruit d'une marche au hasard. Un homme ne pourra jamais redevenir un primate, mais il pourrait voir son génome se détériorer. Des effets cliquets apparaissent au cours de l'évolution qui ferment les options passées[2]. Ce qui nous guette n'est donc pas une régression – au sens où nous retrouverions un état passé en perdant quelques avantages apportés par l'évolution au cours des millénaires –, mais une détérioration des équilibres internes de notre génome. Autrement dit, si l'évolution ne peut aller à rebours, elle ne va pas pour autant inéluctablement dans le « bon » sens.

1. Ce différentiel de mortalité infantile considérable a conduit à la généralisation des variants génétiques maximisant l'utilisation de l'oxygène.

2. Cela a été démontré sur l'exemple du récepteur aux glucocorticoïdes. Voir Joseph Thornton, *Nature*, septembre 2009.

L'évolution toujours positive ? Une idée reçue

Stephen Jay Gould (1941-2002), grand paléontologue américain, a beaucoup travaillé à la vulgarisation de la théorie de l'évolution. Il a notamment réussi à expliquer simplement que l'évolution « positive » n'est pas une nécessité : il n'y a pas de direction privilégiée à l'évolution de la vie, pas de dessein.

L'évolution n'a pas de sens : la théorie de la reine rouge

On pourrait croire qu'il y a un sens obligé vers l'augmentation de la complexité depuis la bactérie, il y a quatre milliards d'années, jusqu'à l'homme moderne. L'évolution donnerait naissance à des êtres de plus en plus complexes, de plus en plus beaux, de plus en plus magnifiques jusqu'à l'homme, dans toute sa perfection.

Beaucoup, et pas seulement les créationnistes qui ne veulent pas entendre parler de Darwin, sont persuadés qu'il y a une force « supérieure » ou « mystérieuse » qui nous conduit de manière automatique vers le mieux. Il y aurait comme un souffle vital de l'univers, qui rend impossible tout retour en arrière vers le moins efficace, le moins stable. On peut y voir l'influence de la théologie chrétienne qui a durablement imprimé dans les esprits l'idée d'un « destin » de l'Humanité, autrement dit d'une histoire humaine avec un sens logique, une progression identifiable et évidemment conforme à un dessein divin prédéfini.

Nous avons tous vu cette succession de dessins stylisés montrant « l'évolution » : un singe se dressant peu à peu sur ses pieds pour atteindre la rectitude altière d'un homme (blanc) rasé de près, l'attaché-case à la main…

Image d'Épinal de l'évolution, loin, très loin de la réalité. Le danger réside dans cette perception romantique des choses car le scénario de l'évolution n'a en fait rien d'un film avec *happy end* obligatoire. Il pourrait au contraire tout à fait arriver qu'il s'agisse d'une *dirty end*.

Nos connaissances nous obligent, en effet, à reconnaître que la réalité est bien différente. Beaucoup d'espèces animales régressent. Certaines bactéries sont moins sophistiquées et résistantes qu'avant. Des espèces disparaissent, y compris de nombreuses espèces d'homme comme *Homo Erectus*, *Homo Heidelbergensis* et tout près de nous *Homo Neandertalis*. La sélection darwinienne ne fait pas de quartier. Depuis cinq cents millions d'années, il y a même eu cinq vagues d'extinction massive d'espèces vivantes sur terre. La plus ancienne, au Cambrien, a vu disparaître la plupart des espèces. Les extinctions de l'Ordovicien, du Dévonien, du Permien et du Trias ont également été terrifiantes.

La dernière grande extinction – celle du Trias – est celle durant laquelle ont disparu les dinosaures, il y a soixante-cinq millions d'années. Le même scénario se répète chaque fois : un bouleversement de l'environnement élimine toutes les formes de vie dont le génome n'est pas adapté aux nouvelles circonstances. Ce ne sont pas les plus forts qui survivent mais les mieux adaptés aux nouveaux paysages écologiques. Le tyrannosaure Rex était un animal extraordinaire, mais il est tombé dans les poubelles de l'évolution parce qu'il n'était pas adapté au nouveau monde né après la chute de la météorite du Yucatan… Telle est la terrible loi de l'évolution, qui a d'ailleurs failli nous emporter puisque *Homo Sapiens Sapiens* (c'est-à-dire nous) est passé à deux doigts de l'extinction, il y a cinquante mille ans. Et si nous avions disparu, Neandertal aurait peut-être survécu et serait à notre place.

Beaucoup d'autres ont été totalement rayés de la surface du globe. Les espèces les mieux adaptées à un environnement donné sont les premières à disparaître lorsque le milieu change. L'évolution bricole[1] sans but, mais avec un juge de paix : la capacité à arriver à la puberté.

Si l'évolution n'a pas de sens, c'est d'abord et avant tout qu'elle n'a pas de point d'arrivée. Elle peut se comparer à une sorte de course sans fin aux armements : chaque espèce évolue en permanence pour mieux résister à des prédateurs et des dangers qui, eux aussi, évoluent sans cesse. Chacun suivant l'autre, l'organisme ne peut jamais s'arrêter d'évoluer, sous peine de disparaître, vaincu par les prédateurs qui auront pris un coup d'avance. Cette situation est connue sous le nom de théorie de la reine rouge, par analogie avec un épisode d'*Alice au pays des merveilles* de Lewis Carroll : Alice demande à la reine rouge pourquoi le paysage ne bouge pas alors qu'elles courent toutes les deux ; la reine rouge répond : « Nous courons pour rester à la même place ! » Comme Alice et la reine de Cœur, nous devons courir pour ne pas reculer. L'organisme qui ne se transforme pas en permanence est voué à disparaître car les organismes concurrents, eux, évoluent. L'évolution permet aux proies les plus véloces d'échapper aux prédateurs alors que les plus lentes se font manger, mais, dans le même temps, elle favorise aussi les prédateurs les plus rapides, car eux ne mourront pas de

1. Nos osselets dans l'oreille interne sont d'anciens morceaux de mâchoires des reptiles.

faim ! En nous adaptant par l'évolution, nous ne sommes pas devenus plus forts ou plus parfaits ; nous avons juste survécu. Cette survie reste un acquis fragile sans cesse remis en cause. Pour prendre une autre image, nous sommes comparables au requin qui doit nager sans cesse sous peine de couler au fond de l'océan. Tout le problème de notre modernité vient d'ailleurs de ce que, de plus en plus, nous nous sommes arrêtés de nager en supprimant la sélection darwinienne ; seule la technomédecine pourra alors nous empêcher de couler.

Non seulement l'évolution ne connaît pas de ligne d'arrivée, mais encore ne garantit absolument pas le « progrès ». Gould a démontré qu'il y a en réalité une illusion d'optique dans la perception que nous avons de notre propre perfection, puisqu'il ne peut pas y avoir de « complexité » nulle, c'est-à-dire d'évolution figée. Dans l'évolution darwinienne, il y a des mutations « browniennes[1] » : on avance, on recule, on avance, on recule, etc. Exactement comme de la poussière dans un rayon de soleil. Certaines espèces vont reculer un petit peu et se rapprocher de la complexité nulle, sans pouvoir l'atteindre. D'autres vont s'éloigner, c'est-à-dire aller vers davantage de complexité, puisque les mouvements sont totalement aléatoires. C'est ce principe que Jay Gould a nommé le « mur de la complexité zéro[2] ».

Mais toute progression vers la complexité peut aussi bien se transformer en régression ou en stagnation. Les

1. Un mouvement « brownien » est un mouvement aléatoire, hasardeux, comme la poussière en mouvement qu'on aperçoit à contre-jour.

2. *Full House : The Spread of Excellence from Plato to Darwin*, Stephen Jay Gould, Harmony Books.

exemples abondent : certains virus n'ont cessé de se simplifier ; les animaux vivants dans les cavernes ont perdu leurs yeux ; les oiseaux ont perdu leurs dents ; les baleines, leurs pattes ; l'homme a perdu sa queue… plus exactement, elle est devenue le minuscule coccyx.

En réalité, l'immense majorité des espèces n'a pas progressé. Les bactéries, qui constituent l'essentiel de la biosphère[1], n'ont quasiment pas bougé depuis quatre milliards d'années. Il en existe pourtant des millions de sortes différentes. Seuls quelques éléments marginaux sont parvenus à évoluer. Depuis la disparition des grands prédateurs maritimes, l'évolution du dauphin s'est presque arrêtée : on estime que leur cerveau n'a que peu évolué depuis une vingtaine de millions d'années.

L'homme, comme les autres espèces, n'est pas à l'abri de la régression : elle a déjà commencé sur des caractères qui ne sont plus soumis à la pression de sélection. Un exemple parmi d'autres : la perte de l'odorat. Notre sens de l'odorat est aujourd'hui dix mille fois moins puissant que celui d'un chien. Pourtant, il y a quelques millions d'années, il n'était pas moins performant que celui des autres mammifères. Ce sont les primates supérieurs qui ont commencé à perdre peu à peu leurs récepteurs olfactifs. Le développement de l'intellect permettait de pallier cette perte de perception de leur environnement : grâce à l'intelligence, il était possible d'attraper le gibier que l'on ne sentait plus. En quelques millions d'années, plus de trois cents de nos sept cents récepteurs olfactifs sont devenus non fonctionnels, du fait de mutations délétères des

1. Il y a dans notre intestin dix fois plus de bactéries que nous n'avons de cellules. Chaque être humain porte un million de milliards de bactéries en lui.

gènes qui les codent. Cela n'a guère de conséquence puisque, rappelons-le, le fait d'avoir un odorat moins développé n'a pas de conséquences sur notre capacité à arriver à la puberté, à nous reproduire et à élever notre progéniture.

L'évolution se sert beaucoup du hasard

Des variations aléatoires de la molécule de l'hérédité sont sélectionnées ou non par l'environnement. On ne repart bien sûr jamais de zéro à chaque génération : les mutations aléatoires touchent quelques bribes de l'ADN mais conservent les quatre milliards d'années d'évolution du brouillon génétique que sont nos chromosomes. L'hérédité sécurise les acquis : les variations ne jouent qu'à la marge. On ne réinvente pas tout le génome à chaque génération !

Jamais les innovations biologiques n'auraient pu apparaître sans l'utilisation maximale du hasard. Puis, la sélection naturelle filtre inlassablement et aveuglément les changements chaotiques.

Cette génération de diversité et de sélection est produite à de nombreuses étapes de la vie : dans nos neurones pendant la formation du cerveau, par la production de centaines de millions de spermatozoïdes dont un seul fécondera l'ovule pendant un cycle donné.

Mais l'essentiel des mutations voient le jour pendant la méiose. Cette opération génétique assure le brassage[1] des gènes et garantit donc notre unicité en la matière. La cel-

1. En parallèle de ce brassage, des mutations accidentelles se produisent et sont à l'origine de nouvelles séquences génétiques qui n'étaient présentes chez aucun des deux parents. Il s'agit de changement d'une seule ou de plusieurs bases chimiques, voire de disparition de morceaux de chromosomes.

lule à l'origine de nos spermatozoïdes et de nos ovules passe de quarante-six à vingt-trois chromosomes et les vingt-trois chromosomes sont produits par un mélange entre les deux paires de chromosomes. Cela assure le brassage des séquences entre les chromosomes paternel et maternel[1].

La sélection s'opère aussi à travers la détermination du rythme et de la structure des mutations intergénérationnelles. Les mécanismes de réparation de l'ADN dans nos testicules et nos ovaires, le degré de lutte contre les « anciens virus » qui bougent dans notre ADN ainsi que la structure des recombinaisons sont génétiquement déterminés. Trop de mutations et l'espèce meurt, pas assez et elle n'évolue plus. La sélection naturelle a même fait émerger des mécanismes d'accélération transitoire des mutations. Cela permet de rebattre les cartes génétiques plus vite, ce qui est vital quand l'environnement change brutalement. On a pu observer ce mécanisme chez la mouche drosophile. Lorsque l'environnement change, on constate une amplification des mutations génétiques[2]. Concrètement, cela se traduit par un accroissement du nombre d'erreurs chromosomiques : certaines petites mouches meurent, d'autres n'ont plus d'yeux ou plus de pattes, d'autres encore ne parviennent plus à fabriquer certaines enzymes, etc. Sur la masse des petites mouches procréées, un nombre extrêmement réduit va finalement se trouver mieux adapté au nouveau paradigme environ-

1. Les chromosomes que nous transmettons à un enfant sont donc un mélange des chromosomes de leurs grands-parents.

2. « Environmental Stress and Evolutionary Changes », B. van Heerwaarden, V. M. Kellermann and A. A. Hoffmann – *Encyclopedia of Ecology*.

nemental tandis que l'immense majorité ne survivra pas, puis le mécanisme de mutations va revenir à son étiage, en attendant le prochain « stress génétique ».

L'évolution a sélectionné, à l'aveugle, des mécanismes générant de l'aléatoire et donc de la diversité. La beauté et l'ordre sont le fruit du hasard. La sélection fait ensuite le tri sans aucune compassion. Avec de tels mécanismes, et beaucoup de temps, le très improbable a beaucoup de chances de se produire. Les structures biologiques les plus merveilleuses qui soient, tel l'œil, ont émergé en plusieurs milliers de micro-étapes étalées sur plusieurs centaines de millions d'années.

Notre système immunitaire est également un magnifique exemple de l'usage du hasard que fait l'évolution. Cent millions d'anticorps[1] différents sont produits par une poignée de gènes. Les lymphocytes qui produisent les anticorps sont l'objet de réarrangements aléatoires de petits bouts de ces gènes.

Si chaque anticorps était produit par un gène spécifique, il faudrait au moins une centaine de millions de gènes soit quarante mille fois plus que les vingt-cinq mille que nous portons réellement. Cela emboliserait la machinerie cellulaire. Le génome serait géant, fragile, très long à recopier. Le hasard est ici la seule solution pour générer une grande diversité d'anticorps adaptés à tous les types d'agression possibles.

L'expression des gènes obéit à de multiples régulations mais aussi comporte une dose de hasard, qui est toutefois partiellement régulée par les gènes.

---

1. Les récepteurs des lymphocytes T sont produits de façon similaire.

Notre génome, cimetière encombré et maternité grouillante

Notre génome reflète donc notre histoire depuis la première cellule. Il contient ainsi plus de trois milliards d'éléments (les nucléotides ATCG), mais moins de 2 % de ces éléments servent à produire des protéines spécifiques à notre fonctionnement. La plupart des séquences de notre ADN sert à piloter de subtils mécanismes régulateurs de l'ADN lui-même et de la vie cellulaire.

Pourquoi cette complexité du génome, qui n'est en rien spécifique à l'homme ? Depuis le premier séquençage intégral du génome humain au début des années 2000, nous avons considérablement progressé dans la compréhension des mécanismes universels d'évolution des gènes.

L'ADN est ainsi à la fois le cimetière des éléphants et une maternité grouillante. Les innovations, positives ou négatives, y sont permanentes. De multiples systèmes de régulation se superposent telles des poupées russes. Les différentes innovations génétiques se percutent de façon désordonnée, avec pour seul arbitre l'adaptation à l'environnement : ça passe ou ça casse… L'horloger est aveugle, pour reprendre la belle expression de Richard Dawkins[1]. Finalement, l'évolution se comporte comme les informaticiens : on rafistole le code, on rajoute de nouvelles couches de programme, on dédouble en copier-coller certains morceaux de code qu'on va modifier pour créer de nouvelles instructions… et, surtout, on ne nettoie jamais le code. Dans la vie, il y a un juge de paix assez simple : si

1. Richard Dawkins, *L'Horloger aveugle*, Robert Laffont, 1999.

le code est moins favorable à la survie dans un environnement donné, le porteur de ce génome n'arrivera pas à transmettre ses gènes… *Exit*, donc, ce code mal adapté et son porteur.

Au sein des 98 % de notre génome qui n'a actuellement pas de rôle direct dans la fabrication des protéines se trouvent nombre de carcasses de gènes, des « pseudo-gènes », qui se sont désactivés au fil de l'évolution, sans créer de difficulté excessive à leur porteur. Les gènes codants pour les mécanismes olfactifs s'inscrivent dans cette catégorie : ils se sont pour la plupart désactivés chez l'homme, sans que cette évolution le mette réellement en danger. Au total, les gènes inactifs sont presque aussi nombreux que les gènes actifs. Certains de ces pseudo-gènes[1] sont très anciens et abîmés, et n'ont plus de potentiel d'expression. D'autres sont plus récents, donc moins endommagés, et pourraient par un effet de mutation redevenir actifs dans le futur.

L'expansion du matériel génétique s'explique également en partie par des duplications de gènes : par un mécanisme « *reverse* », un même gène a été réintroduit dans l'ADN en plusieurs exemplaires, qui divergent naturellement au fil du temps, certains s'inactivant, d'autres pouvant rester actifs et même acquérir des fonctions différentes du gène original : c'est grâce à une telle duplication / divergence que nous voyons en trichromie, par exemple. On appelle ces familles de gènes des gènes paralogues. Chez l'Homme, la moitié des gènes appartient à ces dernières.

1. En 2010, on a découvert que les pseudo-gènes exerçaient un subtil rôle régulateur dont les dysfonctionnements pouvaient entraîner des maladies. La myopathie scapulo-faciale en fait partie.

Les duplications sont souvent dues aux transposons[1], qui sont des petites séquences d'ADN qui peuvent s'intégrer dans un génome et se multiplier[2]. Nous en avons environ un million et demi dans notre ADN, et ils ont joué un rôle-clé dans l'évolution. Près de la moitié de notre ADN est constitué de telles séquences[3].

La complexité phénoménale du génome humain n'a donc pas d'autres causes que cet empilement formidable, fruit de l'évolution depuis quatre milliards d'années. Ce qui change, en revanche, est l'intensité de la pression de sélection naturelle, qui se réduit, si bien que même les modifications malheureuses de notre génome ont désormais une grande chance de se transmettre, et de s'accumuler.

Sous l'effet de cet affaiblissement de la sélection naturelle, la dégradation de notre génome va affecter particulièrement notre système nerveux central et notre câblage neuronal. Voilà pourquoi la technomédecine qui s'annonce n'est pas un choix, mais bel et bien une nécessité. Le risque est en effet certain, sur une longue période : la réplication de l'ADN ne connaît pas le « zéro défaut », et le sens des défauts est imprévisible.

---

1. Ce sont, pour faire simple, des séquences d'ADN qui se comportent comme des « rétrovirus » de la famille du sida.

2. Pour simplifier, nous regroupons sous le terme transposons toutes les séquences ADN d'origine rétrovirale ou obéissant à des mécanismes proches.

3. « Retroelements and the Human Genome : New Perspectives on an Old Relation », Bannert N., Kurth R., *Proc. Natl. Acad. Sci. USA*, 2004.

Chapitre 2

Le cerveau, première victime de la dégradation de notre génome

Pourquoi le recul de la sélection naturelle est-il particulièrement préoccupant pour le cerveau humain ? Parce que la pensée, la conscience, la spécificité de l'être humain reposent sur l'organisation formidablement subtile et fragile de son système nerveux central, dont la régulation génétique est particulièrement complexe.

Sans sélection, il n'y a pas plus de raison que nos capacités intellectuelles se maintiennent qu'il n'y en avait pour que les animaux devenus cavernicoles conservent des yeux fonctionnels[1].

La bataille au cœur de notre cerveau : quand nos neurones se font hara-kiri

La construction du cerveau, avant et après la naissance, n'est pas un long fleuve tranquille. À la sélection darwi-

1. Les animaux qui vivent dans l'obscurité perdent leurs capacités visuelles en quelques millénaires. Les mutations délétères sur les gènes impliqués dans la vision n'ayant pas de conséquences sur leur capacité à se reproduire… elles s'accumulent rapidement.

nienne de l'ADN entre les individus se superpose la sélection des neurones. Il règne, en effet, au sein du système nerveux central, une bataille féroce entre groupes de neurones qui se traduit toujours par une hécatombe : beaucoup de nos neurones se suicident avant même notre naissance. Seuls les mieux connectés aux autres, les mieux intégrés aux grands carrefours du cerveau survivent.

Le cerveau et l'économie libérale : mêmes combats

On trouve dans le cerveau deux niveaux de régulation/sélection. Ce double système de régulation, forme de darwinisme neuronal, a beaucoup de points communs avec l'économie libérale, dans laquelle le droit définit les grandes lignes de l'organisation économique et favorise la concurrence entre les entreprises. Les entreprises se battent pour survivre avec une grande latitude de choix sur les moyens, du moment qu'elles respectent le cadre général… et puis il y a une puissante législation sur la faillite – *Chapter Eleven* aux États-Unis – pour nettoyer les branches mortes. Le premier niveau de régulation/sélection est fixé par les gènes, et détermine les instructions générales de fonctionnement des neurones et de leurs connexions (le droit de la concurrence) mais aussi les outils de suicide cellulaire (lequel signe la faillite du neurone…). Le second reflète les interactions entre les neurones et l'environnement (l'adaptation au marché). Bien entendu, ce n'est pas un mécanisme conscient : un neurone ne pense pas.

Cette implacable bataille entre neurones à l'intérieur de notre cerveau nous façonne. De même que la plupart des espèces qui ont vécu sur terre ont disparu, une large part[1]

---

1. Jusqu'à 90 % dans certaines zones du cerveau de l'embryon.

de nos neurones va mourir avant même notre naissance : la sélection ne fait pas de quartier !

L'ADN donne au neurone une feuille de route générale : établir le plus de connexions de qualité avec d'autres neurones appartenant à des « cartes cognitives », auxquelles il est lié. Au bout du compte, un mécanisme cellulaire évalue la qualité de ces connexions. Un « bon neurone » doit établir environ mille connexions, à l'aide de prolongements que l'on appelle axones qui aboutissent à des interfaces, les synapses. La création de synapses se fait au rythme vertigineux de trente mille à cinquante mille à la seconde. S'il n'y a pas assez de connexions ou si celles-ci sont instables, le neurone, en véritable kamikaze, fait exploser la « ceinture d'explosifs » qu'il porte avec lui. Les neurones qui ont échoué à construire un beau réseau de synapses se font hara-kiri. Une cascade biochimique complexe et magnifiquement orchestrée déclenche, en effet, des réactions chimiques mortelles[1] pour le neurone qui est détruit et dont les fragments sont absorbés par les neurones voisins[2].

Les interactions du cerveau avec son environnement stabilisent certaines connexions synaptiques au détriment d'autres. Les principaux facteurs qui déterminent le succès ou l'échec d'un neurone (sa survie ou son suicide, en pratique) sont, en effet, le hasard et l'adéquation dudit neurone aux stimuli auxquels il est soumis, c'est-à-dire à l'environnement. Ainsi, les neurones chargés de la vision ne survivent pas si l'animal nouveau-né est mis dans le

1. Les enzymes dites caspases jouent un rôle essentiel dans ce processus.

2. En définitive, les neurones sont les cellules où les mécanismes de suicide cellulaire, théorisés par le Pr. Ameisen, sont les plus puissants.

noir. Un neurone qui n'est pas soumis à des stimuli disparaît[1]. La sélection neuronale est la première étape de la confrontation entre nos gènes et l'environnement, et commence bien avant l'action de l'éducation parentale et de l'enseignement.

Le câblage cérébral se construit donc progressivement, depuis la conception jusqu'à la mort, par cette alchimie entre le potentiel apporté par nos gènes et l'environnement. C'est la raison pour laquelle même de vrais jumeaux ont un câblage neuronal distinct. Le programme génétique joue toutefois un rôle fondamental dans la construction de notre cerveau : un chimpanzé[2] ne fera jamais d'études supérieures parce que son patrimoine génétique ne le permet pas.

Le cerveau émerge progressivement d'une multitude d'essais qui sont sélectionnés ou non par une concurrence impitoyable entre nos neurones. La régulation du suicide des neurones devient de plus en plus complexe au cours de l'évolution et atteint son niveau maximal chez l'homme, condition *sine qua non* pour produire un cerveau plus plastique, plus réactif à l'environnement. L'intelligence provient, en effet, en grande partie de la capacité génétique de notre cerveau à se construire en fonction des stimuli auxquels il est soumis.

1. Les orphelinats roumains où les enfants étaient abandonnés à leur sort, sans stimulation intellectuelle ou sensorielle, sont un exemple tragique de cette logique : les enfants y souffraient de déficiences intellectuelles majeures avec un âge mental très bas. Et ce retard est pratiquement irrattrapable.

2. Sauf un chimpanzé dont le génome aurait été modifié. Il est souhaitable que la production de chimères homme-primate soit universellement interdite.

La biologie de la conscience n'est donc pas bâtie exclusivement selon des instructions de nos gènes. Notre cerveau ne se construit pas à partir d'un programme génétique rigide et figé, mais par sélection des connexions cérébrales qui sont pertinentes dans un environnement donné[1]. Ses « programmes » se sont développés au cours du temps par un processus itératif. Les mécanismes de régulation (de premier niveau) générant les connexions pertinentes (de second niveau) par rapport à l'environnement ont été sélectionnés, contrairement aux autres. Les deux niveaux de sélection sont synergiques. Autrement dit, la sélection darwinienne a fait émerger les meilleurs mécanismes d'auto-organisation du câblage neuronal parce que les individus dont le câblage est optimisé par rapport à leur environnement ont une plus forte probabilité de se reproduire, du fait de leurs capacités cognitives supérieures[2].

Bien évidemment, cette supériorité ne se matérialise que si leur cerveau a été soumis aux stimuli permettant une bonne expression des mécanismes régulateurs de la sélection neuronale !

Le rôle des gènes

Notre ADN joue dans cette biologie de la conscience un rôle d'organisateur. Il ne rentre pas dans les détails du câblage de notre cerveau, mais sa participation reste fonda-

1. C'est la raison pour laquelle chacun est unique et n'est pas le produit déterministe de ses gènes, même si sans ces derniers, il n'y aurait pas de cerveau.

2. Et donc de transmettre les bons mécanismes génétiques d'auto-organisation du cerveau.

mentale parce qu'il donne les instructions générales de fonctionnement des neurones, celles permettant le guidage axonal et la création des synapses. Les gènes permettent également la production des molécules qui sont responsables des signaux électrochimiques responsables de la transmission de l'influx nerveux. Ils donnent, en outre, les instructions permettant au neurone d'évaluer la qualité des liens qu'il a tissés avec les autres cellules et la cohérence des réseaux neuronaux (les cartes cognitives) auxquels il s'est intégré. Enfin, l'ADN donne aux neurones les outils biologiques lui permettant de se suicider, ce qui, on l'aura compris, est crucial dans l'organisation du tissu cérébral[1].

Les gènes jouent bien un rôle crucial en commandant la migration et la différenciation des neurones, mais aussi le type de ceux avec lesquels il faut privilégier les connexions synaptiques, bien que leur pouvoir doive toujours être mis en balance avec celui de l'environnement.

Les gènes organisent la création de très nombreux neurones qui établissent des connexions sous l'emprise du hasard et d'une feuille de route générale. Puis les neurones qui ont été peu sollicités par l'environnement et qui se sont donc mal intégrés aux réseaux neuronaux disparaissent.

D'où viennent l'intelligence et la conscience ?

Comment ces mécanismes qui ont abouti chez l'Homme à l'émergence de la conscience et à la civilisation ont-ils pu émerger du hasard génétique ? Comment la matière devient-elle pensante ?

1. De surcroît, les fonctions de base du neurone, comme pour toutes les cellules, sont pilotées par des gènes dits « de ménage », « *House keeping genes* », en anglais.

Ces questions ont troublé des générations de scientifiques et n'ont trouvé de premières réponses que depuis une trentaine d'années. Jean-Pierre Changeux[1] et Gerald Edelman, notamment, ont les premiers compris que le darwinisme des synapses s'ajoute au darwinisme des gènes.

Depuis les années 1990, une biologie de la conscience s'est construite. Les chercheurs ne disposent pas encore d'une compréhension parfaite du fonctionnement du cerveau mais le cadre général se précise rapidement.

Le cerveau est le fruit d'une lente sélection darwinienne, qui a produit le deuxième niveau de sélection et pilote la plasticité cérébrale. Les mécanismes biochimiques et électrochimiques qui produisent la pensée et la conscience viennent de loin. L'évolution a « inventé » le neurone il y a environ cinq cents millions d'années. Cette cellule spécialisée dans la production d'influx électriques transmis de neurone en neurone s'est intégrée au cours de l'évolution dans des assemblées de neurones générant des réponses de plus en plus subtiles aux stimuli externes.

Dans une première phase, les neurones n'étaient pas regroupés sous forme d'un cerveau centralisé, mais servaient d'interface entre l'organisme et son environnement. Ce type de neurones existe encore, ce sont les nerfs périphériques qui nous permettent de ressentir le monde, mais l'essentiel des cellules nerveuses s'est progressivement concentré dans le cerveau.

Le plan précis du câblage cérébral n'existe nulle part et sûrement pas dans nos chromosomes. L'ADN a une action plus subtile : il donne à nos neurones une boîte à outils leur

1. Et, dans son sillage, Stanislas Dehaene, Lionel Naccache et Laurent Cohen.

permettant de bâtir un réseau de connexions plastiques et dynamiques. Le gène donne au réseau neuronal la capacité de se recâbler en fonction de l'évolution de l'environnement. Le stimulus active certaines connexions neuronales qui vont en réaction se renforcer. La synapse devient alors pérenne.

Le cerveau possède donc la capacité génétique de se recâbler en réaction à l'expérience. Mais le cerveau des animaux supérieurs, notamment des primates et de l'Homme, a acquis la capacité de se modifier sous l'influence non plus seulement de réactions à l'environnement, mais également d'expériences cognitives internes : la conscience, le rêve en sont la traduction. C'est cette faculté qui est à l'origine de la pensée.

Le cerveau se bâtit donc grâce à un mélange de déterminisme génétique, de réponse à l'environnement et de hasard. Ces trois composantes sont indispensables à l'émergence de la conscience. Sur la charpente génétique, le réseau de neurones et de synapses se construit en réponse aux stimuli du milieu[1].

Le fonctionnement et l'organisation physique du cerveau sont intriqués[2]. C'est notre cerveau qui pense, mais penser le modifie en retour à chaque instant. Penser modifie le câblage neuronal, qui en retour oriente notre activité cérébrale future. Notre cerveau est donc plus qu'un microprocesseur : il s'agit plutôt d'un circuit intégré dont le design électronique se modifierait en fonction des tâches effectuées et des expériences accumulées. La mémorisation d'un souvenir correspond, par exemple, à la création de nouvelles synapses entre les neurones de l'hippocampe, qui est une

1. Une autre catégorie de cellules, les cellules gliales, qui aident les neurones à fonctionner, joue un rôle essentiel dans le fonctionnement cérébral. Il existe dix fois plus de cellules gliales que de neurones.

2. Le Hardware et le Software ne font qu'un.

zone du cerveau cruciale dans la mémorisation. Cette synapse va modifier notre activité cérébrale et notre façon de penser. Le cerveau se reconstruit à tout moment. C'est un organe profondément plastique et dynamique. C'est sur cette base que l'intelligence s'est développée.

Le cerveau est l'organe qui est soumis à la plus forte pression de sélection : une petite variation des capacités cognitives se traduit par une forte différence dans la probabilité d'arriver à l'âge de la reproduction. C'est encore plus vrai dans l'espèce humaine, qui était relativement fragile d'un point de vue physique face aux prédateurs et qui n'a rapidement dû compter que sur son intelligence pour s'en sortir dans un monde hostile. L'homme, animal très généraliste sans orientation particulière (médiocre coureur, piètre nageur, mauvais grimpeur, pas très puissant) a survécu grâce à sa plasticité comportementale liée à l'originalité de son développement cérébral.

Les générateurs de complexité

Si la plasticité est à la source de l'intelligence, la question qui se pose alors est celle de l'origine génétique de ses règles d'organisation. Cette question est d'autant plus passionnante que l'émergence de l'homme moderne a été extrêmement rapide, à l'échelle des temps géologiques. Les centres cérébraux du langage ont été façonnés en moins de deux cent mille ans, alors qu'il a fallu plus d'un milliard d'années pour passer des bactéries aux formes de vie multicellulaires.

En fait, cette accélération s'explique par une sorte d'emballement de certains mécanismes génétiques depuis une petite dizaine de millions d'années, dans la lignée des primates. Et cet emballement a été encore plus spectaculaire pour le contrôle génétique de notre cerveau que pour le reste de la régulation biologique.

Du singe à l'Homme : un Mikado de régulations

La lignée qui a donné l'Homme s'est séparée du rameau conduisant aux chimpanzés il y a environ sept millions d'années. Entre les chimpanzés et nous, peu de différences en apparence : un petit pour cent d'ADN, explique-t-on dans les médias.

Mais les apparences sont trompeuses. Certes, peu de gènes nous distinguent[1], même si on peut citer quelques zones et gènes importants pour l'organisation du cerveau : HAR1, HAR2, FOXP2 ou encore ASPM… Mais les principales variations résident dans les séquences d'ADN régulatrices des gènes, et là, il y a beaucoup plus de 1 % de différences. Par ailleurs, des modifications modestes de notre ADN peuvent avoir des conséquences considérables puisque c'est un système « fractal[2] » capable de générer beaucoup de diversité à partir de peu d'informations.

Depuis quelques millions d'années la machine darwinienne s'est un peu emballée chez les primates supérieurs de notre lignée, notamment sous l'influence d'une activité croissante des transposons, qui ont généré de très nombreuses innovations cellulaires – et beaucoup de dégâts. Les change-

1. C'est également vrai vis-à-vis de la souris et même de la mouche drosophile.

2. Un système fractal se construit à partir d'une information minimale. C'est un système économique en informations, mais qui peut dévier très violemment et très rapidement.

ments les plus cruciaux portent des noms ou des acronymes relativement abscons : *Editing A-I*, RNAi, *alternative splicing*, séquences ALU, exonisation de transposons, etc.

Ces mécanismes génétiques permettent un subtil « réglage » de nos protéines, notamment au niveau neuronal. Ces régulations sont beaucoup, beaucoup plus complexes chez nous que chez les chimpanzés.

Entre le chimpanzé et l'Homme, les principales différences résident au moins autant dans l'expression des gènes que dans la structure des gènes. À quel moment du développement du cerveau tel réseau de gènes s'exprimera et pendant quelle durée ? À partir de gènes très semblables, il est possible de générer d'énormes différences. L'évolution ne repart jamais de zéro : elle bricole, elle réarrange[1].

La pensée conceptuelle et la conscience chez l'homme se sont développées principalement à partir de gènes déjà existant chez les primates mais qui sont coordonnés, régulés par un nombre réduit de séquences d'ADN spécifiques à notre espèce.

Cette différence neuronale propre « au programme » de l'Homme ainsi que son adaptation au système d'exploitation sont donc tout à fait essentielles. Mais, précisément, ce système constitue le maillon faible, et le recul de la sélection favorise l'apparition de mutations aux conséquences graves dans les séquences d'ADN qui pilotent notre fonctionnement cérébral. Cette dégénérescence peut être seulement fonctionnelle – elle s'attaque à quelques fonctions – ou systémique, ce qui signifie qu'elle détériore l'ensemble du système d'exploitation, entraînant la panne de tous les programmes.

1. Le gène FOXP2 qui joue un rôle essentiel dans le langage humain est le pivot de l'écholocation chez la chauve-souris !

Le rôle crucial des transposons et des rétrovirus chez les primates supérieurs

Les transposons[1] sont à l'origine de beaucoup d'innovations majeures dans le génome des animaux supérieurs. La lutte entre les gendarmes (nos systèmes de lutte contre les transposons) et les voleurs (les transposons) dure depuis au moins quatre cents millions d'années. Nous devons beaucoup à ce combat qui a fait un nombre incalculable de victimes dans les générations précédentes : la subtilité génétique s'est construite sur les décombres de ces batailles. Si vous pouvez lire ces lignes aujourd'hui, c'est parce que vos ancêtres ont réussi à s'accommoder des transposons et à les « domestiquer » sans s'en rendre compte.

L'issue de ces combats a le plus souvent consisté en un compromis génétique et une coopération entre les anciens ennemis. Cette collaboration entre les animaux ou les plantes et les rétrovirus a été extrêmement fertile. Et c'est dans l'organisation du cerveau que l'on trouve le plus de traces de cette internalisation des transposons et rétrovirus[2].

Beaucoup de séquences de notre ADN qui ont permis la sophistication du cerveau des primates supérieurs et de l'homme moderne sont en effet issus de matériel génétique « viral »[3]. Ce sont les transposons, ces virus particuliers qui ont envahi l'ADN de nos ancêtres il y a trois

1. Note pour les spécialistes : par commodité, nous englobons sous ce terme les HERV, les transposons, rétro-transposons et toutes les autres séquences rétroïdes.

2. C'est ce qui rend les modalités du câblage neuronal et de la formation de notre cerveau philosophiquement fascinantes.

3. L'origine des transposons est restée longtemps mal connue. Début 2011, une étude remarquable a montré qu'il s'agit effectivement

cents à cinq cents millions d'années. Des vagues successives de ces éléments génétiques ont remodelé notre génome, notamment par leur capacité à couper (ou copier) un bout de chromosomes pour le coller plus loin. Les transposons sont des « kleptomanes » qui volent les gènes contigus quand ils se déplacent au sein du génome. C'est une des raisons pour lesquelles nous avons des familles de protéines qui « descendent » d'un gène commun qui a été dédoublé[1] par les transposons[2]. Ce point est capital pour le fonctionnement cérébral puisque cela a permis l'apparition de multiples couples neurotransmetteurs et récepteurs dans les synapses. Par des mécanismes d'association complexes, ces « ajouts » à notre génome ont eu des conséquences bien différentes.

La plupart du temps, le transposon ou rétrovirus a tué l'animal touché. Mais, parfois – rarement –, ces introductions accidentelles de morceaux d'ADN, qui ont mis un bazar invraisemblable à l'intérieur du génome de nos ancêtres ont apporté des améliorations fondamentales[3]. Par exemple sur une partie du câblage qui a permis à l'individu de progresser en conceptualisation, ou sur une fonction cognitive. Cette amélioration du câblage neuronal a permis à l'individu concerné d'augmenter sa chance d'atteindre la puberté et donc de se reproduire. Ainsi a fonctionné, de manière bien aléatoire, l'évolution vers l'Homme.

---

d'anciens virus, dits « virophages », parce qu'ils ont la capacité d'attaquer d'autres virus.

1. Le terme génétique est « dupliqué ».

2. Il existe d'autres mécanismes de duplication des gènes, mais ils semblent plus rares.

3. On a découvert par exemple que le placenta des mammifères tire son origine d'un rétrovirus.

Depuis quelque deux cent ou trois cent mille ans, il y a eu des accélérateurs de changement dans le pilotage génétique de notre système nerveux central. Ce mécanisme très accéléré des mutations, l'équivalent de l'esprit « start-up » dans les affaires, a permis de faire émerger des innovations.

Progressivement, l'évolution a désactivé les fonctionnalités les plus dangereuses des transposons intégrés à notre ADN, un peu comme on coupe les ailes des canards domestiques. Il existe aujourd'hui dans notre ADN des dizaines de mécanismes de contrôle et de régulation de l'activité des transposons.

Plus fort que l'impôt sur les successions : le rétrotransposon

On a découvert récemment que l'évolution utilise les transposons d'une façon encore plus radicale. Les « rétrotransposons L1 » ont une capacité renforcée de se déplacer pendant les étapes précoces de la formation du cerveau. Une partie des cinq cent mille rétrotransposons[1] L1, que l'ADN de chacune de nos cellules héberge, a donc le pouvoir de modifier le génome de nos neurones de façon aléatoire[2]. Cela renforce le caractère unique de chacun de nos cerveaux. Ce processus génère une nouvelle couche de diversité et explique que l'analyse de l'ADN de nos cellules gingivales ou de nos globules blancs[3] ne peut prédire de

1. Le rétrotransposon est un type partculier de transposon.

2. Cette découverte est récente parce que les techniques traditionnelles ne permettaient pas d'étudier le génome sur de larges échantillons cellulaires.

3. Le plus souvent, le séquençage de l'ADN est réalisé à partir d'un prélèvement salivaire ou d'une prise de sang.

façon parfaite la structure des chromosomes de nos neurones. Ce mécanisme participe à la génération d'une grande variété de cellules cérébrales : il en existerait au moins dix mille types distincts ! Les rétrotransposons, en bouleversant la structure génétique d'un groupe de neurones, changent leurs caractéristiques électrochimiques et donc leur destin. Selon que cette modification a favorisé la qualité des connexions de ces neurones, leur probabilité qu'ils survivent ou se suicident en est bouleversée.

Les rétrotransposons ont donc un rôle majeur dans l'évolution du génome sur le long terme mais également à l'échelle de chaque génération. Bien évidemment, la modification du génome de tel ou tel groupe de neurones dans notre cerveau ne sera pas transmise à la génération suivante parce que cette variation ne concerne pas nos spermatozoïdes ou nos ovules[1]. En revanche, ces coups de pied dans la fourmilière modifient la probabilité d'arriver à la puberté et d'avoir une descendance.

Ce phénomène appelé « rétrotransposition » n'est pas dû au hasard : il est piloté par notre ADN. Une fois de plus, nous découvrons que notre génome génère du hasard pour créer de la diversité et de la plasticité. Comme on l'a vu plus haut, l'activité des transposons est encadrée par de nombreux mécanismes génétiques. Il semble que ces limitations soient levées de façon active pendant quelques jours lors des phases précoces de la construction du cerveau de l'embryon : la « police des rétrotransposons » quitte alors la scène[2]. En outre,

1. Il existe quelques modifications du génome induites par les éléments L1 dans les cellules précurseurs des spermatozoïdes et ovules, mais c'est un phénomène assez marginal.

2. La protéine Sox2 pourrait jouer un rôle crucial dans ce mécanisme.

ces insertions de rétrotransposons semblent se produire de façon privilégiée à proximité des gènes impliqués dans la formation du cerveau. La « police des rétrotransposons » quitte les quartiers essentiels, ce qui maximise l'impact sur le destin neuronal.

On l'aura compris, ce mécanisme rebat partiellement les cartes entre générations. Il participe à l'égalité des chances plus fortement que la taxation des héritages. Non seulement nous sommes uniques, mais le génome de nos neurones n'est pas uniquement un mélange des génomes de nos parents. De fait, les enfants de génies ne sont que fort rarement des génies eux-mêmes.

La faille de ce système jusqu'ici plus ou moins efficace, c'est le recul de la sélection naturelle dans l'Humanité. Les conséquences sont, à terme, cataclysmiques pour notre génome.

Le paradoxe politique de notre cerveau

Dans le passé, deux grandes visions du rapport entre notre cerveau et nos gênes s'opposaient.

Certains hommes de gauche minimisaient l'importance de la génétique et mettaient l'accent sur le rôle de l'environnement dans la constitution de nos capacités intellectuelles ; à l'inverse, un courant conservateur défendait une vision génétiquement déterminée de notre conscience. Les uns niaient les gènes et les seconds avaient tendance à nous croire déterminés par nos chromosomes.

Nous l'avons vu, nos gènes ne déterminent pas le fonctionnement individuel de nos neurones... vingt-cinq mille gènes auraient bien du mal à piloter en direct cent milliards de neurones, dont chacun est connecté avec mille à dix mille autres. Notre cerveau ne pourrait absolument pas être configuré finement à partir d'aussi peu de gènes. Mais le génome possède un pouvoir organisationnel très supérieur au volume d'informations qu'il comporte : il ressemble à un programme informatique compressé. Les cellules se comportent comme si elles décompressaient le programme ADN. Le gène DSCAM qui participe au guidage des neurones chez la mouche drosophile peut générer, par exemple, plus de trente-huit mille protéines différentes qui sont exprimées selon les circonstances et les périodes du développement de la mouche[1]. Par ailleurs, les gènes sont activés par groupe, ce qui crée un nombre très élevé de combinaisons (il s'agit là encore d'une fractale : produire beaucoup de diversité à partir de peu d'informations de départ). C'est pourquoi nos gènes ne déterminent qu'un cadre général d'organisation de notre cerveau, tandis que le rôle de l'environnement culturel et éducatif est crucial dans la construction de notre être.

Le paradoxe « politique » est là : c'est parce que nos gènes n'organisent qu'un schéma directeur que notre cerveau est si sensible à des mutations génétiques. Si notre cerveau était organisé de façon fine et directe par nos gènes, si chacun de nos neurones était piloté en direct par un gène (ce qui est, on l'a vu, impossible), une mutation sur un des gènes n'aurait que peu de conséquences : un neurone sur cent milliards serait défectueux, ce qui resterait gérable. Mais ce n'est pas le cas.

1. L'équivalent humain est moins bien connu.

Système nerveux : la menace fantôme

Notre génome est donc bien fragile. Il est animé par des dizaines de mécanismes plus subtils les uns que les autres, et une modification minime de l'un d'entre eux peut avoir des conséquences catastrophiques.

Par ailleurs, le cerveau humain s'est développé sous une double contrainte évolutionniste. Le volume cérébral du bébé pose un problème lors de l'accouchement par voie basse, alors qu'aucune autre espèce de mammifères ne rencontre cette difficulté. Il y a eu deux pressions contradictoires : un plus gros volume cérébral permet une meilleure adaptation à l'environnement, ce qui est positif pour le petit homme, mais, dans le même temps, la marche bipède de notre espèce ne permet pas à l'angulation du bassin de s'écarter de 127 degrés. Notre cerveau a donc été soumis à une forte pression pour être compact : avoir une grosse tête peut faire mourir sa mère pendant l'accouchement[1] si l'on reste bloqué dans le détroit obstétrical.

De surcroît, les gènes poussant à la hausse et à la baisse le volume crânien sont freinés et activés de façon différentielle par le père et la mère. La mère bloque génétiquement les gènes favorisant un gros volume crânien, tandis que le père fait l'opposé[2]. On considère que ce conflit pourrait être une explication de l'origine de la schizophrénie.

---

1. Avant le développement de la césarienne, bien entendu.

2. Cette régulation différentielle des gènes selon les deux géniteurs s'appelle l'*inprinting*. La biologie maternelle cherche à réduire le risque qu'un fœtus à grosse tête ne « tue » la mère pendant l'accouchement. D'un point de vue darwinien, c'est d'une logique implacable.

Pour bien comprendre l'ampleur et la Nature de la menace, il faut répéter ce que nous avons dit sur le cerveau : c'est une machine formidable dont le fonctionnement très particulier fonde à la fois la grande force (il produit notre conscience) et la stupéfiante faiblesse.

À l'image de tous les êtres vivants, le cerveau n'est pas le fruit d'un « projet » qui aurait généré un perfectionnement au long des millénaires, mais d'une marche au hasard totalement erratique. La conscience n'est pas le résultat d'une mécanique rationnelle (comme le moteur qui « tourne rond » par exemple), mais d'une émergence progressive menaçant à chaque phase de s'effondrer. Souvenons-nous de l'image du loto : ce sont des milliards et des milliards de tirages où la Nature essaye chaque fois au hasard une combinaison particulière, qui ont permis l'évolution darwinienne. Résultat : au lieu d'un principe régulateur net, notre cerveau possède des milliers de séquences génétiques régulatrices. Les séquences de notre génome régulant notre cerveau sont tout sauf logiquement ordonnancées : elles sont enchevêtrées, superposées, aveugles, sans but et bien souvent contradictoires. Il en résulte que le recul de la sélection naturelle dégrade tendanciellement et lentement les bases biologiques de notre conscience.

Cette dégradation est cependant masquée parce que la civilisation, la culture et l'éducation se substituent rapidement à l'évolution darwinienne, bien plus lente.

Le plan directeur est terriblement complexe

Notre génome se contente donc de définir le plan directeur de notre organisation cérébrale, sans organiser le détail du fonctionnement de chacun de nos cent milliards de neurones. Mais le plan directeur est lui-même déjà d'une complexité effroyable[1].

Le grand problème d'un tel mécanisme (qui par ailleurs est diablement efficace puisqu'il me permet d'écrire ces lignes et vous, de les lire), c'est que son équilibre général est dépendant de la moindre petite variation. Pour bien le comprendre, comparons le fonctionnement du cerveau à la hiérarchie des normes juridiques : en haut, la constitution, norme fondamentale à laquelle sont subordonnées les lois, puis les règlements. Une virgule changée dans la constitution peut avoir des conséquences fondamentales sur toutes les normes placées sous elle : une loi peut devenir anticonstitutionnelle, par exemple. Il suffit d'une virgule ou d'un mot changé dans l'article 16 de la Constitution française pour passer à la dictature… Mais la constitution ne règle pas dans le détail la vie de chacun d'entre nous. Les règles régissant la structure du cerveau sont comparables à la constitution ; leur capacité de détérioration de son fonctionnement est immense.

Le fameux « effet papillon » météorologique en vertu duquel un battement d'ailes de papillon à New York peut provoquer un cyclone à Sydney s'applique aussi à la génétique.

Un article publié dans la revue *Science* démontre que notre ADN a une organisation spatiale encore plus complexe qu'on ne le croyait : nos chromosomes ne sont pas un fil tendu mais forment une sorte de pelote de laine, qui

1. La grande difficulté n'est pas de générer de la complexité… c'est de l'encadrer ! C'est bien là que réside le rôle le plus crucial de l'ADN dans l'organisation de notre cerveau.

rapproche des gènes et des morceaux d'ADN régulateurs linéairement très éloignés les uns des autres. Des mutations d'une seule lettre de l'ADN sur les trois milliards peuvent modifier la forme en trois dimensions de l'ADN et éloigner des gènes qui ont besoin d'être à proximité pour « travailler ensemble sous forme de réseaux ». Or de telles modifications se produisent à chaque génération[1]. Une seule lettre d'ADN changée peut tout à fait conduire à la débilité profonde du sujet… ou ne rien changer du tout.

Une étude récente[2], réalisée à l'université de Nijmegen, aux Pays-Bas, apporte par ailleurs une vision inquiétante du rôle des mutations spontanées de notre génome dans le retard mental. Les experts hollandais attribuent à ces cinquante à soixante-dix mutations intergénérationnelles une responsabilité importante dans le handicap mental. Au total, ces travaux font craindre que les variations spontanées des séquences chromosomiques[3] puissent être responsables de bon nombre de handicaps mentaux. Les formes les plus graves ne se transmettent pas, puisque la société n'encourage pas la procréation de ce type de handicapés. En revanche, les détériorations moins graves se transmettent et s'accumulent.

---

1. Or, à chaque génération, pas moins de soixante-dix lettres changent dans notre génome… soixante-dix mutations sur trois milliards de bases chimiques que compte notre ADN semble faible, mais il faut rappeler qu'une part importante de nos gènes ainsi que de vastes zones régulatrices sont impliquées dans le fonctionnement cérébral.

2. *Nature Genetics*, novembre 2010.

3. Rappelons par ailleurs qu'une modification marginale de la séquence ADN peut entraîner des conséquences graves uniquement par un changement de la forme tridimensionnelle des chromosomes.

La menace que fait planer l'arrêt quasi total de la sélection darwinienne est encore invisible parce que l'altération du patrimoine d'un individu est marginale[1] dans un premier temps. C'est pour l'instant une menace fantôme ; elle est d'autant plus dangereuse.

La culture, l'enseignement et les techniques pédagogiques permettent jusqu'à un certain point de compenser la dégradation de notre patrimoine et tout le monde n'est pas touché en même temps par une mutation défavorable. Si ma descendance est porteuse d'une mutation défavorable sur l'organisation d'un centre important du système nerveux central, toute la population n'est pas concernée à moyen terme. Nous ne sommes pas collectivement condamnés à devenir demain matin des « mutants débiles ».

Cette dégénérescence – puisqu'il faut bien l'appeler ainsi – prendra des siècles et des millénaires ; elle ne progressera que par d'infimes mouvements silencieux. Mais cela se produira bien plus vite que le rythme antérieur du mouvement qui nous a fait évoluer « positivement ». Imaginons que notre corps soit un moteur de voiture. Un seul tuyau débranché peut provoquer la panne ; en revanche il faut beaucoup de temps pour transformer une voiture de tourisme en voiture de course… Rappelons-nous qu'il n'a fallu que trois cent mille générations pour passer de l'australopithèque à l'homme contemporain, notamment grâce à l'emballement de l'action des rétrovirus sur notre code génétique !

La fin de la sélection darwinienne change radicalement la donne, puisque les individus qui ont un moins bon patrimoine génétique ne sont plus sortis du jeu. À terme – tout de même quelques dizaines de millénaires –, la

1. Si l'on exclut les 2 % de handicaps intellectuels très sévères.

conséquence sera une dégradation générale de notre génome. Cette dégradation est-elle inéluctable ? Non, elle peut être partiellement combattue par la médecine traditionnelle actuelle et future, mais jusqu'à un certain point seulement.

La génétique après Auschwitz

Nous sortons à peine d'un siècle où la génétique a été instrumentalisée pour justifier le racisme, la Shoah, ou bien encore des opinions conservatrices et coloniales. Auschwitz a été construit sur la base de théories raciales qui puisaient leurs inspirations dans un dévoiement de la génétique. Deux Prix Nobel français, Claude Richet et Alexis Carel, qui avaient bâti une vision raciste et inégalitaire de la société, ont inspiré plusieurs théoriciens du IIIe Reich et l'entourage de Philippe Pétain.

La biologie doit donc être extrêmement prudente et ne jamais oublier qu'elle a été instrumentalisée pour mettre en œuvre les pires folies raciales. Le détournement de la génétique à des fins totalitaires a été l'une des grandes caractéristiques du XXe siècle. Les pires horreurs ont été commises en son nom. La tentative de singulariser l'histoire des peuples par le recours à l'analyse génétique est un terrain glissant[1].

Ces dérives témoignent d'ailleurs de l'extrême modernité de Darwin. Contrairement à une idée reçue, ce dernier n'a jamais défendu un modèle social conservateur, soumis à la loi du plus fort et autorisant la suppression des individus fragiles. Il n'a jamais légitimé des thèses

1. David B. Goldstein, *L'Héritage de Jacob : Une vision génétique de l'histoire juive*, Yale University Press, 2008.

racistes, alors même que la société anglaise du XIXe siècle était convaincue de la supériorité de « l'homme blanc ». D'ailleurs, en 1925, des hommes de gauche, unanimement respectés aujourd'hui pour leur humanisme, parlaient encore des races supérieures et inférieures, tel Léon Blum au congrès de la SFIO.

Tout discours sur la dégradation génomique de l'Humanité rappelle vite de sombres souvenirs. Il ne s'agit pas aujourd'hui de promouvoir une idéologie inégalitaire, mais bien au contraire de mettre en place des mesures protégeant notre patrimoine génétique dans le futur.

L'indispensable intervention de la technomédecine

Depuis le recul de la sélection darwinienne, l'organisation de la société moderne permet à des gens porteurs d'infimes modifications accidentelles de l'ADN de survivre. Génération après génération, ces modifications vont se combiner et se cumuler. Il est encore difficile de prévoir le rythme de dégradation[1], mais ce qui semble probable, c'est que la dégringolade soit relativement rapide au regard de la durée de la parenthèse darwinienne. Le phénomène de dégradation de notre génome sera progressif, irrégulier, et ce, à l'échelle de quelques millénaires. La variabilité du patrimoine génétique va augmenter considérablement. Nous allons donc devoir intervenir, grâce à la science, pour enrayer ce déclin.

Nous ne pourrons évidemment pas revenir en arrière et réintroduire des mécanismes darwiniens. Ils ont fort heu-

1. Les mécanismes génétiques régulant le fonctionnement cérébral ne sont pas encore finement connus.

reusement disparu dans nos sociétés modernes, et c'est une bonne chose.

Quelles sont alors les solutions ?

Première possibilité : ne rien faire. Les parents, les éducateurs, les médecins, les orthophonistes parviendront à pallier la légère baisse[1] de capacité du cerveau. C'est la solution la plus simple. Mais, au fil des générations, le fossé deviendra insurmontable.

Deuxième possibilité : le « géno-meetic ». Chaque couple ayant l'intention de procréer passe un test génétique avant la conception pour dépister les maladies « hétérozygotes récessives[2] » puis s'assure après la conception que leur rejeton ne présente pas de trace de risque de maladies graves. Nous verrons plus loin le cas exemplaire de l'éradication de la maladie de Tay-Sachs en Israël par un simple test établissant le risque de transmission par le couple ; en cas de risque, le rabbin s'employait à décourager les futurs époux de convoler. Ce genre de pratique est évidemment très proche de l'eugénisme, concept qui peut recouvrir des pratiques extrêmement diverses mais dont le point commun est, selon la racine étymologique du terme, de « bien naître ». Substituant la sélection raisonnée par la prévision génétique à la sélection darwinienne, l'eugénisme pourrait être un palliatif[3]. Nous verrons combien cette solution, qui provoque aujourd'hui l'indignation (alors qu'elle existe déjà tout à fait officielle-

1. Nous ne parlons pas ici des 2 % d'humains porteurs de mutations entraînant des troubles mentaux très graves

2. Ce sont les maladies qui ne touchent que les porteurs du gène défectueux en double exemplaire, c'est-à-dire sur les deux exemplaires du chromosome porteur du gène.

3. Bien entendu, cette solution ne règle pas le problème des mutations apparues lors de la création des spermatozoïdes et des ovules.

ment), sera, selon toute probabilité, très largement utilisée à l'avenir. Dans le cas israélien, elle a presque permis d'éradiquer une maladie incurable extrêmement cruelle pour celui qui en est affecté. Qui oserait suggérer qu'il aurait mieux valu qu'elle continue d'exister ?

Troisième solution, la recréation d'une sélection sociale s'incarnant en un nouveau système de « castes génétiques » où la qualité génétique sera jalousement conservée et entretenue. Il en résulterait au bout de quelques dizaines de générations une société à plusieurs vitesses génétiques. Cette perspective n'est guère plus réjouissante que la réactivation de la sélection darwinienne façon *struggle for life*…

Il reste une solution, la moins moralement problématique de toutes : développer l'ingénierie génétique, et plus généralement les différentes facettes de la technomédecine.

Il est clair que pour pallier la future « détérioration » de notre espèce, il va devenir nécessaire à terme d'agir nous-mêmes sur nos gènes. Tel est l'enjeu aujourd'hui pour l'avenir du génome humain. C'est bien la seule manière de préserver la bio-équité et d'éviter une société à plusieurs vitesses génétiques.

L'ingénierie-génétique à laquelle on va devoir recourir pose néanmoins immédiatement une question démocratique fondamentale : peut-on s'accommoder d'un système inégalitaire dans lequel il y aurait d'un côté les riches, dont on traiterait les mauvais gènes[1], et les autres, abandonnés à leur destin génétique ? Peut-on accepter cette

1. « Mauvais gène » est un abus de langage. Ce sont, en fait, les différentes variantes d'un gène qui sont positives ou négatives. Et encore, selon les circonstances, la même variante d'un gêne peut être favorable ou défavorable.

fracture médico-génétique qui reviendrait à recréer une sélection darwinienne à la sauce NBIC ?

Faudrait-il laisser les populations se dégrader par obscurantisme génétique, à cause d'un lobby bioconservateur qui se mettrait en travers de la route du progrès en poussant des cris d'orfraies ?

Ces sujets vont devenir très sensibles dans les années qui viennent. Le rôle de la technomédecine promet de déchaîner les passions, voire les pires violences.

Cependant, nous allons voir que l'issue du combat sera le plus vraisemblablement une victoire de la biotransgression.

Avant d'en montrer l'évolution probable et d'en discuter les conséquences, il nous faut montrer de quelle manière la médecine va se transformer radicalement pour prendre le relais de l'erratique sélection darwinienne. Tel est le dilemme des humanistes du XXIe siècle : comment gérer « l'après sélection naturelle » sans tomber dans une modification irréversible de l'Humanité ?

CHAPITRE 3

UNE MÉDECINE QUI NE SOIGNE PLUS… MAIS TRANSFORME

La médecine pratiquée jusqu'au XXe siècle était encore celle d'Hippocrate. Elle reposait sur les notions de santé et de maladie, de normal et de pathologique, de patient, de diagnostic, de symptômes, etc. Les nouvelles technologies NBIC vont rendre obsolète cette médecine classique. Il ne s'agira plus de soigner des malades lorsqu'un problème se sera déclaré, mais de gérer notre capital santé dans une vision à long terme, en intégrant le projet personnalisé de l'individu. Guérir les individus avant qu'ils ne tombent malades est un changement radical de perspective.

La future médecine sera celle des « 4 P[1] » : Prédictive, Préventive, Personnalisée et Participative. Elle sera aussi transversale, c'est-à-dire qu'elle traitera l'organisme dans sa globalité au lieu de le traiter organe par organe. La médecine segmentée par spécialités est condamnée.

Cette médecine globale que l'on peut qualifier de darwinienne intégrera également l'histoire de la vie, pour

1. Le terme médecine des « 4 P » a été breveté par l'« Institute for Systems biology ».

comprendre nos maladies à la lumière de notre évolution et de l'origine de nos gènes.

Médecine 2050 : de la médecine de masse à la médecine personnalisée

L'espérance de vie ne va pas doubler du jour au lendemain. Si nous pouvons anticiper aujourd'hui que la convergence NBIC permettra de vivre très longtemps en bonne santé, les technologies nécessaires ne seront disponibles que progressivement. Nous disposerons de remèdes mieux ciblés, qui seront donc plus efficaces et mieux supportés par les patients, qui inaugureront l'ère de la médecine personnalisée. Voila les premières étapes du déploiement de la technomédecine.

Mécanisation et intégration de la médecine

La médecine contemporaine fonctionne selon une approche réductionniste héritée de Descartes : pour étudier des phénomènes complexes, elle les décompose en éléments individuels[1] et considère ainsi chaque organe de manière isolée, en étudiant par exemple la façon dont telle molécule agit sur lui.

Cette approche est dictée par des impératifs pratiques parce que la médecine ne dispose pas de la possibilité de mesurer finement l'ensemble des interactions entre organes et molécules. Mais cette approche néglige – par insuf-

1. *Discours de la méthode*, seconde partie : « [...] Diviser chacune des difficultés que j'examinerais en autant de parcelles qu'il se pourrait, et qu'il serait requis pour les mieux résoudre. »

fisance de connaissances – le fait que le corps est un système dont les différents éléments interagissent entre eux, c'est-à-dire qu'il n'est pas possible d'expliquer les fonctions biologiques à partir de leurs seuls composants.

La connaissance des pathologies et des effets des traitements était en fait jusqu'à présent très superficielle, partielle. La part de l'intuition du médecin était importante, car il n'avait pas les moyens de connaître les interactions et les interdépendances entre les différents éléments de l'organisme. L'explosion des capacités informatiques, en permettant le traitement d'une quantité gigantesque de données, ouvre la voie de la biologie intégrative qui étudie l'organisme comme un système. Elle ouvre la porte à une médecine totalement différente. Il devient possible d'étudier le comportement de milliers de molécules différentes, interagissant, au travers de systèmes de régulation fort complexes. Grâce à de formidables bases de données constituées par l'industrialisation des décryptages génétiques et analysées par les techniques de *data mining*[1], nous allons accéder à une compréhension absolument inédite du fonctionnement de notre corps.

Cela a d'abord des conséquences immédiates pour la recherche médicale. Elle devient inséparable de l'informatique et de la statistique, et nécessite d'importants investissements en matériel, entrant ainsi dans le champ de la « PetaScience » : la science des millions de milliards d'octets.

Dans ce contexte, la recherche ne peut plus être le fait d'équipes restreintes de doctorants groupés autour d'un professeur dans un laboratoire d'université. Désormais, les

1. La *data mining* consiste à analyser de grandes bases de données sans a priori.

résultats scientifiques sont produits par des équipes importantes aux besoins de financement considérables.

La méthode scientifique n'est plus la même. Au raisonnement déductif traditionnel – une hypothèse est vérifiée par l'expérience – se substitue un raisonnement purement inductif consistant à accumuler un maximum de données que l'on interprète ensuite. Les biologistes pratiquent de plus en plus une recherche « pilotée par l'ignorance ». Du coup, plus besoin d'élaborer des modèles pour tenter de comprendre le vivant : il « suffit » de faire parler les immenses données générées par les machines vouées à l'analyse industrielle du vivant.

Mais, au-delà, c'est la conception même de la médecine, de ses buts et de ses principes qui vont changer. La notion de « patient » ou de « malade » va s'estomper. En effet, être « en bonne santé » désigne aujourd'hui le fait de se trouver dans la norme de fonctionnement moyen de notre espèce. On est considéré comme « malade » quand on se trouve en dehors de ce cadre. La médecine ne s'occupe à ce jour que des individus en dehors de la norme, c'est-à-dire qu'elle s'emploie essentiellement à guérir. Mais cette notion de « norme » qui délimitait la ligne nette de la « santé » et de la « maladie » va doublement disparaître. D'abord parce que la biologie moléculaire rend inadéquate cette distinction au sens où la maladie est une interaction comme une autre, et la santé porte en elle la maladie future. Ensuite, et surtout, parce qu'il ne sera plus possible de faire référence à un fonctionnement « normal » d'un organisme dans la mesure où chaque organisme est particulier. C'est pourquoi la personnalisation, la participation, la prévision et la prévention s'imposent comme les quatre visages de la médecine future.

Vers une médecine personnalisée

La médecine classique fonctionne la plupart du temps selon des protocoles standards, appliqués de la même manière à chaque individu. Ces méthodes de soins sont le fruit d'études cliniques sur des dizaines de milliers de cas : la médecine s'évaluait jusqu'ici sur la base de la moyenne des résultats obtenus par les traitements et choisissait le moins mauvais résultat pour l'appliquer à l'ensemble des malades.

Un médecin ne possédait d'ailleurs sur chaque patient qu'une connaissance stéréotypée « moyenne » du fonctionnement de ses organes. À l'aide d'indicateurs élémentaires – tension, écoute stéthoscopique[1], etc. –, il déduisait la cause de tel ou tel signe clinique considéré comme pathologique. C'est une méthode quelque peu aléatoire, puisqu'elle revient à appliquer un remède moyen à des individus toujours différents ! La médecine d'aujourd'hui est une cote mal taillée, une approximation à la louche, un peu comme des vêtements prêts-à-porter qui ne sont par définition jamais parfaitement adaptés à notre singularité (sauf rare coup de chance).

La connaissance du fardeau génétique de chaque patient, grâce à l'industrialisation du séquençage de son ADN, va permettre de tirer progressivement un trait sur cette médecine standardisée.

La médecine personnalisée va peu à peu s'imposer dans les dix ans qui viennent, en prenant en compte les particularités de chaque individu et notamment les variations dans la séquence d'ADN ou dans l'organisation des protéines qui l'entourent.

1. Progressivement enrichis par de nouveaux outils.

Nous n'en sommes qu'aux prémices : l'ère du Zeppelin de la génétique… Le Boeing n'est pas encore sur la chaîne de montage, loin de là, mais des milliers de laboratoires sont à l'œuvre. Les généticiens sont aujourd'hui mobilisés pour comprendre un à un tous les ressorts de la machinerie génétique humaine. Tout reste à découvrir, ou presque. Pourtant, les choses vont plus vite qu'on l'imagine.

Comment identifier les risques de maladies à travers les gènes ? Grâce aux puces à ADN (*gene chips*), les connaissances sur les SNPs (*Single Nucleotide Polymorphism*) ont beaucoup progressé. Les SNPs sont de petites variations, par rapport au génome de référence, dans la séquence ADN d'un individu[1]. C'est cela que l'on traque quand on recherche le lien entre l'ADN et les maladies. Les puces à ADN permettent d'analyser un million d'endroits[2] dans l'ADN pour traquer ces fameuses variations, qui signent une prédisposition à des maladies ou une altération de leur réaction à un médicament.

Le diagnostic de nombreuses maladies s'en trouve amélioré. Pour créer des tests de dépistage, les scientifiques collectent des échantillons sanguins ou de salive de malades atteints de la même maladie, puis analysent leur ADN. Le but est simple : trouver des variants partagés par les malades. Ils comparent ces motifs à ceux des individus sains, de manière à identifier le motif associé à la maladie. Résultat ? À moyen terme, nous disposerons des variations caractéristiques de toutes les maladies qui ont une composante génétique. Et les médecins pourront déceler

1. Le code génétique, rappelons-le, est spécifié par les quatre lettres chimiques ATCG. Une variation se produit quand, par exemple, la lettre A est remplacée par C, G ou T dans une séquence.

2. Considérés comme stratégiques.

ces risques de pathologie chez leurs patients, au moyen d'un simple test ADN.

Un exemple parmi tant d'autres : en août 2009, une grande étude a permis d'identifier les « marqueurs » génétiques du cancer des ovaires[1]. Ce travail titanesque a inclus près de dix mille femmes atteintes de cancer de l'ovaire et treize mille témoins. On a identifié un variant génétique fréquent qui augmente de 20 à 40 % la survenue de ces tumeurs. À partir de ces résultats, il sera possible de dire aux femmes si elles présentent ce risque supplémentaire ou pas, et de les faire suivre en conséquence.

Ce genre d'études est pourtant encore rudimentaire. La puissance des « puces informatiques à ADN » est encore dérisoire : elles ne sont capables de repérer que cinq cent mille à deux millions de marqueurs sur les trois milliards de bases ADN. Imaginez les découvertes que l'on pourra faire puisqu'il est désormais possible de réaliser ces études à partir des données issues du séquençage de la totalité des trois milliards de lettres de l'ADN. Avec le développement de la puissance informatique, notre connaissance du génome humain va exploser. Une courbe exponentielle, encore.

Dans un premier temps, les généticiens se sont attachés à trouver les variations fréquentes du génome humain. Mais il est probable que la responsabilité des variations rares soit plus importante qu'on ne le pense. Les traquer exige de gros échantillons de patients et de puissants moyens informatiques. Il est probable que les maladies fréquentes soient dues, en conjonction avec l'environnement, à de multiples causes différentes. Puisque les fonctions biologiques sont régulées

1. « A Genome-wide Association Study Identifies a New Ovarian Cancer Susceptibility Locus on 9p22.2 », Honglin Song *et al.*, *Nature Genetics*, n° 41, 2009.

par de nombreux gènes, il est possible que l'on puisse être malade du fait de variations sur un ou plusieurs gènes qui coopèrent. Enfin, l'association de plusieurs variations qui, isolément, ne rendraient pas malade, pourrait être responsable de pathologies. Cela est notamment le cas de variations résidant non dans les séquences qui codent la structure des protéines, mais dans celles qui régulent sa production.

L'identification des marqueurs génétiques impliqués dans la susceptibilité aux maladies va progresser tout au long de la décennie. Le gène du diabète, par exemple, n'existe pas : il y a, en réalité, des centaines (peut-être des milliers) de variations génétiques qui augmentent la susceptibilité à cette maladie. Il sera possible de déterminer un score de risque en intégrant les facteurs de risque génétiques, les informations cliniques biologiques et radiologiques ainsi qu'une bonne connaissance de l'environnement et du comportement du patient.

Trente mille nouveaux variants par jour

La démocratisation du séquençage intégral de l'ADN entraîne la découverte d'un nombre croissant de variants génétiques, c'est-à-dire de séquences différentes entre les individus[1]. Ces variations peuvent concerner un changement

1. Il existe un génome moyen, « *gold standard* » du génome humain. Au début du séquençage, cet étalon génomique provenait principalement de Craig Venter, le premier homme intégralement séquencé. Craig Venter avait réussi à ce que le génome sélectionné soit le sien. Un peu comme si le président Kennedy s'était désigné pour aller sur la Lune lors du lancement du programme spatial Apollo. La référence actuelle s'appelle « HuRef19 » pour Human Reference version 19. Les variations sont donc notées par rapport à HuRef19.

d'une seule base ADN (ATTATC au lieu de ATTATG par exemple), que l'on nomme SNP (ou Single Nucleotide Polymorphisme). Cela peut aussi être un « Indel », c'est-à-dire une Insertion ou Délétion – l'ajout ou le retrait d'une séquence –, un CNV qui est une variation du nombre de copies de certaines séquences ADN qui sont répétées mais en nombre variable chez les individus. Plus rarement[1], on retrouve des cassures de chromosomes, des inversions de séquences ou des chromosomes surnuméraires (la trisomie 21 est l'exemple le plus connu). Il peut également manquer un chromosome entier comme dans le syndrome de Turner.

Chaque jour, les séquenceurs révèlent trente mille séquences jamais encore repérées dans un génome humain. La croissance du séquençage laisse penser que ce chiffre pourrait atteindre un million par jour vers 2015. La génomique cherche à trouver des corrélations entre ces variations de séquences et nos caractéristiques biologiques et physiques ainsi que nos maladies[2]. Les génomiciens séquencent l'ADN qui a été coupé en petits morceaux pour faciliter cette opération dans des machines spécialisées. Ensuite, ils reconstituent la séquence complète grâce à des algorithmes spécifiques : cela s'appelle l'alignement-mapping. Enfin, les variations par rapport à HuRef sont annotées puis interprétées.

L'étape d'alignement a longtemps été considérée comme quasi insurmontable : c'est ce qui avait convaincu beaucoup de spécialistes que le séquençage intégral était une impasse. En réalité, le temps nécessaire pour cartogra-

1. Sauf dans le génome des cellules cancéreuses où ces grands variants sont extrêmement nombreux notamment dans les cancers évolués.

2. On dit que l'on corrèle le génotype (notre séquence ADN) avec le phénotype (l'état de notre corps et son fonctionnement).

phier et analyser un génome est divisé par deux tous les cent jours. À la fin de 2011, cette étape prendra moins d'une heure pour la totalité d'un génome humain.

L'effondrement du coût du séquençage intégral de l'ADN entraîne une croissance fulgurante d'êtres humains séquencés. Avec le développement de la puissance informatique, notre connaissance du génome humain va exploser d'ici à la fin de ce siècle.

2003	1
2007	2
2008	8
2009	100
2010	4 500
2011	50 000
2013	2 000 000
2022	1 000 000 000

Effectifs cumulés des êtres humains intégralement séquencés.

À partir de 2015, la génétique progressera davantage en une seule année que depuis 1850.

Plusieurs mécanismes expliquent cette accélération. D'abord, la puissance des séquenceurs permet de lire l'intégralité de notre ADN et non plus seulement quelques courtes séquences (avec les anciens séquenceurs, il est très long et difficile d'analyser plus de cinq mille à dix mille bases ADN sur les trois milliards que compte un génome humain). Désormais, on analyse la totalité du génome et non plus seulement un nombre limité de séquences de notre ADN. Cela permet de comprendre le rôle des gènes mais surtout des zones régulatrices qui ne codent pas directement pour les protéines. En effet, les maladies complexes comme le diabète ou les maladies psychiatriques ne sont pas dues à l'action d'un seul gène mais à l'association de nombreux gènes, des séquences régulant l'expression des gènes aux marques épigénétiques qui entourent les chromosomes et modulent leur activité et de l'environnement (alimentation, mode de vie, activité physique, éducation…).

Jusqu'à présent, l'analyse de tout le génome était techniquement impossible. On se contentait donc d'étudier un nombre réduit de marqueurs indirects des maladies. Puis on séquençait de petites séquences d'ADN à proximité de ces marqueurs pour tenter de retrouver la mutation causale. Cela marchait plutôt bien pour les rares pathologies liées à un seul gène comme la mucoviscidose, mais très mal pour les maladies fréquentes qui sont multifactorielles.

Ensuite, la croissance de la puissance informatique permet de traiter de plus en plus finement ces gigantesques flux de données, de partager les nouvelles connaissances entre chercheurs du monde entier *via* des bases de données géantes accessibles par Internet et en libre accès[1]. Pour comprendre les maladies les plus complexes, on estime par exemple qu'il serait nécessaire de disposer d'une puissance informatique de l'ordre de l'Exaflops (un milliard de milliards d'opérations à la seconde) ainsi que de dossiers médicaux électroniques exhaustifs. Cette puissance sera disponible à partir de 2018.

Enfin, l'explosion du nombre de génomes séquencés permet de découvrir les schémas généraux d'organisation du génome (les « *patterns* » en anglais) ce qui apporte une vision globale qui accélère la compréhension.

La médecine personnalisée sera bientôt sur les rails.

1. dbSNP, ENCODE, OMIM…

Le médicament de demain : du « sur-mesure »

La révolution du diagnostic s'accompagnera de celle de la pharmacie.

Aujourd'hui, les compagnies pharmaceutiques produisent des médicaments moyens non ciblés. Le résultat est peu satisfaisant : certains patients réagissent bien à la molécule, d'autres très mal. À l'inverse, des molécules qui pourraient aider un petit nombre de malades ne sont jamais commercialisées, soit parce que la majorité des patients ne les tolérerait pas, soit parce que le nombre de patients concernés est faible ; dans les deux cas, produire ces médicaments en petite quantité n'est pas rentable pour les laboratoires pharmaceutiques.

Actuellement, il vaut bien mieux avoir la maladie de tout le monde qu'une affection exceptionnelle ! On parle de maladies orphelines mais, en réalité, ce sont les malades qui sont orphelins, abandonnés à leur maladie pour des raisons économiques. Cela pourrait bientôt changer. Grâce à de gigantesques bases de données corrélant les maladies et les marqueurs génétiques, les généticiens pourront mieux comprendre le « puzzle de l'ADN humain » et donc concevoir des traitements personnalisés adaptés au patient. Dans le futur, le profil génomique de celui-ci sera pris en compte et un traitement sur mesure lui sera prescrit par son médecin.

Comment cela sera-t-il possible ? En modélisant le vivant. La modélisation informatique s'est imposée dans les domaines où l'expérimentation est difficile, voire impossible, comme la reconstitution des débuts de l'univers par exemple.

Ainsi, il est désormais possible de modéliser l'effet d'une charge atomique sans faire d'essais nucléaires. C'est ce qui est fait au centre informatique du Commissariat à l'énergie atomique (CEA) de Bruyères-le-Châtel. Depuis la fin des essais nucléaires français dans le Pacifique en 1995, la France s'est dotée d'un programme de simulation des effets des armes atomiques. Depuis cette date, la puissance informatique dont dispose le CEA a été multipliée par vingt mille. En 1995, il n'existait pas encore des serveurs informatiques Teraflops[1] ; le CEA dispose aujourd'hui d'une puissance d'un Petaflops[2]. Ce qui était inconcevable il y a quinze ans devient routinier.

Ces nouveaux seuils de puissance informatique vont désormais permettre de simuler le vivant, ce qui est une tâche bien plus complexe que la modélisation d'un missile atomique. Dans une ou deux décennies, les traitements seront testés sur ordinateur. La simulation de leurs effets sur les millions d'interactions cellulaires et intercellulaires se fera en quelques instants alors qu'aujourd'hui un essai clinique pour évaluer un médicament dure entre cinq et dix ans. La simulation accélérera dans des proportions inimaginables la vitesse de mise au point et de test des traitements.

Tester un médicament sur ordinateur paraît aussi incongru aux médecins de 2011 que la simulation des armes atomiques sans faire d'essais l'était, aux yeux des ingénieurs, en 1985.

Et pourtant... La première simulation médicale convaincante à été achevée fin 2010, à la Jolla[3]. L'équipe du Dr Matthias von Herrath a simulé sur ordinateur certains effets d'un traitement destiné aux diabétiques insulinodépendants, raccourcissant sensiblement les délais de sa mise au point.

1. Mille milliards d'opérations par seconde.
2. Un million de milliards d'opérations par seconde.
3. *Diabetes*, 2010.

Des milliards de paramètres biologiques, captés sur le patient, seront injectés dans les systèmes de simulation qui permettront de tester l'effet de la thérapeutique. Cela nécessitera, certes, une puissance informatique de plusieurs Zettaflops (mille milliards de milliards d'opérations par seconde), mais ce sera tout à fait banal.

En entrant dans le monde de la simulation informatique à très haute capacité, la médecine se rapproche de l'astrophysique et de la physique nucléaire, qui travaillent ainsi depuis déjà longtemps. L'utilisation des supercalculateurs dans la médecine ne fait que débuter !

Médecine darwinienne : année zéro

Cette médecine globale et préventive s'intègre dans une vision non idéologique du rôle des gènes, de la part de l'inné et de l'acquis. La médecine de demain ne se construit pas sur un schéma simpliste où tout notre destin serait dicté par nos gènes. Bien au contraire, elle analyse les interactions permanentes et complexes entre notre ADN, la façon dont nos réseaux de gènes interagissent en trois dimensions et l'environnement. La médecine issue de la révolution NBIC ne repose donc pas sur un déterminisme génétique, mais intègre pleinement la logique environnementale.

L'ADN n'explique pas tout

Tout ne se résume pas à la séquence de nos chromosomes. Le progrès passe aussi par la compréhension du rôle de l'environnement *combiné avec nos prédispositions génétiques* : gène et tabac, gène et alimentation, gène et pollution, gène et éducation, etc.

Nous allons mieux saisir le fonctionnement de la cellule et pouvoir ainsi améliorer les thérapies géniques, mais aussi traditionnelles. La plupart des maladies sont complexes ; elles sont souvent multifactorielles, multigéniques, avec de nombreuses interactions. Beaucoup plus qu'on ne l'imaginait dans les années 1990-2005, quand le désir de donner de l'espoir aux patients a poussé à tenir des promesses intenables. Les études de l'époque étaient frustes, fondées sur des hypothèses génétiques simplificatrices, et la course au brevet[1] a conduit à des raccourcis intellectuels que des pulsions mercantiles expliquent plus qu'elles ne les excusent…

Pour chaque maladie, le rôle respectif des gènes et de l'environnement est variable. Si, dans certains cas, telle anomalie génétique donnera *forcément* telle maladie (c'est le cas de la mucoviscidose[2] ou de la maladie de Huntington[3], qui provoque une démence dès l'âge de trente-cinq

1. Depuis cette époque, le dépôt de brevet sur les séquences ADN est interdit.

2. La mucoviscidose est une maladie génétique et héréditaire qui touche les cellules qui tapissent différents organes tels que les voies respiratoires, le tube digestif, les glandes sudorales en altérant leurs sécrétions (mucus, sueur…). La mucoviscidose est la plus fréquente des maladies génétiques dès l'âge pédiatrique dans les populations occidentales (un enfant sur 4 500 naissances en France). Elle est due à l'altération (mutation) d'un gène appelé *CFTR* et localisé sur le chromosome 7. Source : Orphanet.

3. La maladie de Huntington, également dénommée chorée de Huntington, est une affection génétique et héréditaire conduisant à la destruction des neurones de certaines régions cérébrales. Elle se traduit par des mouvements anormaux et des troubles du comportement. Elle est due à une anomalie (mutation) d'un gène nommé IT15 et situé sur le bras court du chromosome 4. Source : Orphanet.

ou quarante ans), dans la plupart des autres, plusieurs gènes sont en cause et s'associent avec des facteurs environnementaux. Les marqueurs génétiques indiquent donc en général une probabilité de développer telle ou telle maladie, évaluée par une méthode d'observation statistique. Cela ne préjuge pas, à ce stade, des mécanismes conduisant du marqueur à la maladie éventuelle. Répétons-le, observation n'est pas déterminisme. Il s'agit simplement de remarquer des corrélations, dont on peut déduire des probabilités. La possession d'un gène de prédisposition au diabète de type 2 ne s'exprimera pas de la même façon chez un Américain obèse adepte de la trilogie « beurre de cacahuète-télévision-consoles de jeux vidéo » que chez un sportif maigre amateur de légumes verts et de poisson…

Technomédecine et écologie sont complémentaires

À la faveur du développement (encore balbutiant) de la technomédecine, des applications nouvelles dans le domaine de l'écologie se font jour. En nous fournissant de nouveaux et puissants outils pour comprendre de quelles façons notre environnement interagit avec nous, les nouvelles technologies du vivant concourent à fonder une écologie plus exacte et efficace.

Par exemple, une étude américaine de juin 2009[1] sur l'ADN de souris de laboratoire a établi l'impact sur la fertilité du bisphénol, qui est le plastique dur avec lequel on fabrique notamment les biberons ou les fontaines à eau. L'exposition au bisphénol des souris enceintes affecte un

1. Étude présentée dans le cadre du congrès de la Société d'endocrinologie à Washington (10-13 juin 2009).

gène responsable du développement de l'utérus, et en conséquence peut affecter la fertilité chez la souris, mais aussi chez l'homme. Grâce à la génétique, ce qui n'était qu'un soupçon est désormais prouvé. Et, les biberons au bisphénol[1] ont été promptement interdits dans de nombreuses crèches. Qui se plaindra d'une telle découverte, qui va permettre de diminuer l'exposition de nos enfants à des substances nocives ?

A contrario, la génétique peut aussi conduire à rechercher des causes non génétiques aux maladies. Une étude récente sur la sclérose en plaques a montré que cette maladie ne semblait pas avoir des déterminants génétiques majeurs : la course à la recherche de causes environnementales est relancée. La génomique ne sert pas qu'à trouver les causes génétiques des maladies ! Notre attention à l'environnement et donc notre volonté de le protéger afin qu'il nous permette de vivre en harmonie avec lui sont des conséquences directes d'une médecine fondée sur la génétique.

De la médecine préventive et prédictive à l'individu architecte de sa santé

La médecine que nous connaissons fera bientôt partie de l'Histoire : elle paraîtra à nos descendants aussi baroque et hasardeuse que celle des médecins de Molière. Ils penseront que les saignées et purgations n'étaient pas plus aveuglément dispensées que nos médicaments administrant une molécule dont on ne connaît que les effets « moyens ».

1. La polémique sur le bisphénol n'est pas éteinte. Certains experts considèrent que le risque est surestimé.

Mieux vaut prévenir que guérir : vers une médecine de prédiction et de prévention

La personnalisation de la médecine ira de pair avec un changement radical de la pratique thérapeutique. Il ne s'agira plus de remédier à une maladie déclarée, mais de prédire et de prévenir les dysfonctionnements afin qu'ils ne se produisent pas ! Les progrès de la génomique permettront la mise en place pour chaque patient d'un programme global et personnalisé de santé. Celui-ci intégrera toutes ses particularités génétiques et prendra en compte son mode de vie ainsi que les efforts qu'il est prêt à accomplir. Il s'agira de déterminer sur quels fronts il est nécessaire de se battre pour assurer l'avenir du patient. Le praticien établira alors un « géno-programme » sur mesure, destiné à rendre le plus « inoffensif » possible le fardeau génétique de son patient. Il sera par exemple possible de lutter très tôt contre une maladie de Parkinson, des décennies avant qu'elle ne se déclare !

C'est la voie qui s'ouvre au cofondateur de Google, Sergei Brin, qui a réalisé son bilan génétique. En utilisant les services de la société 23andme, l'un des satellites du fameux moteur de recherches, il a découvert qu'il avait de grands risques de développer plus tard la maladie de Parkinson, étant porteur d'une mutation sur le gène LRRK2[1]. Il pourrait donc suivre déjà un traitement préventif… s'il en existait un pour cette pathologie. On mesure le nécessaire accompagnement psychologique des « patients potentiels », à qui on pourrait annoncer un dia-

1. Sergei Brin l'a personnellement dévoilé sur son blog en 2009.

gnostic grave, qui n'aura de conséquences qu'à très long terme mais pour lequel on ne dispose pas encore de traitement.

Le deuxième homme dont l'ADN ait été séquencé est le Pr. James Watson, le codécouvreur avec Francis Crick de la molécule d'ADN en 1953. Le Pr. Watson a accepté d'être séquencé et que son ADN soit mis en accès libre sur Internet, à la condition expresse que le gène ApoE ne soit pas lu[1] ! Les différentes variantes de ce gène renseignent sur la probabilité de développer la maladie d'Alzheimer, et James Watson ne voulait pas sombrer dans la dépression… Même les Prix Nobel ont besoin d'un peu de temps pour digérer les conséquences du géno-tsunami. Ce type de problèmes va se poser pour chacun d'entre nous à partir des années 2015 ! Il n'y a pas que le codécouvreur de l'ADN qui aura des « géno-tabous »…

La médecine personnalisée, à son stade de maturité, sera une médecine de prédiction. On ne traitera plus les maladies : on essayera de les tuer dans l'œuf, bien avant qu'elles ne se développent ou même ne se manifestent. Nous serons dans une logique de « prévention » et non plus dans la « réaction ». Grâce aux tests génétiques, nous pourrons prédire, et cela dès le stade de l'embryon, les pathologies qui pourraient frapper un individu au cours de sa vie. Notre génome sera inscrit dans notre dossier médical électronique, de façon sécurisée, grâce à une sorte de carte Vitale, et sa connaissance permettra le pilotage préventif de notre état de santé. Le DMP – dossier médi-

1. La séquence complète de l'ADN de Watson est consultable en ligne : http://jimwatsonsequence.cshl.edu/cgi-perl/gbrowse/jwsequence/

cal personnalisé – qui fait ses premiers pas en France sera indispensable pour piloter la médecine personnalisée, puisqu'on imagine difficilement que les médecins gèrent manuellement les trois milliards de données de nos chromosomes.

En définitive, le changement de paradigme de la médecine reposera sur un changement de cible : nous ne combattrons plus la maladie quand elle se dévoilera, mais nous irons la traquer au plus profond de notre ADN. Nous allons passer de la guerre médicale de réaction à la guerre préventive, qui vise à éliminer la menace avant qu'elle ne soit formée. Pour la médecine de demain, le déclenchement de la maladie sera un échec, alors qu'il n'est aujourd'hui que le point de départ.

Vers une médecine régénérative

L'utilisation des cellules souches – fabriquées ou non grâce au clonage thérapeutique – dont nous avons déjà parlé va donner naissance à une médecine de régénération.

Les cellules souches ont la possibilité de se différencier en cellules adultes et donc de former des tissus et des organes nouveaux (cœur, pancréas, tissu cérébral, foie…), aptes à remplacer les organes défaillants. Schématiquement, il en existe trois types : les cellules souches provenant de l'embryon, que l'on peut obtenir à partir d'embryons surnuméraires et qui ont un pouvoir régénérateur maximal ; les cellules souches existant chez l'adulte, récupérées dans différents tissus (ou dans le sang du cordon ombilical, à la naissance), qui ont des potentialités plus limitées même si on peut espérer à moyen terme leur conférer un potentiel équivalent aux cellules embryonnaires, en les reprogrammant ; enfin, les IPS (Induced Pluripotent Stem), qui sont des cellules souches produites à partir de cellules humaines banales, reprogrammées par thérapie génique en cellules souches, et différenciées ensuite en cellules des organes que l'on veut régénérer. Cette dernière technologie est *a priori* très séduisante, mais son utilisation pourrait comporter des risques cancéreux liés à la phase de reprogrammation. Toutefois, les travaux de James Thomson publiés dans *Science*, en 2009[1], laissent entrevoir la possibilité de reprogrammer des cellules humaines banales sans utiliser de vecteurs viraux, et donc de développer cette technologie avec moins de craintes que dans le cas des IPS.

Les cellules souches vont faire progressivement passer la médecine d'une logique de réparation à une logique de régénération. La maîtrise d'une telle médecine régénérative est désormais une perspective réaliste.

Les grands fléaux médicaux comme le diabète et les maladies cardio-vasculaires, qui touchent des millions de patients, pourraient trouver ainsi une réponse radicale, évitant les multiples complications de ces pathologies. De puissantes armes contre les pires maladies humaines devraient être accessibles dès la décennie 2010-2020 : l'utilisation conjointe de la génomique et des cellules souches représentent un potentiel médical révolutionnaire.

Il ne s'agit pas pour autant de minimiser les effets secondaires possibles des cellules souches, notamment des cellules IPS : leur innocuité devra être vérifiée avant la généralisation des traitements, sauf peut-être pour les

---

1. « Human Induced Pluripotent Stem Cells Free of Vector and Transgene Sequences », Yu J, Hu K, Smuga-Otto K, Tian S, Stewart R, Slukvin II, Thomson JA, *Science*, 2009.

pathologies mortelles à très court terme pour lesquelles les patients ne peuvent pas attendre.

En juillet 2009, une équipe de l'université de Floride annonçait qu'elle avait réussi à reprogrammer des cellules souches de la moelle osseuse d'une souris pour qu'elles réparent la rétine endommagée de l'animal[1]. C'était la première fois qu'une cellule adulte était reprogrammée par manipulation génétique ciblée pour devenir une cellule d'un nouveau type.

Les travaux de l'équipe du Pr. Marc Peschanski, publiés dans *The Lancet* en novembre 2009[2], vont encore plus loin. Les chercheurs ont réussi à produire un épiderme complet à partir de cellules souches. Pour la première fois, un organe complexe – d'un point de vue biologique, la peau est un organe – a pu être reconstruit à partir de cellules souches. C'est une étape essentielle, puisqu'il est nécessaire de produire des tissus complets pour traiter les patients. Guérir les insuffisants rénaux suppose par exemple de reproduire toute la complexité tissulaire du rein à partir des cellules souches, et non simplement un amas informe de cellules rénales inorganisées et non fonctionnelles. Les travaux de l'équipe Péchanski prouvent la cré-

1. « Rescue of Retinal Degeneration by Intravitreally Injected Adult Bone Marrow – Derived Lineage-negative Hematopoietic Stem Cells », Atsushi Otani, Michael Ian Dorrell, Karen Kinder, Stacey K. Moreno, Steven Nusinowitz, Eyal Banin, John Heckenlively and Martin Friedlander, *J. Clin. Invest.*, 2004.

2. « Human Embryonic Stem Cells Derivatives Enable Full Reconstruction of the Pluristratified Epidermis », Hind Guenou, Xavier Nissan, Fernando Larcher, Jessica Feteira, Gilles Lemaitre, Manoubia Saidani, Marcela Del Rio, Christine C Barrault, François-Xavier Bernard, Marc Peschanski, Christine Baldeschi & Gilles Waksman, *The Lancet*, vol. 374, n° 9703, novembre 2009.

dibilité de l'objectif de fabrication d'organes entiers à partir des cellules souches. Là est le potentiel, fantastique, de ces « cellules souches ».

Mais la médecine réparatrice ne se limite pas aux cellules souches. Les thérapies géniques qui visent à modifier la séquence d'ADN ou à en moduler l'expression connaissent un renouveau frappant depuis le début de 2009, comme en témoignent les percées récentes. Une équipe de l'université de Californie a annoncé en août 2009 qu'elle avait réussi à rendre un peu de vision à des personnes aveugles de naissance. Ces personnes souffrent d'une maladie génétique appelée maladie de Leber consistant, pour simplifier, en la présence d'une protéine anormale empêchant le fonctionnement des photorécepteurs de l'œil. En instillant un virus porteur d'un gène « réparateur » dans la rétine, la plupart des patients ont pu, au bout de quelques mois, reconnaître des sources de lumière. Chez l'une des patientes, l'amélioration a même été spectaculaire, lui permettant de lire l'heure à une horloge électronique quelques semaines plus tard !

Ce genre de progrès soulève d'immenses espoirs... qu'il faudra encadrer !

La robotisation de la médecine : l'homme bionique

L'action régénératrice de la médecine sera également permise par les progrès accomplis en matière d'hybridation homme-machine. Le Pr. Daniel Cohen – auteur de la première carte génétique humaine en 1992, une des étapes préparatoires au séquençage de la molécule d'ADN – est convaincu que l'impact de la médecine électronique sera même supérieur à celui de la génomique. Si nous sommes encore loin de la posthumanité, la médecine d'aujourd'hui est déjà passée à l'ère du numérique. L'hybridation est encore sommaire, mais les progrès sont vertigineux. Nous savons marier des éléments électroniques à des tissus vivants (*pacemakers*, implants cochléaires ou rétines artificielles), pour des résultats déjà spectaculaires. Une nouvelle étape a été franchie en février 2009. La FDA, l'administration américaine qui autorise la mise sur le marché des médicaments et des techniques médicales, a donné son feu vert aux implants intracérébraux pour traiter les dépressions graves.

La bionique n'en est qu'à ses débuts. Grâce à l'électrostimulation, des paraplégiques pourront un jour remarcher. Le bras artificiel, entièrement motorisé, qui permet aux amputés de diriger leur(s) prothèse(s) par la pensée progresse sans cesse.

Un chercheur de l'université de Berkeley a annoncé en 2009 le succès d'une expérience totalement nouvelle en matière de contrôle d'une machine par le cerveau. Le Dr Carmena et son équipe sont parvenus à ce qu'un singe apprenne de façon permanente à bouger par la pensée un curseur sur un écran, qui plus est en utilisant un nombre inhabituellement restreint de cellules dans le cerveau[1]. En clair, le singe a appris à manipuler un objet par la pensée exactement comme nous apprenons le tennis ou la bicyclette. « C'est la première démonstration du fait que le cerveau est capable de former une mémoire motrice permettant de contrôler une machine d'une façon comparable à la manière dont on contrôle son propre corps »,

1. « Learning to Control a Brain-machine Interface for Reaching and Grasping by Primates » JM Carmena, MA Lebedev, RE Crist, JE O'Doherty, DM Santucci, DF Dimitrov, PG Patil, CS Henriquez et MA Nicolelis, *PLoS biology*, vol. 1, n° 2, 2003, p. E42.

souligne le chercheur. À terme, on peut imaginer que des paralytiques pourront apprendre à actionner des bras ou des jambes artificielles exactement comme ils ont appris autrefois à utiliser leurs membres biologiques.

Les premiers cœurs totalement artificiels se profilent également à l'horizon de quelques années et permettront de sauver des patients ne pouvant bénéficier d'une greffe. La bionique sauvera des vies, mais permettra surtout à certains handicapés de recouvrer une partie de leur intégrité. Qui songerait à le regretter ? Plus encore, qui songerait à l'empêcher ?

Le développement de la bionique va de pair avec la robotisation de la chirurgie.

En conséquence, la chirurgie pourrait bien être une profession en voie de mutation. Les blocs opératoires ne traverseront pas la révolution numérique sans profonds changements. Cette révolution de la chirurgie a été anticipée dès les années 1990, par le Pr. Guy Vallancien, un chirurgien français de réputation mondiale, qui a compris avant tout le monde le sens de l'Histoire. Demain, des robots-chirurgiens, ultra-performants et infatigables, remplaceront les hommes, nettement plus faillibles et coûteux. Parallèlement, les premiers implants chirurgicaux, que l'on appelle les Medbots, sortent des laboratoires. Ce sont de minuscules appareils de quelques millimètres, télécommandés ou autonomes, qui atteignent grâce à un micromoteur leur zone cible. Arrivés à bon port, ils délivrent un médicament au cœur d'un organe où ils effectuent un micro-acte chirurgical. Plusieurs prototypes existent comme le Virobot ou Heartlander[1]. Avec les progrès nanotechnologiques pré-

1. http://www.heartlandersurgical.com/

visibles d'ici à 2025, ils seront dix mille fois plus petits et pénétreront dans les plus petits vaisseaux, puis à l'intérieur même de nos cellules. À terme, il n'y aura plus beaucoup de différence entre la nanochirurgie et un médicament : les deux interviendront à l'échelle de l'infiniment petit !

Pour le moment, les chirurgiens sont toujours des êtres biologiques. À la manière des pilotes de ligne, ils se forment à la réalité virtuelle pour apprendre et progresser. Bientôt dotés de nouveaux scalpels intelligents, capables de sentir la résistance et la composition des matières qu'ils atteignent, les hommes en vert ont encore quelques années devant eux. Avant de céder définitivement le bistouri aux robots ! Parole de chirurgien.

L'individu architecte de sa santé

L'avènement d'une médecine personnalisée et préventive favorisera à coup sûr le développement d'une attitude nouvelle des patients face à leur santé. Au lieu d'attendre qu'une maladie se déclare pour la traiter, ils entreront dans une démarche permanente de gestion de leur état biologique. En fonction de leurs prédispositions à telle ou telle maladie, ils développeront des stratégies de « pré-traitement » pour empêcher l'apparition de la pathologie. Il ne s'agira au fond que du prolongement de la logique préventive qui fait largement admettre aujourd'hui qu'il est sain de faire du sport, d'éviter de manger trop salé ou trop sucré, afin de prévenir de futurs désordres physiologiques. Sauf que, au lieu d'être collective et fondée sur des recommandations générales, cette prévention sera à la carte.

Le business de la médecine personnalisée est déjà sur des rails aux États-Unis. Des sociétés américaines comme

23andme[1] ou Navigenics[2] proposent à leurs clients une étude très sommaire de leur ADN (on appelle cela le DTC : *direct to consumer testing*). La commande se fait directement sur Internet, comme pour l'achat d'un billet de train ou d'avion, sans même l'intervention d'un médecin. La société envoie par la poste un kit de prélèvement d'ADN, et le client n'a plus qu'à cracher dans un tube à essai et à renvoyer l'échantillon par retour de courrier. La société procède à une analyse partielle de son ADN et pratique des dépistages. Le client a ensuite accès à ses données personnelles sur Internet, avec une mise à jour régulière, compte tenu des progrès de la science dans la « lecture » du génome.

Comme toujours dans les secteurs innovants, beaucoup de ces sociétés finiront par déposer le bilan, mais la dynamique qu'elles auront impulsée se poursuivra.

Les résultats, pour le moment assez sommaires[3], permettent de repérer par exemple des prédispositions à telle ou telle maladie. Ils ne garantissent en rien que l'individu va développer un cancer, la maladie d'Alzheimer, souffrir d'un diabète ou développer une maladie cardio-vasculaire. Mais ils donnent une petite idée du fardeau génétique d'un individu et lui permettent éventuellement de corriger le tir en adaptant son mode de vie. Totalement interdits en France – mais disponibles pour tout Français par l'intermédiaire d'Internet… –, ces tests posent pour le moment beaucoup de questions aux clients et n'offrent que peu de réponses. L'absence d'un médecin peut même

1. https ://www.23andme.com
2. http://www.navigenics.com
3. Ces kits n'analysent que quelques marqueurs indirects. L'étude de tout le génome reste trop coûteuse pour des tests destinés au grand public.

s'avérer dangereuse pour une personne psychologiquement fragile, qui apprend de but en blanc à soixante ans, en cliquant sur Internet, qu'elle a une certaine probabilité de développer une pathologie comme la maladie d'Alzheimer ou la dégénérescence rétinienne liée a l'âge (DMLA). Des pathologies pour lesquelles il n'existe pas encore de traitement vraiment convaincant...

Alors que la France freine encore la médecine personnalisée, les pouvoirs publics de Grande-Bretagne abordent dès maintenant cette question avec sérieux et pragmatisme. La commission britannique de la génétique humaine a édicté en septembre 2009 des règles de conduite concernant la médecine personnalisée[1]. L'idée est de développer des normes de qualité comprenant l'accompagnement en cas de diagnostic de maladie lourde, l'information sur la portée et les limites des résultats, la vérification du consentement de la personne testée.

Génération Doctissimo

Mais le plus intéressant pourrait bien être la mise à disposition, sur des réseaux sociaux de type Facebook, des informations génétiques de milliers d'individus qui décideraient de former une communauté ! La notion de partage des données médicales est aujourd'hui considérée comme une hérésie. La santé est un domaine hautement privé, et les médecins comme les patients traditionnels voient cet étalage d'un mauvais œil. Pourtant, le partage d'informations génétiques sur Internet, en déclinant ou

---

1. « A Common Framework of Principles for Direct-to-consumer Genetic Testing Services. Principles and Consultation Questions », *Human Genetics Commission*, 8 septembre 2009.

pas sa véritable identité, peut avoir des effets psychologiques très bénéfiques en permettant de comprendre et donc de mieux assumer son propre fardeau génétique. Sur ce plan-là comme sur bien d'autres, les mentalités pourraient évoluer…

Le « patient-client transhumaniste » veut visiblement devenir un acteur de sa santé. L'immense majorité se renseigne sur Internet (blogs de patients, de chercheurs, etc.) à la moindre maladie. Le succès de sites de santé grand public comme Doctissimo[1] en témoigne : il approche les deux millions de visiteurs par jour ! Les forums de discussion médicaux sont le creuset d'un consumérisme médical « *hard* », qui modifie l'équilibre de pouvoir entre les médecins et les patients. Plus question de rester dans le flou entre deux rendez-vous chez le praticien. Le patient nouveau n'est plus dans la position de l'ignorant qui obéit au médecin tout-puissant. Un peu comme si les automobilistes se mettaient tous à bricoler sous leur capot sans l'aide des garagistes. Un changement de comportement qui a bien entendu le don d'exaspérer les praticiens… y compris l'auteur de ce livre ! Voir arriver un patient-internaute qui prétend en savoir plus que vous sur sa pathologie est franchement crispant. Malgré tout, un consumérisme médical émerge sous nos yeux. Le médecin de demain ne pourra plus se contenter de hausser les épaules. Un peu comme l'Église a dû, contrainte et forcée, accepter que les fidèles revendiquent une relation directe avec Dieu (le protestantisme ayant entamé un tournant décisif en ce sens) et n'utilisent plus les prêtres comme intermédiaires exclu-

1. Site Internet que nous avons créé en 2000.

sifs, mais plutôt, dans le meilleur des cas, comme conseillers-accompagnateurs, le médecin de demain sera une sorte de « coach » intervenant en complément d'un parcours de santé autonome.

De tels réseaux, qui sont en train de se développer aux États-Unis, vont très vite devenir de véritables mines de connaissances et des lobbies puissants militant pour l'accélération des recherches concernant leur propre pathologie. Ainsi, 23andme met en place des groupes de patients pour mener des études épidémiologiques destinées à accélérer la compréhension des maladies génétiques[1]. Les patients peuvent s'inscrire sur le site Internet de la société… Et ce n'est qu'un début. En parallèle des communautés de hackers informatiques se développent actuellement des groupes dont le but est le « *bio-hacking* », autrement dit l'expérimentation biologique entièrement affranchie de toute surveillance ou contrainte. Un groupe né sur Internet tel que Do-it-yourself Biology rassemble des jeunes diplômés décidés à s'autosaisir des nouvelles biotechnologies et à les utiliser à leur gré, dans le secret de leurs laboratoires personnels construits avec des moyens très modestes. À très court terme, la génomique personnelle et les réseaux sociaux vont faire de simples citoyens des apprentis généticiens. La notion « d'exercice illégal de la médecine » qui sert actuellement à condamner les charlatans pourrait bien voler en éclat face à la croissance rapide des pratiques médicales individuelles et des nouvelles communautés de patients.

1. Avec un accent particulier sur la maladie de Parkinson, pour laquelle, on l'a vu, le cofondateur de Google et mari de la fondatrice de 23andme a une prédisposition.

Les professionnels de la santé ont tout intérêt à accompagner cette révolution en marche, et les écoles de médecine doivent former les futurs médecins. Pour autant, nous pensons que le rôle du médecin va rester prépondérant. Les tests génétiques en vente directe sur Internet vont continuer à se développer, mais les thérapies géniques élaborées sur Internet ou dans sa cuisine ont leur limite. Le rôle du médecin ressemblera de moins en moins à celui que nous connaissons, mais il restera au cœur du système de santé.

Le médecin de demain devra utiliser des outils informatiques pour prendre en charge les patients en faisant la synthèse des données que la génomique et la biologie de système va générer pour chaque patient. L'économiste Jean de Kervasdoué, ancien directeur des Hôpitaux de France et professeur d'économie de la santé au Conservatoire national des arts et métiers de Paris, avait prédit, il y a déjà longtemps[1], l'alliance de la puce (le microprocesseur) et du stéthoscope. Le déluge de données nouvelles par patient rend urgent le déploiement raisonné de dossiers médicaux partagés, permettant une coordination optimale entre les différents professionnels qui collaborent à la prise en charge d'un patient[2]. La médecine génomique est multidisciplinaire et tout un écosystème informatique est en train d'éclore dans son sillage. Microsoft et Google ont d'ailleurs développé des offres spécifiques pour favoriser la coordination informatique des soins.

---

1. Jean de Kervasdoué : Rapport au ministre de la Santé.

2. Depuis le 5 janvier 2011 en France, les médecins peuvent désormais ouvrir pour leurs patients un Dossier Médical Personnel, totalement dématérialisé. À partir du mois d'avril, les patients pourront eux-mêmes accéder à ce dossier, *via* un nouveau site Internet.

Bertolan Mesko : le médecin de l'ère NBIC

Cette médecine 2.0 globale et participative a son héros : Bertolan Mesko, un jeune médecin hongrois à peine diplômé ! À vingt-sept, ans il est déjà considéré comme l'un des meilleurs experts de cette médecine en devenir. Son blog, www.scienceroll.com, est la référence mondiale sur ces sujets. Il est régulièrement cité dans les plus prestigieuses revues médicales internationales.

Bertolan Mesko a, mieux que personne, analysé les conséquences des technologies génomiques et informatiques sur l'exercice de la médecine. Il a développé de nombreux applicatifs médicaux autour des plateformes i-Phone, Twitter, Second Life et Facebook. Sa contribution à l'intégration des outils communautaires dans la prise en charge des patients en fait le prototype du futur technomédecin.

Sa vision offre des perspectives très intéressantes sur l'organisation des filières de prise en charge des patients à l'ère de la médecine génomique. Parallèlement, une nouvelle génération de sites communautaires médicaux (www.patientslikeme.com, www.patientsknowbest.com) aident les patients à se repérer dans ces nouveaux univers médicaux. Le corps médical devra veiller à ce qu'ils n'y croisent pas des génocharlatans sans scrupules, nous y reviendrons.

Au terme de cette seconde partie, nous avons esquissé à grands traits la première raison qui nous conduira à intégrer l'ensemble des biotechnologies à notre quotidien. La dégradation de notre génome appellera une prise en main raisonnée de notre évolution biologique, sous peine d'une détérioration progressive de notre patrimoine génétique.

Cette raison « technique » est peut-être la plus implacable, mais elle n'est certainement pas la seule des raisons qui vont conduire à la victoire des positions bioprogressistes. L'humanité est face à un dilemme cornélien : la révolution NBIC comporte des risques majeurs de transformation non contrôlée de l'Humanité mais, dans le même temps, est une nécessité dans un monde heureusement de moins en moins soumis à la loi naturelle de la jungle darwinienne.

Notre pronostic, développé dans la troisième partie, est que l'attraction primera sur le risque, car les populations seront elles-mêmes demandeuses de toujours plus de biotransgressions.

TROISIÈME PARTIE

CHRONIQUE D'UNE VICTOIRE ANNONCÉE DE LA BIOTRANSGRESSION

Les outils permettant le remodelage de l'humanité commencent à être opérationnels. Produits à jet continu par la grande convergence NBIC, ces outils sont à la fois fascinants et inquiétants, puisqu'ils vont donner à l'Homme, dont la sagesse n'est pas la qualité première, la possibilité de décider lui-même de son évolution future.

Le progrès permis par le contrôle du vivant semble évident : qui peut soutenir que la loterie est préférable à la raison ? Nous ne saurions professer un optimisme béat, cependant. Ce serait faire trop confiance à une sagesse humaine qui par le passé a trop souvent montré ses (grandes) limites. Le Prix Nobel Christian de Duve le note bien, lui qui, tout en s'enthousiasmant pour les progrès de la science, s'inquiète aussi des conséquences à moyen terme. L'homme est-il en effet suffisamment fiable pour contrôler le géno-tsunami qui arrive ? « Il y a une hypertrophie de l'intelligence chez l'homme qui n'a pas été accompagnée d'un développement semblable de notre sagesse », s'inquiète-t-il.

Et de Duve de souhaiter une mutation rapide et nécessaire de l'humanité pour éviter une autodestruction causée par ce déséquilibre entre génie et sagesse…

La disponibilité des outils n'implique pas, objectera-t-on, la nécessité de s'en servir. C'est exact, mais cela ne doit pas nous rassurer pour autant. L'Histoire nous prouve que l'Homme ne résiste jamais au désir d'utiliser les nouvelles technologies et qu'il ne peut pas « désapprendre » un savoir.

Nous avons déjà souligné combien le recours à la technomédecine sera à moyen terme indispensable car il nous faudra remédier à la dégradation de notre génome. Longtemps avant d'en arriver là, cependant, nous utiliserons à plein la plupart des possibilités offertes par les nouvelles technologies du vivant. Nous allons montrer dans cette partie par quels mécanismes cette application va progresser à pas feutrés, jour après jour.

Il ne fait guère de doute que le droit aux nanobiotechnologies va très vite devenir une revendication des assurés sociaux des pays démocratiques. La lecture puis la modification de notre ADN et de notre fonctionnement biologique causeront d'évidents problèmes moraux, et par moment de profondes tensions politiques et sociales. Notre conviction est que les bioconservateurs ne parviendront cependant pas à museler durablement cette révolution technologique et médicale en marche.

Chapitre 1

La TGV ou Transgression à Grande Vitesse

L'ADN est une part de notre identité mais ce n'est plus un sanctuaire intouchable. Certains bioconservateurs espèrent encore mettre la modification de l'ADN au ban de la communauté internationale, considérant qu'il s'agit d'un « crime contre l'humanité ». Rien de moins. Voilà une expression bien grandiloquente et excessive, pour ne pas dire désespérée. Il n'est pas étonnant que les Églises s'opposent aux futures transgressions biotechnologiques, car la médecine de demain reposera sur la prise en main du destin de l'homme, ce qui est en contradiction avec l'idée de sa dépendance face à la transcendance. Mais l'influence des bioconservateurs sera sans doute inversement proportionnelle au bruit médiatique qu'ils provoquent. La philosophie des « extropiens[1] », qui prêchent pour l'amélioration de l'homme « par tous les moyens techniques et médicaux à disposition », est peut-être en passe de devenir le nouveau catéchisme de cette humanité en formation.

Les progrès scientifiques phénoménaux qui s'annoncent à travers la grande convergence NBIC seront accom-

1. Les extropiens sont un sous-groupe des transhumanistes…

pagnés de nombreuses transgressions. Cette convergence mènera à terme à une hybridation entre le naturel et l'artificiel, c'est-à-dire entre l'homme biologique et la machine. Cette humanité 2.0 pourrait évoluer à deux vitesses, avec des humains « augmentés » d'un côté, et de « simples » humains biologiques de l'autre. Le Pr. Nick Bostrom, philosophe transhumaniste, prône même un droit à construire « sa propre humanité » grâce à une gestion libertarienne des technologies NBIC[1]. C'est l'humanité personnalisée, où chacun réalise son propre cocktail de modifications technologiques de son corps et de sa conscience. Les transgressions qui s'annoncent, à court ou moyen terme, sont innombrables. Des problèmes éthiques considérables sont à notre porte.

Chronique d'une dérive amorcée depuis longtemps

Les frontières de l'acceptable ont commencé à bouger depuis déjà longtemps. Bizarrement, nous ne sommes pas toujours conscients de ces changements, précisément parce qu'ils procèdent à petits pas.

Des transgressions considérées aujourd'hui comme normales

La première grande transgression biologique a sans conteste été la vaccination contre la variole, qui s'est heurtée frontalement aux convictions religieuses de la fin du XVIIIe siècle. Le fondateur de la prestigieuse université de Yale, Timothy Dwight, qui était un théologien réputé,

1. http://www.nickbostrom.com

s'est battu toute sa vie contre la vaccination antivariolique alors même que la variole décimait les populations occidentales[1].

Le pasteur Dwight a eu des mots définitifs pour condamner la vaccination : « Si Dieu a décidé qu'une personne donnée doit mourir de la variole, ce serait un terrible péché que de contourner et d'annuler cette décision par l'astuce de la vaccination[2]. » Pour lui, la vaccination était bien une horrible transgression à l'ordre naturel et à la loi divine.

Qui se souvient qu'au XIXe siècle des imprudents ayant osé plaider en faveur d'un « planning familial », dont un certain John Stuart Mill, ont été jetés en prison ? Il n'était pas admis que les femmes puissent chercher à empêcher « l'œuvre de Dieu » de se réaliser. La contraception était diabolique, car elle était « contre nature » et encourageait qui plus est le plaisir sexuel, hors de toute arrière-pensée procréative. Aujourd'hui, il paraît normal et sain pour un couple de déterminer le nombre d'enfants qu'il souhaite avoir et le moment de les concevoir. La grande majorité des enfants qui naissent de nos jours est désirée, inscrite dans un projet. Des institutions publiques ont pour vocation officielle d'organiser et de développer le planning familial. Le fait d'accepter sans frein toutes les grossesses que la nature veut donner est au contraire généralement interprété comme une tocade malsaine qui a pour conséquence une famille disproportionnée. Retournement complet, donc, de ce qui est considéré non seulement

1. Louis XV fut le petit-fils et non le fils de Louis XIV, à cause de la variole qui décima tous les héritiers mâles du Roi-Soleil.

2. Christopher Hitchens, *Dieu n'est pas grand : Comment la religion empoisonne tout*, Belfond, 2009.

comme acceptable, mais surtout comme bon et recommandable !

Et, pourtant, la loi autorisant la contraception en France[1] – la pilule – ne date que de 1967 et n'a été votée qu'à l'issue d'un débat passionné qui a vu l'alliance objective entre l'Église catholique et le… Parti communiste.

Un membre éminent du Parti communiste français, Jeannette Vermeersch-Thorez, déclara à propos de la pilule contraceptive : « Depuis quand les femmes travailleuses réclameraient-elles le droit d'accéder aux vices de la bourgeoisie ? Jamais ! » Le PCF, les conservateurs et l'Église catholique considéraient comme une transgression inacceptable de faire l'amour dans un autre but que la procréation. Le général de Gaulle – qui a fini par se laisser convaincre par le sénateur Lucien Neuwirth – remarquait dédaigneusement qu'avec la pilule « on va donner le droit à la bagatelle à toutes les femmes ». Il a fallu deux générations pour que la contraception entre dans les mœurs des pays développés.

À partir des années 1950, les transgressions biomédicales se sont multipliées. Les conflits philosophiques violents ont été oubliés… L'accouchement sans douleur, une nouveauté venue d'Union soviétique, soutenue en pleine Guerre froide par le PCF et la CGT, a remué l'opinion. Un confort jugé en revanche inacceptable par l'Église pour des raisons bibliques. Le fameux : « Tu enfanteras

1. Votée par l'Assemblée le 28 décembre 1967, la loi proposée par le député Lucien Neuwirth n'est finalement appliquée qu'en 1972 à cause de nombreuses tracasseries de l'administration. Elle abroge la loi du 31 juillet 1920 qui interdisait toute contraception.

dans la douleur », est la punition d'Ève pour avoir mangé la pomme. L'Église menaça d'excommunier les médecins qui pratiqueraient l'accouchement sans douleur. Il faut voir, à ce sujet, un excellent film des années 1950 – *Le Cas du docteur Laurent*[1] – dans lequel Jean Gabin incarne un médecin s'installant dans un village de la France profonde et expliquant aux femmes les principes de l'accouchement sans douleur sous l'œil réprobateur de la population – masculine – locale et de l'Ordre des médecins.

Cette opposition est perçue aujourd'hui comme proprement absurde... preuve que les mentalités ont radicalement évolué ! Les débats furent houleux, puis le bon sens prit progressivement le dessus.

Un autre combat, encore plus violent, fut celui de l'interruption volontaire de grossesse (IVG) dans les années 1970. Même si les groupes *pro-life* ultraconservateurs n'ont pas encore déposé les armes (on déplore encore des assassinats de praticiens exerçant dans les cliniques réalisant des avortements, aux États-Unis notamment), l'IVG est légalisée et largement pratiquée dans les pays développés. Cette procédure est désormais considérée par une large majorité comme un aspect fondamental de l'émancipation des femmes.

Le scénario fut à peu près le même avec le divorce, la fécondation *in vitro* ou le PACS. Les diatribes enflammées prononcées par certains parlementaires lors du projet du PACS sont encore dans toutes les mémoires. Dix ans plus tard, plus aucun gouvernement ne songerait à

1. *Le Cas du docteur Laurent*, film de Jean-Paul Le Chanois (1957).

supprimer ce qui est devenu un banal mode d'union entre des personnes de même sexe – pour lesquelles le PACS a été inventé – ou de sexe différent. Face à l'obscurantisme et aux conservateurs de tous bords, la transgression finit toujours par s'imposer, et de plus en plus rapidement. Dans cette logique, la légalisation de la gestation pour autrui (le recours aux mères porteuses) et l'accès aux techniques de procréation médicalement assistée, y compris pour les homosexuel(les) devraient aboutir, comme c'est déjà le cas dans certains pays.

L'Histoire a montré que, face aux progrès de la science et aux évolutions de la société, les interdits ne résistent pas et s'apparentent à des lignes Maginot…

Deux éléments nouveaux devraient accentuer ce phénomène : la rapidité des évolutions et leur lien avec des techniques médicales nouvelles.

Premier élément : le rythme des évolutions est historiquement inédit. Si les mœurs ont toujours changé au cours de l'Histoire, les évolutions étaient extrêmement lentes. De nos jours, les frontières bougent à la vitesse d'un TGV.

Second élément : ce sont les nouvelles technologies biomédicales qui conduisent les changements et imposent leur rythme. Le glissement du « défendu » au « toléré » puis au « permis » et enfin à « l'obligatoire » s'opère à un rythme dicté par les découvertes scientifiques.

Avec l'explosion des progrès scientifiques, la transgression se fait toujours plus vite, petit bout par petit bout, sans douleur. Il y a bien quelques éclats de voix çà et là, mais l'actualité va vite et l'attention se déporte rapidement sur autre chose.

L'emballement a commencé. Des débats violents ont eu lieu dans les années 1990 au sujet des implants cochléaires. Cet appareillage redonne une audition à des patients sourds grâce à l'implantation d'un dispositif électronique dans l'oreille interne. Un capteur électronique est fixé sur le crâne, et il transmet les sons dans l'oreille interne, après traitement par un microprocesseur. L'idée de brancher des électrodes dans le crâne d'un enfant fut bien sûr considérée à l'époque comme un acte chirurgical insupportable par les bioconservateurs, mais aussi par des personnalités sourdes, dont l'actrice Emmanuelle Laborie, qui réclamait le « droit à la différence des sourds[1] » et reprochait à la méthode son caractère expérimental. Rapidement, la technique s'est affinée, et des milliers de sourds profitent aujourd'hui d'une opération remboursée dans la plupart des pays développés. La révolte conservatrice, une fois de plus, a fait long feu. Les bioconservateurs n'ont pas réussi à se... faire entendre !

Dix ans après les implants cochléaires, une nouvelle étape est franchie : les implants dans la rétine. Et les protestations se sont presque tues. Plus rien ne semble choquer l'opinion publique il est vrai, plus concentrée sur la crise et la baisse du pouvoir d'achat.

Nos sociétés connaissent une explosion de la dégénérescence maculaire[2] liée à l'âge (DMLA) et attendent donc beaucoup des implants rétiniens. Nous allons passer de 1,3 million de personnes aveugles en France par dégénérescence maculaire à trois millions en 2025, si rien n'est fait. La seule solution disponible à court terme[3] pour

---

1. Des manifestations ont également eu lieu contre la généralisation du dépistage néonatal de la surdité, adoptée en première lecture à l'Assemblée nationale le 30 novembre 2010.

2. La macula est la partie centrale de la rétine.

3. Les traitements médicamentaux sont d'une efficacité toute relative dans la forme dite « sèche », la plus fréquente.

aider ces malades, en l'absence de thérapie génique dans cette pathologie, consiste en l'implantation de rétines artificielles, une technologie encore embryonnaire. Avec ces implants, un aveugle peut aujourd'hui retrouver une vision de 600 pixels, soit bien peu de chose. De quoi distinguer des formes vagues et des contrastes… Pas terrible, certes, mais mieux que rien. Les perspectives de développement sont cependant encourageantes : une équipe allemande a franchi la barre des 1 000 pixels à la fin de 2010 et les chercheurs espèrent atteindre les 10 000 pixels avant 2020. Une autre technique, qui utilise les cellules souches, est également en phase de test pour traiter la dégénérescence maculaire, mais son efficacité est difficile à anticiper. Les personnes concernées et leurs familles attendent ces progrès avec une impatience évidente. Il n'est plus question dans les journaux de « transgression », mais d'une « formidable avancée de la science ». Et, désormais, les premières implantations d'implants cérébraux pour traiter les dépressions graves[1] et les TOC (troubles obsessionnels compulsifs) ont commencé. Tout récemment, les premiers implants destinés à lutter contre la maladie d'Alzheimer ont été posés. La banalisation des implants électroniques, y compris intracérébraux, a été incroyablement rapide. Aucun expert n'anticipait que ces techniques seraient acceptées aussi facilement par la société. En matière d'hybridation homme-électronique, la rapidité de la transgression est stupéfiante.

Les premières greffes, notamment cardiaques, dans les années 1960, ont elles aussi suscité une levée de boucliers.

---

1. « Subthalamic Nucleus Stimulation in Severe Obsessive Compulsive Disorder », Mallet L., Polosan M., Jaafari N. *et als*, *N Eng J Med*, 2008.

Des voix s'élevaient pour s'effrayer : la science faisait exactement comme le docteur Frankenstein du livre de Mary Shelley, elle créait un être vivant artificiel à partir de morceaux de morts ! Comment pouvait-on prélever des organes sur un mort pour les greffer sur un malade ? Là encore, la fièvre retomba doucement. L'idée de don d'organe est aujourd'hui parfaitement admise. Celle que cette technique est « contre nature » passe aujourd'hui pour une superstition.

Greffe du rein, du cœur, de membres et même de visage, il ne semble plus y avoir de limite à la capacité des chirurgiens de remplacer un élément manquant ou défectueux chez un individu par un autre prélevé sur un sujet vivant ou mort. Cet échange soulevait de nombreuses objections il y a encore quelques années, car on considérait le corps humain comme un territoire sacré et absolument individuel. Aujourd'hui, le fait de se faire greffer le foie d'un mort n'interpelle plus grand monde, et ne suscite plus qu'un réel sentiment de reconnaissance envers le donneur. Les derniers progrès en matière de transplantation traduisent d'ailleurs une nouvelle étape dans la biotransgression. La première greffe de visage a été réalisée à l'initiative du Pr. Jean-Michel Dubernard et a rendu une apparence humaine à une femme dramatiquement mutilée par son chien. C'est un exploit médical extraordinaire, qui aurait été jugé inacceptable il y a trente ans.

L'euthanasie, versant opposé mais finalement complémentaire de l'eugénisme, est également en passe d'être acceptée. Déjà, la transgression bat son plein : plus de huit cents personnes venues de l'étranger auraient mis fin à leurs jours dans l'une des nombreuses « cliniques de la dignité » suisses. Des associations ayant pignon sur rue organisent la fin de vie des demandeurs. Aucun de leurs accompagnateurs – parents ou amis le plus souvent – n'a jusqu'à présent été poursuivi par la justice, alors que la plupart des pays considèrent cet accompagnement comme un crime. Et, aujourd'hui, la Suisse enquête sur ce tourisme euthanasique, non pour l'interdire mais pour vérifier que les associations qui l'organisent ne fassent pas de profits sur cette mort choisie !

Fermer les yeux est souvent pour les États un premier pas vers la légalisation. Le second est accompli à la faveur de cas particulièrement médiatisés obligeant à rompre avec l'hypocrisie. En juillet 2009, une Anglaise atteinte de sclérose en plaques demande aux tribunaux de son pays d'autoriser son mari à l'accompagner en Suisse afin qu'il l'aide à être euthanasiée, ce qui, selon la loi britannique, devrait lui valoir quatorze ans de prison pour crime. À l'appui de cette demande, Debby Purdy cite un sondage montrant que 74 % des Britanniques approuvent le suicide médicalement assisté en cas de maladie en phase terminale. Ce sondage montre en effet une évolution étonnante des mentalités.

Quel sera l'impact du cas Purdy sur la législation ? Difficile de le prévoir mais il constitue un premier coup de boutoir, similaire à celui donné par l'affaire Humbert, cette mère qui a bénéficié d'un non-lieu en France après avoir euthanasié son fils devenu tétraplégique et aveugle. Autre cas qui a bouleversé l'opinion : celui de Chantal Sébire, porteuse d'une effroyable destruction tumorale du visage et vivant dans des souffrances insoutenables. Elle n'a pas obtenu du président Sarkozy le droit d'être euthanasiée de façon dérogatoire[1]. Elle est morte de

1. Ce qui est parfaitement justifié, d'un point de vue juridique. Le président de la République ne peut bafouer la loi.

façon sordide, probablement euthanasiée à la sauvette, en cachette[1], comme les femmes qui ne pouvaient pas payer le voyage jusqu'aux cliniques londoniennes, et qui avortaient « au persil et à l'aiguille à tricoter » dans leur cuisine dans des conditions d'hygiène effroyables, avant la loi Veil. D'autres cas aussi tragiques suivront, à n'en pas douter, et entameront chaque fois plus la légitimité de l'interdit.

Il n'est pas question ici d'approuver ou de condamner l'euthanasie. Le débat a son importance, bien sûr, mais le « sens de l'Histoire » est bien celui d'une inéluctable acceptation des pratiques que le progrès rend possibles et que l'émotion rend « nécessaires ».

L'eugénisme est déjà là

Les premiers « bébés médicaments » en Angleterre, il y a quelques années, constituent un bon exemple de la tolérance grandissante des sociétés démocratiques[2]. Il s'agit de fabriquer un bébé « sur mesure » pour traiter un grand frère ou une grande sœur atteint d'une maladie grave, comme une leucémie. Autorisée en France par la loi bioéthique en 2004[3], la technique repose sur la sélection d'un embryon sain et génétiquement compatible avec son aîné. C'est ainsi qu'est né le 26 janvier 2011, à l'hôpital Antoine-Béclère, le petit Umut-Talha. Cette technique jusque-là n'avait pas généré beaucoup de protestations.

---

1. Chantal Sébire est retrouvée morte suite à une ingestion massive de barbituriques le 19 mars 2008.
2. Communiqué de la haute cour de justice britannique, mai 2005.
3. Loi n° 2004-800 du 6 août 2004 relative à la bioéthique.

Elle soulevait pourtant des problèmes éthiques considérables. En effet, le diagnostic préimplantatoire[1] (DPI) nécessaire pour sélectionner le bon embryon sous-entend la destruction des mauvais. Seul l'embryon le plus proche génétiquement de l'aîné est conservé, puis réimplanté chez la mère pour qu'il donne naissance à un « bébé médicament » qui fournira les cellules ou les tissus nécessaires au malade. Le DPI est donc en soi une forme d'eugénisme.

Quelques groupuscules ont bien manifesté pour la forme, mais, dans l'ensemble, le concept de « bébé-médicament » est passé comme une lettre à la poste.

Les conséquences de cette transgression sont d'abord psychologiques : comment cet « enfant-médicament » va-t-il réagir en apprenant qu'il est venu au monde dans un but précis, utilitaire ? Quelles seront les relations de l'enfant avec celui qu'il aura sauvé ? Plus perturbant encore, comment prendrait-il le décès de son aîné malgré la greffe ? Se sentirait-il coupable pour le reste de ses jours ? Ce sont des questions fondamentales de ce genre qui accompagnent l'envol des biotechnologies.

Malgré les risques de troubles psychologiques qui pèsent sur le « bébé-médicament », cette technique s'est imposée sans trop de problèmes. Ces pratiques ne font jamais l'objet d'un débat un peu étendu. Ce dernier est

1. Dans le cadre d'une fécondation *in vitro*, le diagnostic préimplantatoire (DPI) permet de connaître les caractéristiques génétiques d'un embryon. Le but est de sélectionner un embryon avant qu'il soit implanté dans le corps de la mère. Aujourd'hui, il est utilisé pour les couples ayant un risque très important de transmission d'une maladie génétique grave (myopathie, mucoviscidose…), à condition qu'un diagnostic génétique soit possible.

en effet étouffé par l'émotion que suscitent les cas particuliers largement médiatisés. Face à ces drames humains, les objections et même les questions sont automatiquement délégitimées. On touche à la douleur de parents et à la souffrance d'un enfant. Nous sommes dans le registre de l'émotion pure, que chacun peut comprendre et à laquelle chacun peut s'identifier. L'empathie des « foules sentimentales » chères à Alain Souchon, accompagnée par une couverture de presse à la hauteur, permet à chaque transgression de se transformer d'un coup de baguette médiatique en technologie de l'espoir.

Le DPI voit ainsi ses indications s'étendre d'année en année. En dehors du cas des « bébés-médicaments », on l'utilisait jusqu'à peu uniquement pour éliminer les embryons porteurs d'anomalies graves mettant en jeu de façon certaine la vie de l'enfant à naître : mucoviscidose, myopathie, démence de Huntington. En 2007, un nouveau pas a été franchi : le DPI a été utilisé en Angleterre pour supprimer un embryon porteur du gène BRCA1, qui implique une prédisposition, non certaine, à développer à l'âge adulte un cancer du sein[1]. On est passé insensiblement d'un eugénisme de certitude à un eugénisme probabiliste. Avec le développement du séquençage intégral de l'ADN qui pourra dans quelques années être pratiqué lors du DPI, on pourra sélectionner « l'enfant sur mesure », pour ne pas dire « l'enfant parfait ». Allant bien au-delà de la prévention du handicap

1. Décision de l'Autorité britannique de la fécondation et de l'embryologie humaines (HFEA) : *Authority decision on the use of PGD for lower penetrance, later onset inherited conditions.* http://www.hfea.gov.uk/516.html

« d'une particulière gravité » autorisée par la loi bioéthique, le tri pourrait vite s'appliquer à de simples prédispositions à certains cancers, à l'obésité, à l'hypertension, au diabète, aux maladies psychiatriques, etc. La porte est ouverte à une subjectivité de plus en plus grande des critères de tri. À terme, on peut imaginer y voir intégrer également la possession d'un certain niveau de QI par exemple[1]. Un sondage réalisé aux États-Unis sur ce point est très inquiétant : les parents souhaitent avoir des enfants les mieux adaptés à l'économie de l'intelligence dont les pouvoirs publics nous annoncent l'imminence. Est-ce plus répréhensible, d'un point de vue moral, que de supprimer les embryons atteints de trisomie 21 ? Est-ce plus contraire à la dignité humaine ? L'opposition sera forte entre ceux qui pensent que la loterie génétique doit être préservée car le hasard est source de liberté et ceux qui militent pour que toute souffrance inutile soit supprimée.

De nouveaux kits de tests vont accroître encore nos interrogations éthiques. La commercialisation, en Angleterre, d'un kit biologique permettant de dépister lors du diagnostic préimplantatoire mille cinq cents maladies ou prédispositions génétiques est imminente. Il ne s'agit plus maintenant de rechercher une ou deux anomalies isolées, mais bien de caractériser une large partie du destin du futur bébé !

Cette absence de réaction hostile face à l'extension continue du champ d'action du diagnostic préimplantatoire s'explique en partie par l'habitude. En effet, le dia-

1. Le quotient intellectuel n'est évidemment pas uniquement déterminé par nos gènes ! L'environnement, l'alimentation, la culture, l'environnement familial et éducatif participent également à la construction de nos capacités cognitives.

gnostic prénatal est également une forme d'eugénisme acceptée de longue date par l'opinion publique. La femme enceinte qui découvre lors d'une échographie ou d'une amniocentèse que son fœtus porte une malformation, et choisit alors d'interrompre sa grossesse, pratique une forme d'eugénisme, un eugénisme individuel, de proximité que justifie souvent à ses yeux le sombre avenir de ce fœtus.

L'eugénisme n'est donc pas forcément une notion ignoble, synonyme d'atrocités nazies. Le diagnostic prénatal des maladies génétiques, qui permettra d'éviter des millions de vie de souffrances, est un eugénisme que la société assumera probablement sans complexe. Les mutations génétiques responsables d'une partie significative des surdités de naissance ont été détectées récemment, ce qui pourrait permettre d'éviter que beaucoup d'enfants naissent affligés de ce handicap.

C'est en Israël que l'éradication d'une maladie à l'échelle d'une communauté entière a été menée à bien pour la première fois. La maladie de Tay-Sachs a quasiment disparu avec l'aide du Rabbinat et de l'organisation ashkénaze orthodoxe Dor Yeshorim qui ont encouragé le test des futurs mariés. Un ingénieux dispositif électronique anonyme permet de savoir si le couple que l'on prévoit de former peut donner naissance à un enfant porteur, sans permettre de déterminer si l'on est personnellement porteur du gène pour éviter les phénomènes d'ostracisme. Il s'agit à ce jour du plus performant exemple d'eugénisme d'État. La terrible maladie de Tay-Sachs qui terrasse les enfants avant l'âge de quatre ans est quasi éradiquée ! Aucune autorité morale ou religieuse de l'État d'Israël ne le regrette.

Le cas de la trisomie 21 est instructif à bien des égards. Les démocraties ont accepté avec une étonnante facilité cette transgression majeure qui consiste à ne pas faire naître des trisomiques. Les enfants trisomiques 21 ne sont pourtant pas des êtres violents ou agressifs ; la trisomie n'entraîne pas de troubles comportementaux. Ce sont des enfants doux, dociles, et leur durée de vie est aujourd'hui normale. Pourtant, la société les a rayés d'un trait de plume parce qu'ils sont « débiles », selon l'horrible expression populaire. Il s'agit d'un eugénisme négatif extrêmement violent, considéré aujourd'hui comme pratiquement normal. Sarah Palin, la fameuse colistière ultra-conservatrice de John McCain à l'élection présidentielle américaine de 2008, a choisi de garder son enfant trisomique pour des raisons morales et religieuses. Mais l'immense majorité des femmes enceintes d'un enfant trisomique choisit d'interrompre la grossesse pour éviter une vie de souffrance à leur enfant autant qu'à elles-mêmes. En France, en Angleterre et en Allemagne, seulement 3 à 5 % des femmes décident de ne pas avorter après un diagnostic de trisomie[1]. C'est évidemment leur droit, et chacun peut comprendre ce choix. Cet exemple illustre bien la tendance de notre société : la transgression, si violente soit-elle, n'est plus un problème quand elle est synonyme de confort et elle ne cessera de s'amplifier tant la recherche de « l'enfant parfait » est importante pour la plupart des parents. Très vite, nous ne voyons plus la bio-transgression : elle s'est banalisée.

1. Et, parallèlement, le pourcentage de femmes refusant le diagnostic prénatal est très faible.

De nouvelles générations nourries à la transgression

Les barrières vont devenir de plus en plus friables, de plus en plus rapidement. Dans les années qui viennent, la transgression biotechnologique va être particulièrement rapide dans trois pathologies socialement très prégnantes : les maladies graves de l'enfance, les cancers, et Alzheimer. Sur ces trois sujets, la pression sociale pour obtenir des solutions est déjà forte, et va encourager toutes les transgressions[1]. Car tout le monde est concerné, directement ou pas, par ces pathologies. Il ne fait aucun doute qu'il y aura des majorités politiques pour assumer et accepter ces transgressions dans les prochaines décennies.

Il suffit d'observer les jeunes générations d'aujourd'hui (décideurs de demain) pour comprendre que leurs positions à l'égard des transgressions seront encore plus ouvertes que les nôtres.

Génération Y : la transgression décomplexée

On l'appelle la « génération Y », ou « net génération », pour la distinguer de la « génération X » (celle née entre 1960 et 1981) qui l'a précédée. Elle a grandi avec les jeux vidéo, Internet et les effets spéciaux high-tech. Cette e-génération est celle du « Monde 2.0 », ce nouveau socialisme numérique qui alimente l'économie parallèle et alternative dite de la « longue queue » sur Internet. Ces néoconsommateurs, qui défendent des valeurs de partage des données et d'implication sur le Net (ils s'impliquent

1. Même la mise en place de traitements mal évalués si les autorités de santé n'y prennent pas garde.

corps et âmes dans Twitter, Facebook, Wikipedia, etc.) sont à l'évidence des leaders d'opinions, des *trend-setters* qui vont faire évoluer les mœurs – pour le meilleur et pour le pire – dans les années à venir. C'est déjà le cas dans quelques pays arabes. La e-génération est prête à accepter beaucoup de transgressions, qu'elles soient biologiques ou numériques. Pour eux, Playstation et clonage, même combat !

Michel Maffesoli, professeur de sociologie à Paris-V, a particulièrement bien décrit ce retour de la transgression qui caractérise ce que d'aucuns appellent la « postmodernité », c'est-à-dire cette époque que nous vivons où les valeurs qui étaient celles de la modernité s'affaiblissent au profit d'autres. Dans des livres tels que *L'Ombre de Dionysos*[1], *La Part du diable*[2], *Le Temps des tribus*[3], *L'Instant éternel*[4], il montre avec force détails que notre société connaît de nouvelles formes de liens sociaux. Ces derniers sont fondés sur la subversion des valeurs d'individualisme prônées par les Lumières, au profit des valeurs de collectif, de tribalisme, d'immédiateté, d'hédonisme et d'imaginaire. Face à une philosophie fondée sur la référence à l'image d'Apollon, dieu antique de l'ordre, de la géométrie et de la raison, resurgit aujourd'hui, spécialement à travers les plus jeunes, la référence concurrente à Dionysos, dieu du désordre, de l'ivresse et de l'excès. Comment ne pas reconnaître cette évolution dans les *rave-parties*, les

1. *L'Ombre de Dionysos*, Le Livre de Poche, 1982, rééd. 1991.

2. *La Part du diable ; précis de subversion postmoderne*, Flammarion, 2002.

3. *Le Temps des tribus*, 1988 ; Le Livre de Poche, 1991.

4. *L'Instant éternel. Le Retour du tragique dans les sociétés postmodernes*, La Table ronde, 2003.

concerts rock pleins d'extases collectives, les nuits entières de jeux en réseaux où des jeunes du monde entier communient dans un imaginaire qui n'a plus aucun lien avec la civilisation judéo-chrétienne ?

Il serait illusoire d'imaginer que cette génération, qui se détache des valeurs traditionnelles au profit d'une forme de « maoïsme digital » ou de collectivisme en ligne, va continuer à accepter le discours paternaliste actuel des politiques sur les biotechnologies, et les avancées des NBIC en général. Ces jeunes ne verront aucun mal aux avancées de la science ; bien plus, ils applaudiront à chaque nouvelle possibilité offerte par les biotechnologies, adoptant avec une gourmandise (que l'effet de mode et la perspective d'être le premier attiseront) les nouveautés les plus extravagantes. « Je domestique mon ADN » sera l'un des mots d'ordre de cette génération.

Civilisation du jeu, philosophie du fun

Après la génération baba-cool du *sea, sex and sun* des années 1970, le début du XXIe siècle voit l'avènement d'une génération de l'ivresse tribale et de l'invention perpétuelle de soi ; une génération du ludique pour laquelle réel et virtuel se confondent. Pour ces futurs adultes et futurs électeurs, la transgression biologique sera seulement un instant d'émotion ludique de plus. À aucun moment il ne leur viendra à l'esprit qu'ils puissent être les gardiens d'une tradition et les responsables d'une continuité. La culture religieuse en est victime, et bien peu de jeunes sont aujourd'hui capables de comprendre à quoi font allusion les tympans des cathédrales. Toute l'iconographie qui, pendant des siècles, était lue à livre ouvert et comprise par les personnes les plus modestes (c'était leur fonction : donner à voir au peuple les récits bibliques) est devenue aussi mystérieuse que les hiéroglyphes avant Champollion. Comment, dès lors, penser que ces jeunes pourront juger des situations nouvelles à l'aune d'un message plurimillénaire dont ils ignorent tout ? Le téléphone portable, l'Internet, les sites pornographiques, la réalité virtuelle, le gangsta rap, les films d'action, la PS3, la Xbox et les jeux vidéo toujours plus réalistes et violents sont le quotidien de ces générations qui mûrissent sous nos yeux. Ils ont été nourris au lait de *Grand Theft Auto* (jeu vidéo pour le moins transgressif vendu à cent millions d'exemplaires et copié autant de fois), et il en faut donc beaucoup pour les choquer.

Qui n'a pas entendu un ado, une manette de Wii à la main, répondre au téléphone de l'autre en disant d'un air blasé quelque chose comme « je tue un monstre, je termine ma vie, et je te rappelle… » ?

Pas besoin de boule de cristal pour savoir que les générations futures vont contribuer à accélérer encore plus radicalement l'évolution des mœurs. La génération Nintendo n'acceptera ni la nationalisation de son ADN ni le discours des politiques pour entraver la connaissance de son destin génétique. Les appels à la raison des politiques et des institutions seront aussi vains que ceux d'aujourd'hui pour empêcher le téléchargement illégal. La marée des pratiques d'échange de fichiers préfigure sans doute celle des pratiques génétiques nouvelles. Ces jeunes, qui prennent aujourd'hui avec légèreté le piratage dont ils ne peuvent ignorer les conséquences néfastes pour l'industrie musicale et les artistes eux-mêmes, prendront avec autant de légèreté l'univers NBIC qui s'offrira à eux.

L'immense majorité des moins de trente-cinq ans est des *gamers* (amateurs de jeux vidéo), actifs ou passifs. Ils ne peuvent concevoir de vivre sans Internet haut-débit, le dernier modèle de smartphone, et ne voient pas l'intérêt de savoir lire une carte routière quand on peut se laisser guider par un GPS avec info-trafic. Leurs désirs, leur mode de vie et leur sens moral sont différents des baby-boomers qui détiennent encore le pouvoir aujourd'hui[1].

Assoiffés de ludique, adhérents naturels d'une philosophie du *fun* qui ne s'embarrasse pas de valeurs ou de tradition[2], ils sont demandeurs d'un corps augmenté, et s'élèveront demain contre les politiques qui voudront leur refuser l'accès aux nouvelles technologies. Cette vision transhumaniste du corps va encore progresser avec les prochaines générations. La soif d'amélioration de nos possibilités sera permanente, et chacun attendra la dernière nouveauté pour se « mettre à jour », à la manière dont on *update* sans cesse le système d'exploitation d'un ordinateur. Il sera difficile de convaincre la génération Nintendo, habituée à télécharger les patchs, fix et autres correctifs logiciels, que le programme génétique est figé, intouchable et qu'il est interdit de le modifier lorsqu'il y a un « bug » ou que l'on veut bénéficier d'une nouvelle mise à jour plus performante.

L'acceptation sociale des bionanotechnologies ira grandissante. Nous ne sommes qu'au tout début d'un processus social vertigineux. Nous voilà embarqués sur des wagonnets de fête foraine filant vers la montée vertigi-

1. Mais sans doute les baby-boomers auraient-ils réagi de la même façon, s'ils avaient grandi dans le même contexte !

2. Ou du moins, pas de celles de leurs parents.

neuse de la première montagne russe. Est-il encore possible de nous arrêter ? Y aura-t-il un signal d'alarme qui déclenchera des freins providentiels ? Nous allons voir que la réponse, très probablement, est négative.

Chapitre 2

Comment le droit à la technomédecine va submerger les démocraties

La question n'est plus de savoir si nous arriverons à maîtriser telle ou telle technologie, mais plutôt à partir de quand : demain, ou seulement après-demain ?

Le vrai débat concerne l'utilisation ou non de ces immenses possibilités de manipulation de la biologie humaine. La deuxième partie de ce livre en a évoqué la nécessité à terme, compte tenu de la lente dégradation de notre génome. Mais l'adoption de ces techniques ira encore plus vite que cette dégradation. Nous allons montrer pour quelles raisons l'humanité ne pourra pas s'empêcher d'exploiter à plein les techniques médicales apportées par la révolution NBIC, et pourquoi elle le fera rapidement.

Comment les lignes de l'admissible vont bouger

Devant l'importance et le caractère radical des mutations qui attendent l'être humain – l'ingénierie génétique, l'humain hybride, l'utilisation de nano-implants à des fins thérapeutiques puis d'amélioration –, certains se raccrocheront peut-être à l'espoir d'un sursaut de l'humanité. « Des voix s'élèveront, des limites seront fixées », penseront-ils. Nous avons déjà vu plus haut que les expériences du passé sont autant d'indications contraires.

Les frontières du tolérable bougent aussi facilement que silencieusement. Des preuves de ce mouvement ont été données en abondance. Nous allons voir à présent par quels mécanismes, en vertu de quelles logiques, cette évolution se fera subrepticement, sans qu'aucune rupture forte vienne bloquer la rapide dérive des pratiques. Ce type de phénomène ressemble fort à « la tactique du salami » développée en 1947 par les communistes hongrois pour supprimer un à un tous leurs ennemis : comme la découpe du salami progresse par toutes petites tranches fines, avançant imperceptiblement jusqu'à ce que la totalité du saucisson soit découpé, la transgression progressera tranche après tranche, chacune paraissant dérisoire.

La dictature douce de l'émotion

Le plus souvent, la transgression s'impose en touchant la corde sensible de la société. Une nouvelle technologie perd son caractère sulfureux quand elle apporte son aide aux enfants, aux personnes âgées ou aux femmes enceintes. Les choses se passent en douceur. Les conservateurs s'expriment de plus en plus dans le vide. Le mythe du « savant fou » et du méchant scientifique « apprenti sorcier » perd de sa force avec chaque nouvelle génération ou bien se déplace sur la technologie suivante.

Les transgressions de demain, induites par la grande convergence NBIC, passeront dans les mœurs de la même manière : par l'émotion. Qui n'a pas vu un homme politique, après un drame particulièrement choquant, plaider par médias interposés pour que telle loi soit adoptée dans les plus brefs délais ? Un chien tue un bébé ? On fait d'urgence une loi sur les chiens méchants. Un manège de foire tombe ? On bouleverse le calendrier législatif pour voter une loi sur les manèges, quand bien même la réglementation est déjà drastique et l'accident imprévisible. Deux accidents d'ascenseurs tragiques surviennent à quelques semaines d'intervalle et le lobby des ascensoristes obtient du Parlement la réfection obligatoire de tout le parc français d'ascenseurs, et une décennie de prospérité à la clé !

Le mode de fonctionnement « à chaud » extrêmement court-termiste des politiques d'aujourd'hui a pour conséquence une absence de prise en compte des enjeux d'avenir. Cette manière de fonctionner favorise une extrême sensibilité aux cas particuliers émouvants. C'est par eux que progressent déjà et progresseront demain les transgressions NBIC.

À partir de terribles faits divers, les exceptions vont pouvoir se multiplier et faire peu à peu plier l'opinion du côté des transgressions. On peut imaginer par exemple qu'une femme, dont l'utérus a été abîmé quand elle était petite fille lors d'une opération de l'intestin, pourra bénéficier de l'invention de l'utérus artificiel lorsque la technique sera au point. Le biologiste et philosophe Henri Atlan défend l'idée qu'il n'y a guère de différence fondamentale entre une couveuse pour prématurés et l'utérus artificiel[1]. Que cela soit le cas dans vingt, cinquante ou cent cinquante ans ne change rien. Dans le même esprit, le clonage reproductif pourrait débuter en permettant aux parents qui ont perdu un enfant du fait

1. Henri Atlan, *L'Utérus artificiel*, Le Seuil, 2005.

d'une faute de la puissance publique ou du corps médical, de le faire cloner[1]. Ce genre de scénario constituerait une porte d'entrée compassionnelle, et semble envisageable à l'horizon 2050.

Liberté, Égalité, NBIC

L'autre vecteur fort de progrès de la transgression sera l'égalitarisme. Depuis la Déclaration des droits de l'Homme, notre société occidentale a fondé son nouveau contrat social sur l'idée d'égalité en droit de ses membres. Restée pendant longtemps assez théorique, puis strictement limitée aux droits, cette exigence d'égalité est aujourd'hui devenue plus forte et plus concrète. Nous assistons depuis quelques décennies à une demande croissante d'égalité pratique des citoyens, dont la lutte contre la discrimination à l'encontre des minorités – ethnique, sociale, sexuelle – est l'une des expressions. Cet impératif d'égalité sera une puissante source de transgression.

De nombreuses études révèlent que l'état de santé des classes populaires est médiocre comparé à celui des ménages plus aisés. Comment un État social pourra-t-il refuser d'utiliser les technologies modernes pour réduire ces inégalités ? Qui pourra soutenir qu'il est souhaitable de maintenir un écart de quatorze ans d'espérance de vie entre les cadres dirigeants et les ouvriers agricoles ? Comment justifier que les enfants myopathes soient abandonnés à leur sort sur l'autel de la défense du sanctuaire génétique ? On peut même imaginer que la « géno-inéga-

1. Ce qui ne retire rien au fait que l'enfant cloné ne sera pas strictement identique à son modèle.

lité positive », version génétique de la discrimination positive en faveur des populations défavorisées (les plus défavorisés auront priorité dans la manipulation génétique), sera un objectif noble aux yeux d'une opinion sociale-démocrate profondément égalitariste. La social-démocratie sera NBIC ou ne sera pas ! Et le droit de vivre cent cinquante ans pourrait devenir le prochain slogan politique…

On peut d'ailleurs penser que seul un régime dictatorial pourrait bloquer la revendication de technomédecine et d'allongement de la vie. Le suffrage universel, c'est la victoire assurée de la demande d'allongement de la vie.

En outre, une des caractéristiques de la révolution NBIC est qu'elle va bouleverser le calendrier de l'identification des risques. Demain, avec la démocratisation du séquençage liée à la baisse des coûts, la génomique fera partie de la culture collective. La connaissance de son fardeau génétique bouleversera les notions actuelles de « bonne » ou « mauvaise » santé. Un individu en bonne santé à qui l'on promettra une forte probabilité de développer une maladie dans les trente ans n'attendra pas le scanner ou la scintigraphie porteurs de mauvaises nouvelles pour agir. Au lieu d'apprendre que l'on est touché par une maladie neurodégénérative à l'apparition des premiers symptômes, des premiers tremblements, on saura trente ans plus tôt que la maladie risque de survenir. Dans ce « géno-désert des Tartares[1] », où on saura des décennies à l'avance ce qu'il faut attendre, on aura le temps de méditer et de militer ! L'opinion avide de « ris-

1. *Le Désert des Tartares* est un roman de Dino Buzzati de 1940, qui décrit la vie d'un militaire qui attend un ennemi qui n'arrivera qu'à la fin de sa carrière militaire.

que zéro » exigera les thérapies adéquates. Cela est lourd de conséquences pour le système de santé.

Chantages compassionnels

L'exigence collective de bioéquité est une nasse dont les politiques ne sortiront pas facilement. La démocratie moderne 2.0, avec ses experts, ses comités, son principe de subsidiarité[1], le relativisme des valeurs, une logique d'essais erreurs, sa méthode participative qui implique que les associations de patients ont leur mot à dire, est un terreau parfait pour un saucissonnage minutieux des normes bioéthiques. Les enfants cancéreux et myopathes seront les premiers bénéficiaires. Aucune majorité politique ne pourra s'y opposer et une porte sera ainsi ouverte que plus rien ne pourra refermer. En outre, les comités d'éthique deviennent des chambres d'enregistrement du progrès technologique, avec quelques trimestres de retard, le temps que l'opinion murisse.

Imagine-t-on, après cinq ans d'autorisation des thérapies géniques ou cellulaires dans la myopathie, une nouvelle interdiction ? Quelle majorité politique trouverait-on pour revenir en arrière ? Quel homme politique supporterait d'être conspué, en direct, pendant deux jours par les malades et leurs familles, à l'occasion du Téléthon de l'année ? Il est probable que les hommes politiques seront paralysés par les chantages compassionnels, relayés par les médias, Facebook et toute la blogosphère. L'idée

1. Principe selon lequel la responsabilité d'une action publique, lorsqu'elle est nécessaire, doit être allouée à la plus petite entité capable de résoudre le problème d'elle-même. D'où une très forte décentralisation des décisions.

que « les myopathes doivent rester myopathes » n'est pas adaptée à la civilisation médiatique.

En quelques décennies à peine, les couples homosexuels ont acquis reconnaissance et protection, et revendiquent aujourd'hui plusieurs aménagements législatifs au nom de l'égalité : mariage, droit à l'adoption, accès aux techniques de procréation médicalement assistée et à la gestation pour autrui, c'est-à-dire le recours aux mères porteuses.

Après avoir, comme à chaque déplacement des lignes de la normalité, suscité de véhémentes levées de boucliers, ces revendications commencent à faire leur chemin. Selon des sondages publiés en 2009, une majorité de Français est favorable à l'adoption par des couples homosexuels et une évolution en faveur de la légalisation de la gestation pour autrui se dessine. De la même manière que la revendication des homosexuels pour la reconnaissance à part entière de leur sexualité s'est finalement imposée chez nous comme une évidence, ne peut-on imaginer que demain, au nom de l'égalité, on accorde aux personnes homosexuelles le *droit* de se reproduire comme un couple hétérosexuel ? Ce droit est déjà une réalité dans certains pays, notamment aux États-Unis où existe un véritable marché organisé de la gestation pour autrui et de la fécondation *in vitro* pour les homosexuels.

Cette reproduction implique la transmission à son enfant d'une partie de son patrimoine génétique, alors des procédés tels que celui du clonage seront *de facto* légitimés. Encore une fois, il ne s'agit en aucune façon de critiquer ces évolutions des mœurs. Il s'agit seulement de souligner que la ligne de l'admissible bouge beaucoup plus facilement qu'on ne le croit, grâce en particulier au puissant argument de l'égalité dont les applications ne font que s'étendre depuis un demi-siècle.

Ne peut-on imaginer qu'un jour on considère comme normal, voire nécessaire, de remédier par la technomédecine à cette terrible et jusqu'ici insurmontable inégalité qu'est la beauté[1] ? Certaines personnes naissent moins belles que d'autres ; certaines carrément laides. Ce constat est valable depuis les débuts de l'Humanité, seuls les canons de la beauté évoluent selon les époques. Ce qui était considéré jusqu'à présent comme un élément de la destinée pourra apparaître comme purement révoltant demain ! On en viendra même peut-être à édicter une loi condamnant les parents irresponsables qui n'auraient pas assuré la beauté de leur progéniture par tous les moyens technologiques à leur disposition. Ce genre de loi serait après tout dans le droit fil du fameux arrêt Perruche[2] de 2000 donnant raison à la plainte déposée par des parents dont l'enfant était né handicapé.

Que restera-t-il de la beauté le jour où tout le monde répondra aux canons les plus stricts de l'esthétique du moment ? La rareté est-elle constitutive de la beauté ? La question dépasse le propos de cet ouvrage…

Le principe de protection inconditionnelle de la vie humaine : le plus puissant des moteurs

« Que diriez-vous d'un supplément de vie ? » Cette question a servi de titre[3] à un colloque d'éthique biomé-

---

1. La chirurgie esthétique est déjà remboursée dans certains cas particuliers.
2. Arrêt de la Cour de cassation du 17 novembre 2000.
3. En anglais : « *Living a longer life ?* »

dicale ayant eu lieu à Genève en 2003. Elle révèle avec force le mécanisme de l'adoption des nouvelles biotechnologies. Qui, en effet, répondrait non à une telle question ? Quel agonisant, sur son lit de mort, refuserait la prolongation, si modeste soit-elle, de son existence ? Les responsables politiques n'auront rien à proposer en échange d'un hypothétique renoncement aux promesses de la vie éternelle des biotechnologies. Leurs exhortations à y renoncer ne recueilleront que haussements d'épaules.

L'adoption croissante des technologies NBIC par la société reposera d'abord sur l'émotion et l'égalitarisme. En outre, le relativisme des valeurs rendra la société perméable aux avancées de la technomédecine.

Chaque société, selon les époques, obéit à un ensemble de normes particulières et à sa propre vision de ce qu'est une vie bonne. On appelle « morale » cet ensemble de normes et cette vision. Dans l'Antiquité, l'enfant grec apprenait dès son enfance qu'il n'y avait rien de plus beau ni de plus désirable que de participer en citoyen à la direction de sa cité et, le cas échéant, de mourir pour elle au combat. Au Moyen Âge, la seule perspective enviable, le centre des préoccupations d'une vie de tout bon chrétien, était le salut, autrement dit, la vie éternelle au paradis, mot signifiant littéralement « être auprès de Dieu ».

Ils sont rares, ceux qui vont à la mort volontairement au nom de leurs valeurs, choisissant ces dernières plutôt qu'un surplus de vie. Pour un Thomas Moore, capable de se laisser décapiter plutôt que prêter un serment jugé hérétique, combien de gens ont préféré abjurer la religion catholique sur ordre du roi Henri VIII ? Le sacrifice de soi ne fait plus guère partie des valeurs enseignées aujourd'hui aux enfants. On lui préfère la prudence, la sécurité, l'égalité, la tolérance ; autant de valeurs de compromis à l'exact opposé de celles du martyre. On peut faire le pari qu'à ce supplément de vie qui sera offert, peu résisteront, comme aujourd'hui peu de vieillards refusent les médicaments qui prolongent de quelques mois leur vie, si ennuyeuse soit-elle.

Mais, aujourd'hui, quel peut être, selon un homme du début du XXIe siècle, ce principe fondamental, ce but de toute vie ? Depuis les philosophes des Lumières, la Révolution française et la loi de séparation de l'Église et de l'État en 1905, la foi en Dieu est devenue affaire privée et non plus un dogme étatique. Les droits de l'Homme ont assigné une nouvelle feuille de route à l'Humanité : désormais, tous les hommes naissent libres et égaux en droits et l'État est le garant de ces libertés et de cette égalité.

C'est un changement fondamental. Dans ce monde déchristianisé et « désenchanté », le citoyen ne vit plus pour quelqu'un ou quelque chose (le roi, Dieu, la cité, etc.), mais pour *lui-même*. Son existence, et par conséquent sa préservation deviennent le but ultime, le grand projet vers lequel toute institution doit tendre. La seule grande valeur qui nous reste est la protection de la vie humaine.

Le physicien Etienne Klein[1] remarque avec malice : Regardez ce qui est écrit sur les paquets de cigarettes : si, au XVIIIe siècle, on avait voulu lancer une campagne anti-tabac, on n'aurait pas mis « fumer tue » mais « fumer compromet le salut de votre âme » ou « fumer déplaît à Dieu » ! Le salut de l'âme, objet par excellence du dis-

1. *La Tribune*, 3 janvier 2011.

cours théologique, s'est donc peu à peu effacé au profit de la santé du corps qui, elle, est l'objet de préoccupations scientifiques.

Comment se traduit concrètement cette valeur ? Elle prend la forme de l'injonction à la sécurité ; du dogme selon lequel il est important de vivre le plus longtemps possible, sans que la question du *sens de la vie* soit jamais posée. On ne saurait facilement remettre en cause le seul principe fort sur lequel sa société est bâtie ; rien d'étonnant alors à ce que cette question paraisse même aujourd'hui presque déplacée, inconvenante. Cette demande permanente de *sécurité* est l'avatar principal de cette vision moderne du monde. Au nom de cette sécurité, on légitime *de facto* toutes les entraves à la liberté. Cette volonté de protection de la vie prend la forme d'une volonté délirante de suppression totale du risque, alors que celui-ci faisait jusque-là partie intégrante de l'existence.

L'État est aujourd'hui sommé d'écarter tous les risques du chemin de ses citoyens ; il est lourdement sanctionné quand par malheur un accident se produit (un risque se réalise) pour n'avoir pas su l'empêcher. Risque de maladie, de chômage, de vieillesse, de mourir en mer, de se perdre en montagne, de tomber dans un trou, etc. : tous les risques sont prévus, étiquetés, dotés d'une administration *ad hoc* et encadrés par des comités « Théodule »[1].

Pour des parents, cette conception particulière de l'existence comme but en soi prendra évidemment la forme d'une volonté de préservation inconditionnelle de

1. Le général de Gaulle se moquait des commissions administratives en les appelant ainsi.

leurs enfants. Et personne ne pourra les blâmer de cette volonté, puisqu'elle ne fait que traduire l'esprit de l'époque. C'est ainsi que les bionanotechnologies vont triompher. Elles seront accueillies à bras ouverts car elles ouvrent la perspective providentielle d'un contrôle quasi absolu des risques honnis.

La salamandre et l'US army

Comme d'habitude, les militaires vont favoriser la surenchère technologique. Au XXe siècle, ils ont été à l'origine des armes nucléaires, des fusées, de l'Internet[1]... La Silicon Valley doit énormément aux commandes de l'armée américaine ! Aujourd'hui, les militaires sont un des fers de lance des technologies NBIC. C'est là que la salamandre entre en scène. Un des axes les plus prometteurs pour progresser sur la médecine de la régénération est la compréhension de la repousse des membres chez la salamandre[2]. Et ce sujet avance très vite ! L'armée américaine est à la pointe[3] de cette recherche et vient de débloquer d'énormes budgets pour en comprendre les mécanismes génétiques. Si les cimetières américains sont les plus beaux du monde et la médecine

1. L'Internet est né au sein de la Darpa, qui est le département de l'armée américaine en charge de l'innovation technologique.

2. En janvier 2010, des chercheurs se sont inspirés de ce que sait faire la salamandre et ont réussi, chez la souris, à régénérer du tissu musculaire viable et à le réintégrer dans l'animal. « Transient Inactivation of Rb and ARF Yields Regenerative Cells from Postmitotic Mammalian Muscle » Pajcini K. V., Corbel S. Y., Sage J., Pomerantz J. H., Blau H. M., *Cell Stem Cell*, 2010, p. 198-213.

3. Un rapport de l'armée américaine préconise de séquencer tous les militaires pour améliorer leur efficacité au combat.

militaire US ultra-performante, c'est parce que c'est la seule façon de faire accepter à l'opinion le sacrifice d'un grand nombre de ses enfants. Bientôt, l'Amérique profonde exigera la repousse des membres pour les *boys* qui auront sauté sur une mine en Afghanistan… ou ailleurs ! Et cela sera possible, grâce à la connaissance des gènes impliqués dans ce processus chez la salamandre. Cette dernière est une véritable boîte de pandore biotechnologique ; une fois ces recherches engagées, la voie est ouverte pour beaucoup d'autres manipulations de l'humain.

Bien sûr, les militaires ne garderont pas pour eux les techniques de repousse des membres. Cette technologie se généralisera grâce à une porte d'entrée compassionnelle. Après le Big One[1] en Californie, comment imaginer que le potentiel biotechnologique de la Silicon Valley ne soit pas mobilisé ? On commencera bien sûr par les enfants amputés à cause d'un retard d'intervention des secours et qui sont devenus orphelins, puis l'opinion exigera qu'on intervienne pour toutes les victimes afin d'effacer, autant que possible, les traces sanglantes de la catastrophe. La transgression débute à l'épicentre de l'horreur, et donc de la compassion…

1. Le grand tremblement de terre ravageur que tous les sismologues prévoient un jour en Californie.

Le droit à la génomique : la prolongation naturelle de l'État-providence

De l'État-providence au droit à l'immortalité : un continuum

Avec l'explosion programmée des progrès médicaux, la revendication collective « à ne plus être malade », et bientôt « à ne plus mourir », va submerger le politique. Dans une société habituée à la protection de l'État-providence (RMI, sécurité sociale, indemnisations, etc.), il y aura une exigence de prise en charge collective de l'ingénierie génétique et de la nanomédecine. La dimension magique de la technomédecine ne passera pas inaperçue. Les candidats à une vie plus longue seront évidemment innombrables. Nous assisterons parallèlement à des oppositions entre ceux, largement majoritaires, qui voudront transgresser et les autres. Mais la pression pour le droit à la génomique et aux bionanotechnologies médicales pour tous sera telle que les gouvernements céderont aux revendications.

La protection sociale prendra encore plus d'ampleur. La démocratie sociale va encore s'étendre et donner lieu à des transgressions à grande échelle. D'une certaine manière, la transgression génomique sera la conséquence la plus spectaculaire de la prise en charge totale par la collectivité. Il y aura donc un *continuum* entre l'État-providence et la transgression génomique. Face au peuple et à ses revendications légitimes (« J'ai le droit de ne pas mourir ! J'ai le droit d'être augmenté ! J'ai le droit de… »), les gouvernements devront obtempérer. La génération de l'Internet et du jeu vidéo ne comprendra pas qu'on puisse lui refuser l'ingénierie génétique. Elle fera tomber les majorités politiques qui s'opposeront à ses revendications. *Vox populi…*

De naturelle et acceptée, la mort va devenir scandaleuse. Tout comme on n'admet plus que quiconque meure d'une maladie pour laquelle il existe un traitement, on ne considère plus l'accident comme un risque de la vie mais comme l'effet d'une négligence ou d'une faute. De même, la mort va devenir inacceptable parce que, s'il existe des moyens de prolonger indéfiniment la vie, les populations en viendront naturellement à *exiger* que la Sécurité sociale prenne en charge les moyens existants pour éviter la mort. La mort ne représentera qu'une case de plus dans le tableau des « risques » assurés par l'État ; une forme particulière de maladie.

La mort sera considérée demain comme injuste, absurde et insupportable. Aussi insupportable que la mort d'un enfant en bas âge aujourd'hui, alors qu'il y a cent cinquante ans, l'hécatombe de nourrissons était acceptée comme une fatalité. La mort a longtemps rodé autour des berceaux, mais notre civilisation l'a déjà oublié !

Rétablir l'égalité des chances face à la loterie génétique

Au nom de quelle valeur justifier l'inégalité génétique ? Sommes-nous responsables de l'ADN que nous avons reçu ? Pas plus que de la culture dont nous avons hérité. Le mouvement transhumaniste deviendra l'allié de l'État-providence, et défendra l'accès pour tous aux technologies bionanomédicales. Répétons-le, le transhumanisme est une idéologie de gauche très égalitariste. Ce n'est pas la défense d'une race supérieure contre les autres, ce n'est pas une idéologie de la ségrégation sociale ! L'idée transhumaniste est bien « la thérapie génique, la nanomédecine et les implants médicaux pour tous ». Les transhumanistes sont fondamentalement des sociaux-démocrates et pas du tout une nouvelle extrême droite !

Les techniques de renforcement des capacités intellectuelles et cognitives deviendront elles aussi une composante de l'État-providence. Au nom de l'égalité des chances, on acceptera ces technologies plus vite que nous ne pouvons l'imaginer.

L'État-providence va devenir le pivot des NBIC et proposer le moratoire des nanobiotechnologies deviendra vite l'apanage des réactionnaires. C'est un piège terrible pour les humanistes.

Allons-nous cependant vers une uniformisation de la biopolitique des démocraties à l'échelle internationale ? À l'évidence, les pays les plus libéraux (comme les pays du Nord) ou ceux qui joueront la carte géno-impérialiste[1] (Chine…) adopteront les lois les plus permissives avant les autres. L'existence même de ces « géno-paradis » rendra obsolète la législation plus restrictive d'autres pays, et nous assisterons vraisemblablement à un alignement rapide.

La génération du baby-boom devient la génération « Alzheimer »

Dans les pays développés, la maladie d'Alzheimer devient un fardeau explosif pour les familles. Ces dernières

1. C'est-à-dire ceux qui utiliseront les technologies génétiques pour assoir leur pouvoir géopolitique.

res connaissent de plus en plus même deux générations de parents et grands-parents simultanément dépendants. Au Japon, l'abandon des personnes âgées se développe, avec des phénomènes ahurissants de délinquance des seniors destinés à les faire accueillir en prison... La pression des classes moyennes pour mettre en œuvre des mesures réduisant cette charge sera telle que l'impératif bioéthique sera largement secondaire. Oui aux implants cérébraux, oui à la rétine artificielle, oui aux thérapies génétiques, oui... encore et toujours oui !

La vision d'horreur des pays occidentaux devenant de grands « Alzheimeriums » inquiétera chacun et conduira à exiger un autre horizon, quel que soit le prix bioéthique. La génération du baby-boom qui devient à toute vitesse la génération « Alzheimer » va-t-elle se satisfaire de l'alternative : maison de retraite avec quatre changements de couches par jour, ou forfait de luxe avec six changements de couches quotidiens ? Non, la génération du baby-boom va exiger des thérapeutiques, si transgressives soient-elles ! Bien sûr, les opposants à l'utilisation de la technomédecine pour lutter contre les démences défendront l'idée que ces techniques sont contraires à la dignité humaine. En réalité, c'est l'abandon des patients, devenus de véritables cadavres ambulants, dans de grands centres anonymes qui est une insulte à la dignité humaine. Nous abandonnons nos vieux parents comme les paysans japonais du film de Shohei Imamura, *La Ballade de Narayama*, abandonnent leurs parents l'année de leurs soixante-dix ans... À ceci près que les « Maisons pour personnes âgées dépendantes » ont une moins belle vue que le sublime volcan au pied duquel les vieux Japonais sont jetés. Même si, dans les deux cas, les vieux s'entendent dire « meurs et tais-toi ».

La façon dont nous traitons nos aînés incitera notre génération à tout tenter pour éviter de subir le même sort. L'un des apôtres de la technomédecine, David Gobel, en conclut que le grand choix pour notre génération est le suicide assisté ou la science prolongéviste expérimentale.

Peut-être l'âge moyen plutôt élevé de nos décideurs politiques sera-t-il un facilitateur de plus, ces derniers se sentant concernés au premier chef ? Statistiquement, 30 % des sénateurs et députés français ou belges vont développer une cécité par DMLA. En France, cela représente trois cent soixante parlementaires sur mille deux cents : il est peu probable que le législateur freine la rétine artificielle et les thérapies géniques rétiniennes !

Et l'on voit en passant que la distinction « Humanité réparée, Humanité augmentée » est bien fragile. Lorsque la rétine artificielle sera parfaitement au point, interdira-t-on la pose d'implants de plus d'un million de pixels sous prétexte que la rétine normale en comporte un million ? Ou va-t-on légiférer sous prétexte que les aveugles traités ne doivent obtenir une acuité visuelle supérieure aux non-malades ? La réponse saute aux yeux : on franchira le Rubicon séparant la réparation de l'augmentation, sans le moindre état d'âme. Et hop : une nouvelle bio-transgression !

L'impératif de réindustrialisation de l'Occident

Face aux nombreuses forces en faveur d'une ouverture aux NBIC, les forces bio-conservatrices ne feront pas le poids et les politiques feront à peine semblant de vouloir empêcher ces évolutions. Pourquoi ? Parce qu'ils n'auront pas le choix. Les restrictions de liberté nécessaires pour ralentir la technomédecine feraient basculer la société dans le totalitarisme. Il faudrait en outre bloquer la recherche scientifique dans de très nombreux domaines et fermer des pans entiers de l'économie des start-ups. C'est toute la Silicon Valley qu'il faudrait brider. De fait, les limitations édictées par le président Bush concernant la recherche sur les cellules souches ont tenu quinze jours après son départ…

Par ailleurs, la volonté de soutenir les industries de haute technologie face à la montée en puissance de l'Asie conduira les États occidentaux à favoriser les innovations nanobiotechnologiques. Les gouvernements occidentaux accepteront beaucoup de bio-transgressions au nom de l'impératif de compétitivité, comme les gouvernements de droite et de gauche soutiennent les industries d'armement, au nom de l'emploi. Freiner la science dans un seul pays n'a aucun sens sauf à accepter de devenir, dans quelques décennies, une « colonie chinoise ».

Qui pourra résister à l'humanité augmentée ?

Plutôt transhumain que mort !

Nous l'avons suggéré çà et là depuis le début de ce livre : nous pensons que le camp transhumaniste va au-devant d'une victoire certaine. La société est mûre pour le transhumanisme parce qu'il existe une puissante dynamique sociale d'acceptation de la technomédecine. De ce point de vue, l'histoire est déjà presque écrite.

Il ne s'agit pas d'émettre un quelconque jugement approuvant ou désapprouvant ces choix, mais d'évoquer, en « sociologue du futur », les évolutions sociales liées au progrès des technosciences que nous décrivons. La fixation de limites à la progression du transhumanisme est une réponse vouée à l'échec, une stratégie aussi inefficace que la construction de la ligne Maginot. La société, dans son écrasante majorité, ne pourra ni ne voudra fixer de limites. Elle ira de transgressions en transgressions jusqu'au bout de ce que la technologie permettra. La vraie question, dès lors, est celle de la manière dont nous saurons accompagner ces évolutions. Les rejeter en bloc ou les nier, c'est favoriser leur développement incontrôlé, clandestin et *offshore*. Refuser de regarder en face ces phénomènes au nom de la peur qu'ils nous inspirent, c'est prendre le risque d'en perdre le contrôle.

La demande sociale pour ces technologies nouvelles existera. Il suffit d'observer les efforts que nous déployons pour prolonger notre existence jusqu'au bout, fusse au prix de souffrances, d'ennui et de mois passés allongés sur un lit. Tous les moyens mis à notre disposition sont utilisés, quels qu'ils soient ; il n'est aucun argument moral qui tienne face à la perspective de prolonger sa vie de quelques jours. Comment soutenir à un individu qu'il doit accepter de mourir et de ne pas employer les moyens mis à disposition par la science pour vivre encore et vaincre telle ou telle maladie ? Une seconde de vie pèse plus lourd dans la balance des choix que tous les traités de morale… C'est ainsi que nous accueillerons tous, petit à petit, les apports des NBIC. Une fois qu'ils feront partie de notre paysage mental, il sera naturel de les appliquer à d'autres éléments liés non plus à notre survie mais à notre confort ou notre plaisir.

Le second élément qui garantit l'accueil enthousiaste des progrès NBIC est le désir de l'enfant parfait qui habite la plupart des parents. Tout commence par la crainte d'avoir un enfant physiquement et mentalement anormal. Mais, petit à petit, cette même préoccupation de donner à son enfant « un maximum de chances dans la vie ». Cela signifie que l'on cherchera à écarter tout risque de maladie, toute menace, même hypothétique, ce qui légitimera l'utilisation systématique de techniques telles que le diagnostic préimplantatoire[1] dans les cas de plus en plus nombreux de naissance par fécondation *in vitro*. Trier les embryons, éliminer les fœtus non conformes deviendront les phases classiques de toute naissance « raisonnable » ; les rares parents qui dérogeront devenant *de facto* marginaux et probablement socialement stigmatisés. Dans cinquante ans, on jugera peut-être bizarre et malsaine la façon « naturelle » de concevoir, le sexe étant devenu une occupation uniquement hédoniste absolument déconnectée de la reproduction. Cette dernière entrant pour sa part dans le cadre d'un plan sérieusement réfléchi et pris en charge par des structures spécialisées. La technomaternité a commencé il y a déjà longtemps : l'accouchement à domicile sans sécurité et sans péridurale, qui est découragée aujourd'hui par les pouvoirs publics, était la norme, il y a moins d'un siècle.

1. Dans le cadre d'une fécondation *in vitro*, le diagnostic préimplantatoire (DPI) permet de connaître les caractéristiques génétiques d'un embryon. Le but est de sélectionner un embryon avant qu'il soit implanté dans le corps de la mère. Aujourd'hui, il est utilisé pour les couples ayant un risque très important de transmission d'une maladie génétique grave (myopathie, mucoviscidose...), à condition qu'un diagnostic génétique soit possible.

De la prévention du pire à la sélection du meilleur : vers l'enfant parfait ?

Il n'existe pas de douleur plus grande pour des parents que la maladie grave ou la mort d'un enfant ; pas d'angoisse plus grande pour eux qu'un tel événement ne se produise. Tout parent souhaite éloigner le plus possible l'ombre même d'un risque pour son enfant. Dans ces conditions, comment résister aux demandes de minimisation des risques lorsqu'elle sera possible ? Or, de l'enfant « sans risque » à l'enfant parfait, il n'y a qu'un pas qui sera allègrement franchi.

La biopolitique est prise dans des contradictions qui favorisent l'extension du domaine de la transgression. Comment empêchera-t-on des parents de sélectionner de « beaux enfants plutôt doués » alors que l'avortement pour convenance personnelle est libre aux premiers stades de la grossesse, quelle que soit la constitution de l'embryon, et que l'avortement pour handicap intellectuel du fœtus (trisomie 21 en tête) est légal, socialement accepté et encouragé ? Imagine-t-on le ridicule d'une loi qui disposerait :

Article 1 : l'avortement pour convenance personnelle est libre jusqu'à douze semaines, sauf lorsque le futur enfant est porteur d'un handicap génétique.

On voit bien que la quête de l'enfant « parfait », même si elle est illusoire, va être extrêmement difficile à encadrer. La possibilité de réaliser, dès à présent, un diagnostic génomique complet du futur bébé à partir de l'analyse de ce que l'on appelle « les cellules circulantes », par simple prise de sang chez la maman[1], va encore aggraver le problème : plus besoin de réaliser un prélèvement de liquide amniotique par amniocentèse. L'un des derniers freins à la généralisation du diagnostic prénatal – la peur d'une fausse couche qui survient dans 0,5 à 1 % des cas après amniocentèse – va disparaitre ! En décembre 2010, l'équipe du Dr Lo[2] a réussi à séquencer intégralement un embryon âgé de trois mois, en séquençant directement[3] l'ADN présent dans le sang maternel. Un puissant algorithme[4] – désormais breveté – a permis de différencier les séquences du futur bébé et celles de la mère. Cette bombe éthique et politique est complètement passée inaperçue. Des milliers de maladies génétiques pourront être dépistées sans faire courir aucun risque à l'enfant.

Mais on pourra aller plus loin. Le Pr. Testart remarque que si le diagnostic prénatal représente « l'élimination du pire » – on supprime le fœtus présentant de graves malformations par exemple –, le diagnostic préimplantatoire, lui, représente la « sélection des meilleurs » – on trie les embryons obtenus par FIV. En passant d'un eugénisme négatif à un eugénisme positif, on renforce l'acceptabilité de ces procédés par les parents. Il est moralement moins dérangeant de supprimer des embryons dont les parents ne connaissent pas réellement l'existence qu'un fœtus dans le ventre maternel. La dynamique transgressive portée par le DPI sera beaucoup plus forte.

1. En effet, un petit nombre de cellules du fœtus passent dans le sang maternel et sont récupérables par une banale prise de sang...

2. *Science Translational Medicine*, décembre 2010.

3. Sans passer par l'étape de recherche des cellules fétales circulant dans le sang maternel, qui est complexe et source d'erreurs.

4. Qui intègre également le séquençage du père qui peut être réalisé par simple prélèvement sanguin ou buccal.

La connaissance de plus en plus fine de notre génome va bientôt permettre de réduire le fardeau génétique de chaque nouveau-né. On pourra s'assurer que le petit dernier n'héritera pas du diabète du papa, du gène qui rend chauve, qu'il aura les yeux bleus de sa mère, etc. Dans un deuxième temps, certains parents souhaiteront lui adjoindre sur mesure des gènes associés à certaines qualités intellectuelles[1]. On ne se contentera donc pas de lui éviter de développer les pires maladies ; on poussera les limites de la génétique jusqu'à offrir aux parents le rêve d'un enfant génétiquement modifié, configuré à la carte.

Une équipe de chercheurs a tout récemment réalisé une avancée absolument fondamentale : elle est parvenue à remplacer les mitochondries d'une cellule souche de primate, ce qui laisse entrevoir la possibilité à terme de faire de même pour les hommes[2].

Les mitochondries sont les usines énergétiques de la cellule produisant les protéines. Ce sont des bactéries qui se sont introduites par effraction dans nos cellules il y a environ un milliard d'années et qui sont devenues des vassales de nos cellules, spécialisées dans la production énergétique (elles sont devenues « symbiontes »). Il se trouve que nous ne sommes pas égaux devant ces mitochondries : certains ont la chance d'avoir dans leurs cellules des « usines » de bonne qualité, d'autres moins

1. Répétons-le, ces caractéristiques ne sont pas exclusivement d'origine génétique.

2. « Mitochondrial Gene Replacement in Primate Offspring and Embryonic Stem Cells », Tachibana M, Sparman, *et al.*, *Nature*, 2009.

bonnes, ce qui peut augmenter le risque de certaines maladies (myopathie, maladies neurodégénératives, surdité, certaines cécités et formes de diabète, etc.). Concrètement, cela veut dire que, lors d'une fécondation *in vitro*, nous serons capables de nous assurer que les cellules du futur bébé soient pourvues de « bonnes » mitochondries. Cette thérapeutique ne concerne pas uniquement le futur enfant traité, mais également sa descendance. C'est la porte d'entrée vers les thérapies géniques touchant ce que l'on appelle les cellules sexuelles (*germline*). C'est une marche majeure dans l'échelle de Richter de la bio-transgression, puisque l'on considère souvent que s'il est admissible de changer les gènes d'un individu, il ne faut pas, en revanche, que cela soit transmissible aux générations ultérieures[1].

En réalité, il n'est pas raisonnable de penser qu'on réussira à imposer des thérapies géniques successives à chaque génération pour traiter les maladies très graves. Les parents souhaiteront supprimer définitivement le risque d'avoir des descendants atteints de mucoviscidose, de myopathie ou de démence de Huntington. Avec un argument massue… que se passera-t-il si, dans le futur, on interdit les thérapies géniques ? Ou si mes arrière, arrière-petits-enfants oubliaient de faire traiter leur descendance[2] ? La maladie mortelle frapperait à nouveau. L'idée d'éradiquer ces maladies génétiques très graves s'imposera

1. On considère que la modification génétique ne doit en aucun cas concerner les cellules à l'origine des spermatozoïdes et des ovules, de manière à ce que la modification ne soit pas transmissible aux générations futures.

2. Encore une fois, cela n'empêchera pas la réapparition de la maladie par une nouvelle mutation dans le futur.

dans la société, comme la disparition de la variole a été ressentie comme une impérieuse nécessité dans les années 1970[1]. Quel parent refusera une telle perspective ?

L'émergence de ces techniques pourrait bien avoir pour effet de rendre considérablement moins préférable la procréation purement naturelle. Les enfants nés par FIV bénéficieraient en effet d'une « garantie de qualité » que n'auraient pas les enfants nés de façon naturelle… De la même manière que nous savons que l'accouchement par césarienne est moins dangereux et moins traumatisant pour un bébé que l'accouchement par les voies naturelles, il pourrait bien devenir plus sûr pour des parents de concevoir leur enfant par FIV ! Qui sait ? Peut-être dans cent ans considérera-t-on comme un peu « toqué » et limite irresponsable le couple qui choisira de se reproduire « à l'ancienne ». Peut-être même y aura-t-il des lois contre ces pratiques, comme les pouvoirs publics découragent fortement l'accouchement à domicile, qui augmente le risque pour le bébé et la mère, alors que c'était la norme au début du XXe siècle. En tout cas, ces nouvelles techniques ouvrent des perspectives immenses d'eugénisme auxquelles les parents ne résisteront probablement pas longtemps, même si l'enfant parfait est une utopie dangereuse.

1. Grâce à une campagne de vaccination internationale, la variole a été officiellement déclarée éradiquée en 1980. Des stocks de virus sont toujours conservés dans deux laboratoires de haut niveau de confinement.

Hyperparents

La sélection et la production d'enfants « à la carte » et de transhumains améliorés va poser un problème de « biodiversité » appliqué à l'humain. Nul besoin de sonder les futurologues pour savoir que les parents du futur, pour parodier Coluche, choisiront de préférence d'avoir un enfant blond, grand, intelligent et costaud, plutôt qu'un enfant petit, disgracieux, malade et stupide.

Si la transhumanité consiste à éliminer des particularités physiques et mentales au profit de critères plus valorisants, elle provoquera une baisse significative de la biodiversité humaine. Les humains imparfaits (handicapés[1] ou ne correspondant tout simplement pas aux standards de l'époque) pourraient être considérés comme des êtres défectueux, quelles que soient leur personnalité ou leur intelligence. D'abord tolérés, qui peut dire s'ils ne finiront pas par être ostracisés, puis carrément interdits d'existence ? Bien sûr, les préférences changeront et les critères de sélection fluctueront. Si ces techniques avaient existé en 1880, quelle bonne famille bourgeoise n'aurait pas préféré exclure un embryon porteur d'une prédisposition à l'homosexualité (l'orientation homosexuelle est en grande partie d'origine culturelle et acquise, mais il existe probablement des facteurs génétiques) ?

La standardisation génétique de l'humanité pourrait bien être une tendance préoccupante des sociétés dans un avenir plus ou moins proche. Il suffit de voir combien les consommations se sont uniformisées, malgré ou plutôt à

1. Ici encore, ces caractères sont multifactoriels et non uniquement génétiques.

travers les dérisoires tentatives de différenciation par lesquelles les consommateurs sortent d'un groupe pour mieux se fondre dans un autre. Il n'a jamais fait bon être différent parmi les humains. Ceux qui s'écartent de la norme, dans un sens comme dans l'autre, sont victimes de discrimination. Il suffit de se souvenir de la cruauté des cours de récréation de primaire où le plus gros, le plus intelligent, le moins rapide, se trouvent moqués et exclus. Nos enfants savent dès le plus jeune âge qu'être « comme les autres » est un gage de tranquillité. Comment les parents ne choisiraient-ils pas de préférence d'avoir un enfant collant au plus près des différents « canons » intellectuels et physiques ?

Un exemple de cette réduction de la diversité – sur un critère aussi essentiel que le genre masculin ou féminin – peut déjà être observé en Chine : en raison de la politique de l'enfant unique, des millions de petites filles ont été sacrifiées, afin qu'un garçon puisse assurer la relève de la famille. C'est ainsi qu'il y a aura bientôt des dizaines de millions de Chinois de plus que de Chinoises, ce qui est une situation inédite dans l'histoire de l'Humanité. On échappe difficilement à la programmation linguistique : l'idéogramme chinois qui signifie « bon, bien » associe les clés[1] femme et enfant mâle ! Nul doute que, dès que cela sera possible, la seule solution pour le Parti communiste chinois permettant de légitimer la poursuite de la régulation démographique sera de garantir que l'enfant unique sera non seulement un garçon, mais également le plus parfait possible en tous points. La première puissance

1. Une clé est un constituant des idéogrammes.

mondiale en 2050 sera en première ligne dans la promotion de l'enfant parfait.

Les « hyperparents », (c'est-à-dire les parents qui sculptent leur progéniture en réduisant au minimum le rôle du hasard) vont naître en Chine. Dans la compétition géopolitique, industrielle, scientifique qui régnera alors, les parents des autres pays n'auront pas d'autre choix que de suivre. Nous préférerons renier nos valeurs que prendre le risque de réduire nos enfants à être les larbins des nouveaux maîtres du monde.

Les parents du futur qui refuseraient ces techniques courront le risque de devoir se justifier devant leurs enfants : « Pourquoi m'as-tu fait naître ? Pourquoi ne pas m'avoir évité tant de malheurs ? » La sélection d'embryons[1] permettra-t-elle d'éviter ce nouvel avatar du conflit de génération ?

Encore une fois, il est vain de critiquer le choix de ces parents qui vont, chacun à leur niveau, faire progresser l'eugénisme. L'important est de constater que c'est leur amour pour leur progéniture et leur soumission naturelle à la pression sociale qui leur fera prendre ces décisions, et non quelque vice ou lâcheté inavouables. Il n'y aura pas de bond en avant dans l'eugénisme, mais un glissement aussi lent que sûr. Dans un premier temps, la norme sociale sera de s'assurer que ses enfants naissent sans handicap physique et mental ou maladie grave. Puis il sera admis que « des parents raisonnables » assurent à leur enfant un maximum de chance de réussir dans la vie, ce

1. La disparition du hasard dans la définition génétique des enfants pourrait néanmoins et paradoxalement créer de nouvelles tensions : « Pourquoi m'as-tu créé comme ceci et non comme cela... ? »

qui implique certaines prédispositions. Il ne s'agit pas de parents rêvant de produire un surdoué, un mélange de Mozart pour la musique, d'Einstein pour la physique et de Claudia Schiffer pour la beauté. Seulement de pères et de mères qui connaissent les épreuves de la vie et les qualités humaines et physiques qui permettent de les surmonter. Quel parent pourrait ne pas souhaiter que sa progéniture possède un maximum de ces qualités ? Surtout dans la société de compétition féroce où l'Asie régnera en maître.

La procréation en pleine ivresse technologique !

Mais le plus troublant reste à venir. De nouvelles techniques de fécondation *in vitro* arrivent à grande vitesse : création de spermatozoïdes à partir de cellules souches, possibilité de fabriquer des bébés à partir de deux ovules ou de deux spermatozoïdes. De même, on saura probablement fabriquer en quantité quasi illimitée des ovules avant 2020. De spectaculaires transgressions se profilent.

Les travaux du Pr. Kono, publiés en décembre 2009[1], donnent des résultats inquiétants d'un point de vue éthique. Les chercheurs ont évalué la durée de vie de souris produites avec le matériel génétique de deux mères, que l'on nomme souris bi-maternelles. Ce sont en fait des souriceaux créés sans spermatozoïdes. Les souris bi-maternelles ont vécu un tiers plus longtemps que les souris témoins créées par l'association d'un spermatozoïde et d'un ovule. Cette différence est attribuée à la répression

1. « Longevity in Mice without a Father », Kawahara M., Kono T., *Hum. Reprod.*, 2009.

du gène Rasgrf1 chez les souris bi-maternelles. Il sera difficile d'empêcher les femmes en général et les lesbiennes en particulier d'utiliser ce type de techniques qui leur donnera des enfants sans avoir à rechercher « la matière première masculine ».

Il faudra être très convaincant pour empêcher le recours à ce type de techniques dans les décennies qui viennent, surtout si elles augmentent autant l'espérance de vie. Accessoirement, les enfants « produits » par de telles techniques pourraient être les premiers à vivre assez vieux pour atteindre la mort de la mort. La vie éternelle d'abord pour les familles homoparentales : quel paradoxe social !

La course est sans fin. En décembre 2010, le Dr Behringer du Anderson Cancer Center a réussi à produire une souris femelle à partir de cellules souches de type IPS provenant de deux mâles[1]. Et cette petite souris, née de deux papas, est parfaitement fertile : elle s'est déjà reproduite. L'auteur de l'étude souligne que la transposition de cette technique à l'espèce humaine prendra quelques années, ce qui est très peu. La manipulation du vivant est décidément sans limites.

Après la gay pride, la fierté sourde ?

La situation est encore plus complexe qu'on pouvait l'imaginer. Les hyperparents ont parfois des motivations troublantes. Le Parlement britannique a souhaité modifier la loi bioéthique pour interdire, lors du diagnostic

---

1. « Generation of Viable Male and Female Mice from Two Fathers », Deng J. M., Satoh K., Chang H., Zhang Z., Stewart M. D., Wang H., Cooney A. J., Behringer R. R., *Biol. Reprod.*, 2010.

préimplantatoire, de choisir un « mauvais embryon ». Cela s'appelle le dysgénisme, c'est-à-dire l'anti-eugénisme. En effet, certains extrémistes sourds souhaitent utiliser le DPI pour obtenir de façon certaine un enfant sourd[1]. Dans ce cas, l'enfant parfait n'est pas l'enfant zéro-défaut mais l'enfant qui est sourd comme papa et maman. Si les marches homosexuelles (les gay prides) sont acceptées dans nos pays développés, la fierté sourde semble incongrue au législateur. L'enfant sourd devenu adolescent pourrait regretter de ne pas pouvoir écouter son portable, et d'être privé d'iPod, à cause d'un caprice morbide et égotique d'hyperparents inconscients. Cet encadrement législatif montre en tout cas que la société a en tête des standards pour l'enfant à venir.

Des barrières morales délitées

L'évolution des mentalités par rapport à la conception de la famille est spectaculaire. Jusqu'aux années 1950, le divorcé et le couple ayant des enfants en dehors du mariage étaient l'objet d'une forte désapprobation sociale, voire carrément d'une véritable exclusion sociale. Nul ne pouvait sans en subir les conséquences déroger au modèle marital classique. Aujourd'hui, plus de la moitié des enfants français naissent hors mariage ! La banalisation de formes nouvelles de famille (éclatée, recomposée, pacsée, homoparentale...) favorise le relativisme bioéthique. Hor-

---

1. En mars 2008, un couple d'Anglais sourds (Paula Garfield, directrice de théâtre, et Tomato Lichy, directeur d'école) souhaite un deuxième enfant. Ils souhaitent avoir recours à une fécondation *in vitro* mais veulent ne choisir que des embryons portant un ou plusieurs gènes entraînant la surdité.

mis dans quelques classes sociales particulières, la diversité familiale est admise, ne serait-ce que parce qu'un mariage sur deux se conclut par un divorce au bout de cinq ans. Le contrôle social opéré par les proches, cette pression continue du « qu'en-dira-t-on ? » qui était la meilleure incitation à la conformité a presque disparu. Le succès du PACS s'explique par sa souplesse : on se « pacse » et se « dépacse » par simple déclaration au greffe du tribunal d'instance. On est entré dans l'ère du zapping conjugal.

Nous sommes de plus en plus habitués à des règles souples d'alliance et de reproduction. À partir du moment où il est admis que des parents peuvent mettre sous le même toit des enfants issus d'unions différentes, la notion de lien du sang classique s'estompe. Homoparentalité, dons d'ovules par la copine lesbienne ou don de sperme du copain homo, mère-porteuse sont autant de moyens d'accès à la parenté en voie de banalisation. L'engendrement n'est plus le seul acte fondateur de la filiation, le projet et l'engagement parental sont aussi fondateurs de la famille. L'éclatement de la cellule familiale traditionnelle favorise l'acceptation des technologies de la conception : diagnostic préimplantatoire, diagnostic prénatal, tri d'embryons, etc.

Les médias montrent régulièrement des couples de lesbiennes ayant un ou des enfants grâce à l'insémination du sperme d'un donneur anonyme réalisée à l'étranger, le plus souvent en Belgique. Une génération de bébé Thalys est en train de naître. Des reportages montrent aussi des couples d'homosexuels se rendant aux États-Unis, en Russie ou encore en Inde pour une gestation pour autrui. Des agences bien organisées leur proposent un service clé en main de mères porteuses.

Le fait de pouvoir diffuser ce genre de reportages sur une pratique pourtant interdite en France était impensable il y a quelques années. Cette visibilité de la transgression à visage découvert, à une heure de grande écoute, est un signe parmi d'autres de l'évolution des mentalités.

Cette accélération des bouleversements sociologiques participe elle-même de la perte de crédibilité des frontières. L'existence de normes naturelles intangibles sera de plus en plus une fiction. À force de devenir floues, les frontières entre l'admissible et l'interdit disparaîtront. Toute borne apparaîtra comme une évidente imposture, puisqu'on saura par expérience qu'elle sera franchie demain. On peut penser que la notion de ligne rouge elle-même disparaîtra.

Dès lors, la possibilité de créer de la vie annonce plus que jamais la libéralisation complète de sa manipulation. S'il est possible de créer de la vie, celle-ci n'est plus cette flamme sacrée qui nous est donnée par une divinité quelconque, mais un simple processus physico-chimique. La croyance encore largement répandue – héritée des Grecs par l'intermédiaire des chrétiens – en une « âme » immatérielle et séparée du corps devrait logiquement reculer au profit d'une acceptation du caractère absolument indissociable de la matière, de la vie et de la conscience.

La démonstration de ce continuum matière-vie-conscience apportée par la science favorisera ce relativisme : si la vie n'est que de la matière et la conscience une production chimique, alors il devient possible de toucher à la conscience et à la vie comme on touche depuis longtemps à la matière !

Au demeurant, le malaise face aux biotechnologies est surtout ressenti dans les sociétés occidentales. Comme le remarque Laurent Ségalat[1], les critiques adressées aux biotechnologies sont, en effet, largement fondées sur la référence plus ou moins implicite à des valeurs d'individualisme et de réalisation personnelle qui sont celles de l'Occident. Il faut bien se rendre compte que le fait de posséder, en tant qu'individu, des droits inaliénables et de faire primer notre liberté personnelle sur toute considération d'appartenance de groupe est entièrement culturel. C'est le fruit d'une philosophie particulière, née au siècle des Lumières et consacrée par la Déclaration des droits de l'Homme et du citoyen. Sur d'autres continents, en Afrique ou en Asie spécialement, l'individu compte moins en lui-même ; il est surtout un élément de la collectivité à laquelle il est soumis. Des pratiques telles que le clonage reproductif ne sont alors pas vécues comme des repoussoirs. L'opposition à nombre de procédés biotechnologiques nouveaux risque donc d'être d'autant plus faible qu'elle n'existe réellement que dans le cadre (restreint) de nos frontières culturelles. La condamnation des biotechnologies apparaît alors comme un simple ethnocentrisme, un point de vue culturel voué à rester minoritaire au niveau mondial.

C'est la raison pour laquelle la révolution biotech va probablement échapper à l'Europe. L'Occident empêtré dans ses scrupules regardera passer le train décomplexé de l'Asie lancé à pleine vitesse dans le nouveau business des technologies de l'Homme. Comme l'ajoute Laurent Ségalat, nos réticences culturelles seront allègrement enjambées par des Chinois, Singapouriens ou Saoudiens qui n'ont pas lu Kant et se moquent bien de la philosophie des Lumières !

---

1. Laurent Ségalat, *La Fabrique de l'Homme, pourquoi le clonage humain est inévitable*, Bourin éditeur, 2008.

Les bioconservateurs sont des tigres de papier

Si la victoire du camp bioprogressiste fait peu de doute, cela ne signifie pas qu'il n'y aura pas de virulentes oppositions. Parmi toutes les institutions sociales qui seront troublées par la mort de la mort, les religions traditionnelles seront en première ligne.

Notre marche vers la posthumanité conduira à des changements radicaux de doctrine religieuse. On peut imaginer que certaines branches des Églises se raidissent contre les progrès accomplis dans la lutte contre la mort, et refusent à leurs adeptes le secours des nouveaux procédés. C'est déjà ce que font certains courants religieux marginaux en refusant certains traitements jugés contraires aux préceptes divins, comme la péridurale pour les accouchements par exemple. Ils seront alors un petit nombre qui, tels les amish aux États-Unis, décideront de se couper d'une société qu'ils jugent mauvaise, et fixeront une fois pour toute le niveau de science médicale auquel ils souhaitent rester pour toujours. De nouvelles sectes – au sens non péjoratif de groupe religieux minoritaire – pourraient ainsi apparaître en grand nombre par réaction aux révolutions NBIC.

Mais les ruptures consommées de certains courants avec la majorité de la population ne représenteront que des phénomènes marginaux. Si certains décideront de rester sur le quai, la plupart des fidèles suivront, comme aujourd'hui, en renâclant et avec un peu de décalage, le train rapide du transhumanisme. Au demeurant, même les groupes religieux antiprogrès finissent par succomber aux charmes de la technologie ! Les populations amish n'ont en réalité que quelques décennies de retard sur l'évolution technique de la société américaine : le téléphone et l'ordinateur s'y développent désormais assez vite. Gageons que les religions sauront finalement s'accommoder des changements et évoluer pour perdurer. La religion chrétienne a en particulier maintes fois prouvé son étonnante plasticité depuis deux mille ans, survivant à d'incessantes et radicales évolutions de régimes et de mentalités. Le Vatican a d'ailleurs annoncé, le 23 avril 2010, son soutien aux nouvelles méthodes de création de cellules souches ne passant pas par l'utilisation d'embryons.

L'inévitable clonage thérapeutique et reproductif

Le clonage : l'ultime transgression

Le clonage fait peur et fascine. Depuis le clonage de la brebis Dolly en 1997, la question de l'application de cette technique sur l'Homme soulève des débats passionnés.

La technologie nécessaire au clonage de l'Homme n'existe pas encore mais elle arrivera un jour ou l'autre. Les obstacles techniques seront surmontés et l'évolution des mœurs fera le reste. Dans toute l'histoire de l'Humanité, les avancées technologiques n'ont jamais été durablement stoppées. Il ne fait aucun doute que le politique cédera, malgré la pression des bioconservateurs, comme il a cédé pour les grandes transgressions des dernières décennies. Rappelons que la première fécondation *in vitro* a eu lieu en 1982[1], et qu'à l'époque elle avait déchaîné des

1. Le premier bébé français né d'une FIV, « Amandine », date de 1982 mais le premier « bébé-éprouvette », Louise Brown, est née le 25 juillet 1978 au Royaume-Uni, selon la technique initialement développée par les docteurs Patrick Steptoe et Robert Geoffrey Edwards.

torrents de critiques et de condamnation qui paraissent aujourd'hui invraisemblables : « Expériences immorales sur des embryons, non-respect du caractère sacré de la vie, pratiques non éthiques d'expérimentation sur des êtres humains, programme de recherche devant faire l'objet d'une prohibition totale car immoral[1]. » Aujourd'hui, plus de cent mille FIV sont pratiquées chaque année en France, et plus aucune voix ne s'élève pour s'inquiéter des millions d'embryons surnuméraires que cette technique condamne.

Concernant le clonage, la première avancée transgressive sera son utilisation thérapeutique. Le principe est bien connu : en reproduisant un « double » d'une personne, on obtient à coup sûr des tissus et des organes susceptibles de lui être implantés avec succès. Il peut s'agir d'abord de simples embryons sur lesquels on prélèvera des cellules souches ensuite cultivées. Mais, assez vite, il s'agira de faire venir au monde des êtres à part entière dont la raison d'être sera d'abord et avant tout d'aider un autre à survivre. Les parents d'un enfant malade condamné à l'hémodialyse pourront ainsi être tentés de lui donner un petit frère cloné[2] afin de remplacer son rein déficient[3]. Le film de Michael Bay, *The Island*, est proche de cela quand il décrit un monde où chaque personne suffisamment riche entretient un clone pour servir en cas de besoin de réserve d'organes compatibles…

1. R. Edwards et P. Steptoe, *A Matter of Life*, Hutchinson, 1980. Cité par Ségalat L., *La Fabrique de l'Homme, pourquoi le clonage humain est inévitable*, *op. cit.*

2. Cela constitue en fait une variante du « bébé-médicament ».

3. Si la maladie n'est pas d'origine génétique, bien sûr !

De ce clonage thérapeutique le plus aisément justifiable, on passera petit à petit à une autre forme de clonage qui n'a pas de réel motif médical ou compassionnel : le clonage reproductif.

Dans nos démocraties en mouvement permanent, et qui seront soumises à des changements de paradigmes technologiques de plus en plus rapprochés dans les années futures, le passage du clonage thérapeutique au clonage reproductif s'opérera naturellement, comme une évidence.

Le clonage sera d'abord utilisé avec passion par toutes les industries qui peuvent avoir intérêt à la reproduction fidèle de qualités exceptionnelles présentes dans tel ou tel animal : étalons de course vainqueur de plusieurs prix, vaches laitières à la productivité remarquable, chiens de chasse performants, etc. L'intérêt économique du clonage de ces animaux est évident. Après tout, les éleveurs s'appliquent déjà depuis des siècles à la sélection génétique méthodique des sujets pour créer peu à peu de nouvelles races. C'est ainsi – faut-il le rappeler ? – que sont apparus les chiens à partir de loups sélectionnés sur plusieurs générations. Il n'y aurait là que le perfectionnement d'une technique déjà admise depuis longtemps. Si le fait de créer une race de bovins dont la viande est particulièrement bonne par croisements successifs et sélection attentive n'est pas répréhensible, pourquoi le fait de reproduire à l'identique par clonage des animaux utiles à l'Homme le serait-il ?

Dans un second temps, c'est probablement la volonté de faire revivre un animal domestique (un chat, un chien…) qui deviendra banal. On aura ainsi indéfiniment le même animal domestique aimé, celui-ci changeant simplement d'âge à chaque remplacement par le clone suivant. De là, on passera aisément à l'idée de faire revivre une personne – un enfant unique, un proche parent… Nous l'avons rappelé plus haut, c'est l'émotion qui fait bouger les lignes. La perte d'un enfant pourrait par exemple constituer une première brèche, et ouvrir le droit pour une famille de faire cloner l'être aimé disparu… ce qui serait probablement une catastrophe psychologique pour l'enfant de remplacement.

Enfin, les transhumains individualistes, biberonnés au high-tech, ne tarderont pas à vouloir se cloner *eux-mêmes*.

Pourquoi faire un enfant avec quelqu'un d'autre ? demanderont-ils. Pourquoi partager sa vie avec un homme ou une femme, avec tous les inconvénients que cela comporte, quand on peut se reproduire soi-même[1]. Pourquoi n'offrir que 50 % de ses gènes – « forcément sublimes » – à un enfant quand on peut procréer tout seul ?

L'homme moderne a pris l'habitude de domestiquer sa reproduction. Parfois dans les formes les plus dérangeantes : insémination artificielle, mère porteuse, procréation médicalement assistée, banque de sperme… Pourquoi ne réclamerait-il pas le clonage reproductif quand celui-ci sera techniquement maîtrisé ?

Le clonage de soi-même pourrait devenir un mode de reproduction comme un autre, sans doute privilégié par les célibataires endurcis, les narcissiques (dynasties, familles royales) et les *freaks* de tous horizons (féministes extrémistes, disciples d'Howard Hugues, mégalo-

1. Bien évidemment, il faudra une mère porteuse pour les hommes tant que l'utérus artificiel n'est pas au point. Il suffit de passer quelques heures sur Internet pour en « louer » une.

manes, gourous). Quelques « pipoles » excentriques donneront l'exemple, suppliés par des fans éperdus de ne pas laisser advenir une humanité où ils ne seraient pas ; convaincus eux-mêmes, sans doute, du véritable scandale que constituerait leur disparition de la surface de la terre. On imagine aisément la foule en délire massée en bas du balcon où la vivante reproduction de l'être admiré sera présentée… Quel fan de Michael Jackson n'aurait pas rêvé que son idole survive grâce à un clone ?

Depuis la brebis Dolly, toutes sortes d'animaux ont été clonés avec un relatif succès. Dès lors qu'on dispose d'un ADN en parfait état, il est théoriquement possible de cloner n'importe quel être vivant. Le scénario du film *Jurassic Park*, c'est-à-dire donner naissance à des dinosaures, est peu vraisemblable parce qu'un ADN vieux de dizaines de millions d'années est en très mauvais état. En revanche, la résurrection de l'homme de Neandertal, dont on a reconstitué les deux tiers de l'ADN à partir d'os fossiles vieux de trente-huit mille ans, retrouvés dans une grotte en Croatie, est possible.

Ce genre de projet peut faire sourire par sa ressemblance avec les fantasmes à la *Jurassic Park* mais il ne doit pas être pris à la légère. L'un des plus éminents généticiens européens, le Pr. Miroslav Radman, grand spécialiste des mécanismes de réparations de l'ADN, considère que le clonage reproductif d'un néandertalien est réalisable à relativement court terme… Comment imaginer que la curiosité ne soit pas alors la plus forte, que l'on ne cède pas à la tentation de faire grandir, pour voir, un néandertalien ? Quel sera alors le statut de cet être ni tout à fait humain – car pas *Homo sapiens sapiens* – ni vraiment primate ? Capable de parler[1], de faire de la musique et d'avoir une conscience religieuse, il sera très proche de nous… Les spécialistes de bioéthique s'interrogent sur sa place dans notre société : dans un zoo, en prison, dans un laboratoire de recherche ou dans une maison ?

Au fond, tout le monde est contre le clonage reproductif aujourd'hui mais personne ne peut *réellement* dire pourquoi[2]. Nos sociétés, encore effarouchées par les progrès technologiques, rejettent l'idée même du clonage sans en débattre sur le fond. Nous sommes contre le clonage, comme nous étions contre l'avortement, la pilule, ou les implants cochléaires. Personne ne sait très bien pour quelles raisons, mais l'heure n'est pas encore à la discussion. Nul doute que le débat, passionné, aura lieu quand les obstacles techniques au clonage humain seront derrière nous. Mais l'issue de ce débat est connue d'avance : le clonage reproductif s'imposera comme une technique de reproduction un peu particulière. Ni plus ni moins.

1. Neandertal possède la même forme du gène FOXP2, crucial dans l'élaboration du langage, que nous.

2. « La grande difficulté que contient pour nous, aujourd'hui, la réflexion sur le clonage humain, c'est que d'emblée nous sommes opposés à toute autorisation, sans savoir exactement pour quelle raison, et que nous sommes dans l'embarras lorsque nous tentons de dire quels arguments justifient l'interdiction. » Marc Augé, dans H. Atlan, M. Augé, M. Delmas-Marty, R-P Droit, N. Fresco, *Le Clonage humain*, Le Seuil, 1999.

Une étape de plus dans l'extension de la technomaternité

Transgresser, repousser les limites, refuser la stagnation, est le propre de l'Homme depuis la nuit des temps. L'Homme a peu à peu domestiqué la nature et les animaux. Il en fait autant à présent de sa propre destinée. Pour le moment, le clonage des animaux n'est pas encore parfaitement maîtrisé. Les individus obtenus sont souvent chétifs et malades. Il est probable que nous attendrons une parfaite maîtrise de la technique sur les animaux pour expérimenter le clonage humain. Le risque zéro n'existe certes pas, mais il est évident que les autorités n'autoriseront la recherche sur le clonage humain que si nos connaissances réduisent les risques au minimum. Les bioconservateurs protesteront avec véhémence, parleront de crime contre l'humanité, pronostiqueront des enfants clonés chétifs et malades. Le schéma sera le même que pour les premiers bébés-éprouvette il y a trente ans : beaucoup de bruit, des menaces, un dialogue de sourds entre parents potentiels[1] et bioconservateurs, avec *in fine* le dernier mot aux « clients ».

La procréation est une affaire trop passionnelle pour résister aux sirènes de la science. Quand il s'agit de leurs enfants, les parents semblent prêts à tout, pour peu que les transgressions promettent des enfants plus beaux, plus intelligents, plus solides. Non seulement le clonage va inévitablement s'imposer comme une forme de reproduction supplémentaire, mais « l'enfant sur catalogue », dont on pourra choisir les caractéristiques génétiques, va lui aussi voir le jour. La possibilité technologique d'obtenir

1. Il est probable que la société aura beaucoup de difficultés à bloquer durablement l'utilisation du clonage pour « remplacer » les enfants décédés.

l'enfant de ses rêves, à défaut d'un enfant parfait, ne laissera pas grand monde indifférent. Elle attire déjà les margoulins de toutes sortes, professeurs Nimbus plus ou moins véreux promettant à des clients crédules la perspective d'un clonage dont la maîtrise est encore imparfaite même chez la brebis[1]. Les candidats au clonage sont déjà nombreux ! Ils seront des milliers et des milliers à vouloir ressusciter un être cher. Quelle oreille prêteront-ils aux discours moralisateurs ? La souffrance ne s'embarrasse pas de morale.

Logiquement, ce commerce génétique d'un nouveau genre devrait d'abord s'imposer dans les zones traditionnellement ouvertes aux nouvelles technologies : zone Asie-Pacifique, Angleterre… Ces pays pourraient devenir quelque temps des « géno-paradis » *offshore* où se rendront en masse les candidats au « bébé sur mesure ». Que pourront faire les pays qui s'opposent à ces pratiques ? Enverront-ils leur armée ? C'est difficile à concevoir. L'hypocrisie élevée au rang d'art politique triomphera, comme actuellement pour la gestation pour autrui. Elle est interdite en France. La belle affaire ! Les couples – hétéro- et homosexuels – vont aux États-Unis, en Russie, en Inde où un véritable marché de la mère porteuse est organisé. Ils reviennent avec un bébé et les autorités ferment les yeux. Tout juste ont-ils quelques tracasseries administratives avec la transcription de l'état-civil de l'enfant en droit français.

1. La scientifique française et membre de la secte des raëliens Brigitte Boisselier affirme avoir obtenu un bébé par la technique du clonage dans le cadre du programme Clonaid soutenu par la secte. Aucune preuve ne permettra jamais d'étayer ses propos. Aujourd'hui, une autre société Stemaid toujours associée au mouvement raëlien promet de guérir toutes sortes de maladies…

Comme pour les paradis fiscaux, les États parviendront difficilement à s'entendre collectivement pour faire pression sur ces zones de transgression. Les politiques seront trop contents de pouvoir proclamer leur « vertu » tout en sachant que des pays permettent à leurs ressortissants d'obtenir ce qu'ils veulent. Finalement, les autres pays occidentaux s'aligneront les uns après les autres sous la pression populaire, celle de l'évolution des mœurs, et pour leurs propres intérêts économiques.

QUATRIÈME PARTIE

UNE BIOPOLITIQUE POUR ENCADRER LE FUTUR

Engagés sur le grand toboggan des technologies NBIC, parviendrons-nous à maîtriser notre trajectoire ? Ce voyage est un aller-simple : nous irons toujours plus loin, sans demi-tour possible.

Face à ce constat, deux écueils opposés mais tout autant dangereux doivent être évités : la contestation absolue, que l'on sait être vaine et, à l'autre extrême, l'acceptation béate et inconditionnelle. Dans cette dernière partie, nous allons proposer de réfléchir aux termes de l'indispensable débat qui doit accompagner l'explosion des NBIC.

Le mot « biopolitique » a été forgé en 1974 par le philosophe Michel Foucault afin de désigner une forme d'exercice du pouvoir qui porte non plus sur les territoires, mais directement sur les populations. Aucun doute, la biopolitique, qui est la politique de la vie, a de l'avenir ! Elle va doucement migrer à la une des médias. Il devient évident que la puissance publique ne pourra et ne devra pas rester à l'écart du débat.

Sommes-nous en route vers une nouvelle Renaissance, pour le plus grand bénéfice de l'être humain et de son environnement ? Mais la révolution annoncée, qui doit nous rendre quasi immortels, n'est pas exempte de périls – la quasi-immortalité étant sans doute le premier d'entre eux…

Les dilemmes géopolitiques se précisent : faut-il accepter toutes les avancées techniques ou prendre le risque de voir se développer des géno-paradis[1] ? Est-il plus sage de freiner le développement de la technomédecine, au risque de perdre la bataille technologique et économique face aux nouveaux géants de la zone Asie-Pacifique ? Allons-nous vers une grande agence mondiale dotée de la force militaire, comme le suggère Fukuyama, pour obliger le reste du monde à s'aligner sur notre vision occidentale plutôt bioconservatrice ? Les bioconservateurs parviendront-ils à imposer une sorte de « biodictature », seule capable selon Fukuyama d'empêcher la victoire des transhumanistes ? L'histoire montre la fragilité de ce genre de projet de régulation internationale : l'agence de Vienne censée lutter contre la prolifération nucléaire a été impuissante à empêcher la Corée du Nord et l'Iran de se doter de la bombe atomique. Aucune raison de penser qu'une quelconque agence de surveillance de la génétique fera mieux…

Ces questions illustrent l'ampleur des problèmes auxquels vont se trouver rapidement confrontés les décideurs politiques.

La politique n'est pas morte, bien au contraire. Mais, nous devons inventer une politique de l'Humanité dans un XXIe siècle qui ne sera pas de tout repos.

1. Un géno-paradis serait un pays qui tolérait toutes les manipulations du vivant imaginables.

CHAPITRE 1

LA PULVÉRISATION DE L'ÉTAT-PROVIDENCE

La mort de l'État-providence est annoncée depuis longtemps. La capacité, au demeurant de plus en plus relative, des États à emprunter sur les marchés pour financer les vertigineux déficits des comptes de l'assurance-chômage, de l'assurance-vieillesse et de l'assurance-santé préserve l'illusion d'une survie que chacun sait sous assistance respiratoire intensive. La crise de l'euro de 2010 a achevé d'en convaincre l'opinion publique.

Avec le déferlement du tsunami nanobiotechnologique, la fragile digue qui nous permet, encore, d'honorer les engagements publics va être littéralement pulvérisée. La technomédecine va déstabiliser un peu plus l'économie de la santé.

Comment financer les nouvelles thérapies et le transfert des dépenses de la dernière année de vie – qui aujourd'hui représentent 50 % des dépenses de santé – vers les premières années de celle-ci ?

La médecine prédictive permettra d'anticiper l'apparition de pathologies lourdes : ainsi, une génération d'individus jeunes et de seniors seront simultanément hyper-consommateurs de santé. En d'autres termes, alors qu'actuellement les systèmes de santé financent essentiellement les grands malades âgés – 70 % des dépenses de santé sont affectées à 8 % de personnes atteintes de pathologies lourdes[1] – ils devront simultanément financer la demande de santé préventive de *toute* la population.

Ce phénomène totalement inédit fera exploser le modèle de solidarité reposant sur le principe que les populations jeunes, bien portantes et donc faibles consommatrices de santé, financent les dépenses croissantes des populations vieillissantes.

Il faudra réinventer totalement notre rapport au risque et à l'assurance. Si l'on y songe, ce dernier n'était pas si ancien que cela et n'aura finalement pas duré très longtemps : un siècle, tout au plus. Dans un livre devenu classique, le philosophe François Ewald[2]explique en quoi l'État-providence était, lors de son instauration au lendemain de la Seconde Guerre mondiale, un modèle de société totalement inédit fondé sur la mutualisation des risques et la protection. Rompant avec une philosophie de la responsabilité individuelle et du non-interventionnisme étatique, ce nouveau modèle de société rendait l'assurance obligatoire et renforçait la centralisation de l'État.

L'assurance sociale obligatoire existe sous forme de monopole contraignant parce que, à trente ans, on n'a pas intérêt à s'assurer vu qu'on n'est en principe pas malade, alors qu'à soixante-dix on consomme quotidiennement des soins, le risque étant devenu un sinistre, inassurable en tant que tel. Tout comme la retraite oblige l'actif à

1. Principalement des personnes âgées.
2. François Ewald, *L'État-providence*, Grasset, 1986.

épargner pour ses vieux jours, l'assurance santé constitue une sorte d'épargne obligatoire en prévision de ses maladies futures.

La démographie, qui aura fait passer la France d'un rapport de quatre actifs pour un retraité à un pour un et mis à mal cette cathédrale de la solidarité intergénérationnelle, va voir son impact destructeur conforté par l'allongement de la vie impliqué par la révolution génétique. Pour couronner le tout, le mouvement sera encore accentué par le déplacement non anticipé et prochain des dépenses vers les populations jeunes.

Le tremblement de terre sera d'une ampleur telle que l'État n'aura pas les moyens de l'endiguer. Avant même que ne se propagent ses vibrations terribles, de plus en plus de risques sont déjà apparus comme non mutualisables et font davantage l'objet de politiques de prévention que de réparation. Des fonds de garantie sont inventés mais montrent immédiatement leur faiblesse une fois le risque réalisé[1].

Pourtant, ces phénomènes contemporains ne sont rien face à l'engrenage qui s'annonce à la faveur du développement des technologies NBIC. Il ne s'agira pas hélas que d'équilibre financier. Au-delà des évidents problèmes budgétaires soulevés par l'État-précaution, quatre poisons mortels se diffusent, en effet, peu à peu : la violation croissante de nos libertés, l'empire toujours plus vaste du dieu Sécurité, le mythe de l'égalité parfaite et l'enfoncement de nos économies par rapport aux autres.

1. C'est le cas du Fipol qui, créé pour prévenir et réparer les dommages des marées noires, n'a les moyens d'indemniser les victimes de pollutions importantes qu'à hauteur de 15 % des dommages subis.

Le défi de la liberté

La préservation de la liberté individuelle est, loin devant les autres, le premier défi qui s'impose à nous face à l'avènement des biotechnologies. Les États à la recherche de nouvelles légitimités pourraient aisément s'engouffrer dans les brèches liberticides ouvertes par la convergence NBIC.

Vers un Big Brother génétique ?

Les États policiers se bâtissent toujours sur des sentiments de peur et de haine. Le tsunami technologique est un tel bouleversement qu'il enfantera, plus que la somme de toutes les révolutions qui l'ont précédé, des peurs gigantesques et diffuses. L'hypothèse d'une pénétration de nos sphères les plus intimes « pour notre bien » par un État détenteur du « monopole de la violence légale » et pouvant en abuser pour exiger le monopole d'exploitation des nouvelles technologies NBIC doit être envisagée.

Déjà, l'« envie de pénal », si merveilleusement bien dénoncée par Philippe Muray, va croissant et la liberté est sans cesse sacrifiée sur l'autel de la sécurité – souvent qualifiée de « première des libertés ». C'est « pour notre bien » que l'on nous impose des contrôles toujours plus étroits qui sont rapidement considérés par tous comme « normaux ». La carte d'identité, faut-il le rappeler, a soixante ans d'existence seulement ; qui songerait aujourd'hui à en contester la nécessité ? Mais cet « empire du Bien » rend le pouvoir censé nous protéger de plus en plus puissant et de plus en plus… dangereux. C'est en ce sens que « la sécurité est le plus grand ennemi des hommes » selon Shakespeare[1].

Soixante mille caméras sont installées dans les rues de France, dont un millier à Paris. Le côté orwellien de la surveillance et de l'atteinte à la vie privée nous pousse, *a priori*, à refuser ce système. Mais il suffit qu'un reportage à la télévision montre comment une caméra de surveillance a permis l'arrestation de jeunes agresseurs d'une vieille dame pour que ce système soit plébiscité. En Angleterre, le débat a pris fin en 2007, après les attentats sanglants dans le métro de Londres, lorsque la police a largement diffusé les images de vidéosurveillance qui ont contribué à identifier et à arrêter les coupables. La messe était dite. À Londres, il y aura bientôt plus de caméras de surveillance dans les rues que de parapluies et, en moyenne, un Britannique est filmé trois cents fois par jour, grignotant au passage un pan entier des libertés. La sécurité est le bras armé du pouvoir, l'instrument idéal de contrôle et de préservation des intérêts. Il n'y a aucune raison que l'État, par essence transgressif en termes d'atteinte aux libertés, résiste à la tentation, ne serait-ce que parce qu'il est financièrement démuni, et qu'il cherche en permanence une occasion de justifier son existence. Jouant les marchands de peurs et entretenant les citoyens phobiques dans l'ambition – illusoire et dangereuse – de bâtir une société du non-risque, les hommes politiques vont très certainement tenter de surfer sur la vague NBIC pour accroître leur contrôle.

1. Hécate dans *Macbeth* : « La sécurité est le plus grand ennemi des hommes. »

Le développement de l'informatique a considérablement accentué cette tendance au maillage de la surveillance. Parce que nous pouvons désormais stocker la totalité des données relatives à des millions de gens dans un seul disque dur portatif, la police de Fouché a été totalement réinventée. Avec les biotechnologies, sa puissance sera insoupçonnée.

En quoi, dira-t-on, l'efficacité de la police doit-elle être critiquée, n'est-ce pas ce que l'on peut souhaiter, qu'elle attrape tous les criminels ? Le problème est que cette chasse au crime ou au délit pourrait bien finir par aller *au-delà* du crime ou du délit, portée par la tentation d'extirper le mal avant même qu'il ne nuise. Au XIXe siècle, l'idée saugrenue selon laquelle la forme du crâne permettait de déceler *a priori* celui qui était voué à devenir un criminel avait, un temps, eu pas mal de succès. On appelait cette pseudo-science la physiognomonie. Avec la génétique, on peut redouter que le fantasme physiognomonique, qui fait du crime le résultat inévitable d'une prédisposition biologique, trouve un terrain favorable.

Si le lien déterministe entre gènes et comportement est un non-sens scientifique, s'il n'y a pas de « gène du criminel », et si la « Precrime », cette autorité publique de sécurité du film *Minority Report*, qui, aidée de trois « extralucides », fouille en permanence les cerveaux des citoyens pour traquer les futurs criminels et les arrêter avant qu'ils ne commettent leur forfait, demeurera de la science-fiction, on peut en revanche envisager le moment où presque tous les auteurs d'infractions graves seront à coup sûr démasqués grâce aux nouvelles biotechnologies. Au diable les enquêtes du commissaire Maigret ou d'Hercule Poirot. Le succès de séries telles que *Les Experts* est là pour en témoigner : la police scientifique vient remplacer l'intelligence de l'inspecteur Columbo pour asséner la vérité indiscutable des faits scientifiques. Plus de déduction, d'intuition géniale qui tiennent !

L'utilité de l'ADN dans les enquêtes de police est déjà bien établie. Elle va encore se renforcer au fil des années. On le sait, un cheveu retrouvé sur une scène de crime ou de la salive sur un mégot de cigarette peut d'ores et déjà suffire à établir la présence d'un individu sur les lieux d'un forfait. Demain, on dressera un portrait-robot à partir d'un fragment d'ADN d'un individu. Outre la couleur des yeux, on pourra bientôt déterminer l'origine de l'individu (noir, blanc, asiatique, métissé, etc.) avec une très bonne fiabilité. Très prochainement, l'ADN nous révélera également des indications sur la morphologie du visage – forme du nez, menton, front, ainsi que celle des doigts, des oreilles – mais aussi son quotient intellectuel, sa pilosité. L'ADN permettra évidemment d'estimer le fardeau génétique de l'individu : prédisposition à différentes maladies comme le diabète, certains troubles psychiques, etc.

Ces tests font rêver les policiers et piaffer d'impatience les *profilers* américains qui traquent les tueurs en série. Un peu moins les enquêteurs français, qui n'ont actuellement, pour des questions juridiques, le droit d'étudier que certaines zones[1] de l'ADN… Si ces découvertes suscitent l'émerveillement, elles peuvent, dans le même temps, effrayer si l'on songe qu'elles peuvent tomber dans de mauvaises mains ou si le politique dérape.

Comme toujours, les criminels les plus sophistiqués vont trouver des parades. Une équipe de chercheurs israé-

1. Zones dites non codantes.

liens a prouvé qu'il était facile de contrefaire de l'ADN humain dans un but frauduleux de substitution d'identité génétique, notamment dans le cadre de relevés de scènes de crime ! Des échantillons de sang ont été produits avec de l'ADN falsifié. Ce sang a ensuite été testé par des laboratoires de pointe de la police scientifique, qui n'ont rien décelé d'anormal. Or la fabrication d'échantillons artificiels d'ADN est désormais à la portée de n'importe quel étudiant de première année de faculté de biologie disposant d'un matériel élémentaire. En clair, des personnes mal intentionnées peuvent aisément truffer une scène de crime d'échantillons offrant aux enquêteurs la preuve de la culpabilité d'un innocent. Combien d'innocents seront injustement condamnés avant qu'on admette qu'il faut prendre les preuves ADN avec autant de précaution que les autres ? Peut-être faudra-t-il un drame semblable à celui d'Outreau, où des dizaines d'innocents avaient été emprisonnés avant qu'on ne s'aperçoive que, contrairement à une idéologie naïve, les enfants ne disent pas toujours la vérité ? Les droits de la défense conservent, malgré la précision croissante des techniques policières, de beaux jours devant eux.

L'ouragan technologique frappera au-delà des enquêtes criminelles. Il soufflera jusque dans les moindres recoins de notre société et de notre humanité. Dans le film d'Andrew Nicoll, *Bienvenue à Gattaca*[1], les hommes sont socialement classés selon leur ADN. Dans ce monde supposé parfait, chacun est prédestiné, ou plutôt planifié, pour remplir une fonction déterminée, subalterne ou supérieure. Ce cauchemar sociétal avait déjà inspiré

1. *Welcome to Gattaca*, 1998.

Aldous Huxley lorsqu'il écrivit, en 1931, *Le Meilleur des mondes*[1]. Bien que naïves, ces fictions pourraient comporter une part de réalité dans l'avenir puisque le frein technique qui existait jusqu'alors est sur le point d'être levé.

Pire, dans le futur, un échantillon d'ADN volé ou prélevé officiellement par un État autoritaire suffira pour établir les « faiblesses » génétiques de la personne en question, voire pour le cloner. Les VIP ne jetteront plus leur mégot n'importe où et ne boiront plus que dans leur propre verre. Quant à James Bond, il pourchassera les géno-méchants du XXIe siècle !

L'allongement de la durée de la vie va poser un autre problème important : les peines de prison deviendront inadaptées. La perspective de passer dix ou quinze ans en prison est aujourd'hui suffisante dans la plupart des cas pour empêcher les individus de commettre l'irréparable. Ce ne sera plus le cas quand la longévité sera quasi infinie. Il faudra encore éviter les États-Unis, ou les peines de prison se cumulent sans espoir de remise de peine – l'escroc Bernard Madoff a été condamné à cent cinquante ans de prison. Mais, avec la vie éternelle, les pays où la peine maximale ne dépasse pas trente ans risquent de ne plus beaucoup dissuader les candidats au crime.

Il n'est même pas sûr qu'allonger les peines apportera la solution. Garder un individu cent ans en prison au lieu de dix coûtera cher à la collectivité et aggravera fortement la surpopulation carcérale. Il sera paradoxalement difficile de prononcer des peines de prison à perpétuité. La bonne

1. *Brave New World.*

vieille « perpète », comme disent les truands dans les films d'Audiard, est… condamnée.

De là à imaginer un mouvement pour le retour de la peine de mort en Europe, il n'y a qu'un pas.

Le saut technologique considérable que nous allons connaître et qui pourra offrir à la société de remarquables outils de protection contre les criminels peut, tout aussi efficacement, donner à un État mal intentionné les moyens de déployer ses ambitions tyranniques. Cela vaut aussi bien pour les vraies dictatures que pour le totalitarisme « *soft* » de l'État-nounou qui, à force de nous contrôler, de nous prévenir et promettre de nous sauver, finit par réduire à néant nos sphères de liberté et nos exigences de responsabilité. Avec le tsunami génétique, le Big Brother d'Orwell, qui ne surveille qu'au moyen des « Télécrans », s'apparente à un modèle de respect de la vie privée en comparaison de l'hypercontrôle technologique qui s'annonce et qu'une majorité de citoyens, boulimique de précautions et peu consciente des dangers collatéraux, appellera de ses vœux.

L'État pourrait devenir un super Big Brother en toute bonne conscience, parce qu'il répondra à une attente des citoyens ou à une attente qu'il aura suscitée tant est vraie la maxime de Talleyrand : « La politique sera toujours l'art d'agiter les peuples avant de s'en servir. »

Le confort matériel assuré et la protection médicale accordée, l'Occidental aisé du XXIe siècle aspire à prévenir le pire : l'accident d'un de ses enfants, sa disparition, une mauvaise rencontre… Quel parent ne serait pas rassuré de pouvoir localiser son enfant à tout moment ? Si, aujourd'hui, il le dote précocement d'un téléphone portable, il pourra, demain, lui faire implanter un minuscule puce RFID (reconnaissable à distance par des capteurs spéciaux), comme on a commencé à le faire pour les animaux domestiques. Ce système existe déjà. Les millions d'abonnés au métro et au bus parisiens l'expérimentent : la puce de leur pass Navigo – avec lequel ils valident leur transport – est équipée de ce système RFID. Ainsi, la Régie autonome des transports parisiens est capable de localiser et de suivre les parcours de chacun des millions de voyageurs qui empruntent ses lignes.

Une telle précaution sera également la bienvenue chez les adultes. Et il apparaîtra naturel que des politiques, invoquant la sécurité de tous, proposent la généralisation forcée de ces pratiques pour réduire les enlèvements ou les fugues. De la même manière que la transgression biotechnologique progressera au nom de notre bien-être, la progression du « biocontrôle » passera par l'argument massue et sans appel de notre sacrosainte sécurité, chaque fois qu'une histoire sordide viendra affoler l'opinion publique. La société de l'opinion, de la victimisation et de l'urgence médiatique est la meilleure alliée de l'obsession sécuritaire qui oublie l'anathème prémonitoire de Benjamin Franklin : « Ceux qui renoncent à une liberté essentielle, pour obtenir une sécurité temporaire, ne méritent ni la liberté ni la sécurité. »

Transparence, protection et liberté : un pas de plus vers l'État-nounou

L'atteinte à nos libertés *via* l'outil génétique pourrait être d'abord le fait de l'État, grâce à l'énorme quantité de données médicales et épidémiologiques qui seront collectées sur chacun de nous. Dès lors que la science permettra non seulement de prédire des maladies, mais également d'éclairer les déterminants de nos actions et de nos comportements, Big Mother, qui, avec les moyens rudimentaires du XXe siècle, tente aujourd'hui de nous prémunir contre nos prétendues déviances, décèlera immédiatement tout le parti qu'elle peut en tirer pour améliorer nos vies, malgré nous. Au nom de la santé publique, l'État traque déjà le tabagisme, la consommation de sucre, de sel et de graisse[1].

Comment imaginer que l'extension du domaine des biostatistiques ne se traduira pas par un gonflement des prétentions à nous contrôler, nous surveiller et nous rééduquer ? Au nom de principes médicaux incontestables (il est effectivement dangereux de fumer, de manger gras et d'abuser des bonbons), on nous prendra de plus en plus par la main pour faire notre bien contre notre volonté ! L'homme politique, ce « pétrisseur de l'argile humain[2] », au doux visage et à l'intention positive, y verra le moyen d'augmenter son emprise sur la société.

Les États des civilisations occidentales, qui ont depuis longtemps oublié que « les vices ne sont pas des crimes[3] », tenteront d'imposer leur monopole sur le développement de bon nombre d'innovations pour, diront-ils, nous préserver d'un usage privé qui serait inévitablement dangereux alors que, manié dans l'intérêt général, il ne saurait être que vertueux. Ce sophisme étrange permettra de faire rentrer par la fenêtre l'idée d'un État « directeur de conscience » que l'on avait renvoyée par la porte au siècle des Lumières. La sécurité est devenue la nouvelle religion au

1. « Pour votre santé, ne mangez pas trop sucré, pas trop gras et pas trop salé » passe en boucle dans les médias.
2. Frédéric Bastiat.
3. Lysander Spooner, 1875.

nom de laquelle tout emploi de la force publique est justifiée, comme le salut et la loi divine justifiaient les bûchers au Moyen Âge.

Ces ambitions intrusives pourront aller bien plus loin qu'on ne peut aujourd'hui l'imaginer. Quand la transparence est volontaire, elle soulève d'ores et déjà de multiples difficultés, notamment pour les plus fragiles, les adolescents par exemple. Il existe déjà plusieurs logiciels permettant de caractériser la psychologie d'un individu à partir de son profil Facebook. L'un d'entre eux évalue même les comportements sexuels et la probabilité qu'un membre de la communauté soit homosexuel[1] ! Dans les pays occidentaux, cela rend les individus transparents et impudiques, mais dans certains pays comme l'Égypte, cela conduit au cachot pour satanisme, voire à la peine de mort, l'homosexualité y étant fortement réprimée. Un simple *tracking* sur l'Internet révèle énormément de choses sur nous. Les sociologues parlent d'« extimité » pour qualifier ce partage absolu de notre intimité avec les autres. L'ajout de nos données biologiques et génomiques atomiserait totalement notre intimité, et pourrait être imposé dans certains pays. Imaginons un monde cauchemardesque où nous devrions obligatoirement communiquer une de nos cellules aux autorités sanitaires pour qu'elles établissent ensuite un programme de réparation génétique obligatoire, sous peine d'amende. Le scénario futuriste de Griffo et Van Hamm[2], dans lequel des agents de la Sécurité sociale débarquaient chez les gens pour les

1. Il s'agit d'un projet de recherche d'étudiants de MIT révélé par le journal *Boston Globe* sous le nom de Gaydar, qui est un acronyme de gay et radar. Source : *Boston Globe*, 20 septembre 2009.

2. *SOS Bonheur*, Dupuis, 1988.

sanctionner de ne s'être pas couverts en plein hiver et d'avoir pris le risque inconsidéré d'attraper un rhume, paraît presque gentil…

L'association des données issues de nos parcours sur le Web (notamment sur les réseaux sociaux), de notre génome, de notre épigénome et des milliers de constantes biologiques disponibles d'ici peu nous rendra totalement transparents. Si l'on y ajoute les enregistrements de notre activité cérébrale que nous confierons à certaines institutions parce que cela sera très utile – notamment pour personnaliser nos formations initiales ou continues, ou bien encore pour dépister très précocement certaines maladies du cerveau –, la maison de verre que sera devenu le citoyen prendra le risque immense d'être brisée en mille morceaux par une passion totalitaire. Pour éviter cela, on pourrait imaginer que la démocratie exige que ces données restent sous notre contrôle exclusif et soient détenues par des tiers de confiance absolue, véritables notaires électroniques indépendants du pouvoir politique et de l'administration.

Une étude américaine vient de montrer que l'on peut prédire, avec une inquiétante précision, la violence conjugale par simple *data mining* à partir du dossier médical[1]. La multiplication des données va amplifier la découverte de telles corrélations et pourrait conduire, si l'on n'y prend garde, à une intervention sociale croissante de l'État obnubilé par le principe de précaution. Certains prétendront qu'il faut agir en amont, au nom de l'intérêt des futures femmes battues ! *Minority Report*, encore ! Il

1. « Longitudinal Histories as Predictors of Future Diagnoses of Domestic Abuse : Modelling Study. », Reis B.Y., Kohane I.S., Mandl K.D., *BMJ*, 2009.

n'y a pas de limites au paternalisme et à l'interventionnisme de la puissance publique. On trouvera toujours des volontaires pour devenir président d'un Haut Commissariat à la prévention des violences conjugales. Après quoi, selon le schéma classique d'autojustification des organisations, il faudra bien occuper les fonctionnaires nouvellement nommés. Il y a fort à parier que les lois démagogiques sur « la nécessaire protection préventive des victimes en puissance et la répression des criminels qui s'ignorent encore » proliféreront.

La tentation de l'intervention publique mue par un nouvel ordre social et moral, nous prémunissant contre nos propres dérives, sera à coup sûr gigantesque. L'esprit de précaution va se nourrir de ces armes de protection massives qui s'annoncent et peuvent finir par se retourner contre nous. Nous passerons alors tous du statut, authentiquement protecteur, de « présumé innocent » à celui, terrifiant, de « présumé coupable ».

Nous devrons d'ailleurs veiller à ce que nos médecins ne tombent pas, eux aussi, dans le piège précautionniste : au Royaume-Uni, le British Medical Council[1] préconise déjà à ses membres de révéler les anomalies génétiques dont un membre de la famille est atteint pour permettre une prévention précoce. Il est totalement rationnel de révéler aux enfants d'un diabétique que leur père est porteur d'un gène de prédisposition au diabète et qu'ils auraient, eux aussi, intérêt à vérifier qu'ils n'en ont pas hérité. Mais avec de tels raisonnements, le secret médical est mort. À qui pourra-t-on se confier si les médecins se mettent à informer autoritairement la famille, contre

1. L'équivalent du Conseil de l'ordre des médecins en Angleterre.

l'avis des patients, des tares génomiques qu'ils découvrent[1] ?

Nous allons devoir nous battre pour que notre ADN, notre dossier médical, notre vie numérique et notre activité cérébrale restent notre jardin secret. Ce n'est pas gagné d'avance. Au nom des grands principes de responsabilité, de transparence et de précaution, la pression sociale et politique en faveur d'une plus grande connaissance biologique des individus s'accentue.

Deux exemples parmi d'autres : il est quasi impossible d'obtenir un prêt immobilier sans répondre à un questionnaire de santé, voire de subir un examen médical de plus en plus poussé. Il n'est pas possible d'entrer dans certains pays sans un certificat attestant la séronégativité au virus du sida[2]. Et que dire des tests psychologiques que beaucoup de candidats à un emploi doivent passer ?

Comme le note l'ancien directeur de cabinet de Martine Aubry, Didier Tabuteau, « les dispositifs de santé publique comme de régulation économique de la santé se traduisent par une multiplication des normes sanitaires et des régimes d'interdiction. Des mécanismes de conditionnement sanitaire tendent, de manière insidieuse, à se développer[3] ».

Dans les sociétés occidentales, le Code de la santé publique est déjà une succession d'obligations contraignantes et d'interdits pour les individus. Interdiction de

---

1. Dans le même esprit, les avocats sont désormais obligés par la loi française de dénoncer les fraudes fiscales de leurs clients.

2. Ce n'est que depuis le 4 janvier 2010 que le fait d'être atteint du sida n'est plus une raison de se voir refuser un visa pour entrer aux États-Unis.

3. Didier Tabuteau, *Santé et liberté, Pouvoirs*, n° 130, « L'état des libertés », septembre 2009, p. 97-111.

fumer, de boire, de rouler trop vite, de pratiquer telle ou telle activité. Obligation d'être vacciné, ou d'adapter de multiples normes : les règlements sanitaires pèsent des tonnes ! La quasi-gratuité du séquençage ADN ouvre la porte à de nouvelles obligations.

L'encadrement de l'utilisation de notre ADN devient un enjeu majeur. Des institutions comme la Commission nationale de l'informatique et des libertés (CNIL) tentent de limiter les effets intrusifs de l'informatisation sur les libertés individuelles. Avec, il faut le reconnaître, des moyens et un succès limités.

Faudra-t-il créer une Commission génome et liberté qui délivrerait des autorisations de séquençage de l'ADN et leur mise en fichiers ?

La dictature épigénétique

La génétique moderne ne se réduit pas à l'ADN. Elle établit un pont entre la culture, l'environnement, la sociologie et les gènes, par l'intermédiaire de l'épigénomique, qui est un terrain d'extension à l'infini du contrôle social sur les individus.

Des études récentes ont en effet montré que la consommation de lipides, de sucre, l'effort physique ou intellectuel, les expériences sexuelles ont une influence sur l'épigénome et donc sur la façon dont nos gènes sont régulés, activés ou réprimés. L'ADN n'est pas le seul support de l'hérédité. Un chercheur, Ian Weaver, a montré en 2004 qu'un comportement non inscrit dans les gènes pouvait tout de même se transmettre : en soignant leurs petits, des rats parviennent à marquer le génome des neurones de ces derniers, qui reproduiront cette attitude pour leur propre progéniture. Ce genre de phénomène montre que l'idée de causalité ascendante (les gènes dictent leurs actions aux cellules, tissus, organes et organismes) est une simplification dépassée ! En réalité, la causalité biologique est également descendante : les actions de l'organisme influencent aussi les tissus, les cellules et les gènes.

La tentation sera grande de jouer sur ce maillon entre la génétique et la sociologie. Jusqu'où ? L'État va devenir épigénéticien au sens où il pourrait souhaiter moduler l'action de nos gènes en agissant sur leur régulation épigénétique.

L'épigénétique va devenir un point central dans le combat politique et philosophique. La découverte jour après jour des différents facteurs de régulation épigénétique pose un redoutable problème pour nos libertés futures. C'est moins le déterminisme de nos gènes qui pose problème que la possibilité de réguler leur action par des interventions environnementales, alimentaires, médicamenteuses et culturelles !

Déterministe, la génétique était considérée comme une science de droite ; influençable grâce à la découverte de l'épigénétique, elle devient un outil de gauche. L'opinion peut déjà retenir les termes « Histones », « ilots CpG » et « long ncDNA » qui sont les principaux supports de l'information épigénétique !

La médecine globale qui ne se contente pas d'étudier notre génome mais intègre aussi l'épigénome sera plus efficace, fort sociale puisqu'elle pourra intervenir très finement pour réduire les inégalités. Une véritable aubaine pour les idéologues de la « Grande Nurserie[1] ». L'hygiénisme du

1. Mathieu Laine, *La Grande Nurserie*, Lattès, 2010.

XXIe siècle va s'attaquer à nos « Histones » et nous devrons nous battre pour protéger notre libre arbitre ! L'alliance des transhumanistes et des humanistes égalitaristes de gauche pourrait conduire à la généralisation de normes administratives réductrices de libertés. Au nom d'une bonne cause – redonner des chances égales à tous et nous prémunir contre nos vices – nous pourrions tomber dans les filets des biostatisticiens et des organismes de santé publique, sans beaucoup d'espoir d'en sortir !

L'État-providence devenu État-nounou pourrait trouver dans l'épigénétique des relais de croissance pour quelques siècles si nous n'y prenons pas garde. Méfions-nous : les énarques vont adorer tout cela et seront comme des poissons dans l'eau dans ce maquis de nouvelles interventions publiques… À quand, un Code de la santé publique de cinq cent mille pages ?

La fusion médecine-enseignement

La conséquence sociale la plus inattendue des technologies NBIC sera le rapprochement entre le médecin et le professeur, entre la santé et l'enseignement.

Ces deux mondes qui communiquent très peu vont se rapprocher de façon spectaculaire. En modifiant les gènes impliqués dans l'organisation cérébrale et leur expression, le médecin NBIC va interférer profondément dans le processus éducatif.

Dans un premier temps, les enseignants vont être révulsés par cette perspective, bien sûr. Puis, ils admettront progressivement que leur métier est plus facile lorsque les capacités cognitives et mnésiques des élèves sont optimisées. Le corps enseignant étant plutôt progressiste, il se rangera à l'idée que l'utilisation des technologies du cerveau est un moyen de réduire les inégalités entre les enfants favorisés et les autres.

Par ailleurs, le processus éducatif et médical interfère dans la construction épigénétique. Le modelage épigénétique, qui est au moins aussi important que les séquences de notre ADN, deviendra une construction partagée entre le monde médical et l'enseignement.

De multiples synergies entre ces deux univers se développeront. L'éducation nutritionnelle qui joue un rôle crucial dans le fonctionnement de notre cerveau deviendra un enjeu politique majeur. Les messages ne seront plus « pour votre santé, mangez cinq fruits et légumes par jour », mais « pour un bon épigénome, mangez sainement ».

La neuro-éthique contre la police de la pensée

En octobre 2009, une équipe de scientifiques est parvenue à « piloter » des groupes de douze neurones chez la mouche drosophile[1]. Ce qui paraît modeste est en réalité une avancée immense, tant cela ouvre, à un horizon pas si éloigné, la perspective d'un décryptage et d'une manipulation de nos cerveaux, par exemple en implantant « un souvenir artificiel ».

Ce qui serait évidemment un terrain de jeu formidable pour le marketing – implanter une image positive d'un produit ou d'une marque directement dans le cerveau – peut également devenir une arme fatale au service d'une ambition totalitaire. C'est une menace absolument inédite

1. « Writing Memories with Light-addressable Reinforcement Circuitry », Claridge-Chang A., Roorda R. D., Vrontou E., Sjulson L., Li H., Hirsh J., Miesenböck G., *Cell.*, 2009.

contre l'homme et la liberté. La police de la pensée sera technologiquement prête dans peu de décennies. L'ultime frontière de la domination des dictatures (l'esprit humain), jusque-là maladroitement contrôlée au moyen de la propagande, serait pour la première fois pulvérisée : des traitements en masse des cerveaux des populations garantiraient leur soumission. Cela engendrerait un cauchemardesque mélange de *1984*, du *Meilleur des Mondes* et de *Bienvenue à Gattaca*.

Au XXe siècle, Staline et Mao, ne disposant que de techniques rudimentaires, faisaient retoucher les photos où ils apparaissaient avec des compagnons de route qu'ils avaient fait exécuter. Dans les siècles qui viennent, les souvenirs pourront être manipulés directement dans les cerveaux humains. De quoi donner un nouvel élan aux sinistres mouvements « conspirationnistes » qui contestent les vérités les plus établies, de la Shoah à la conquête de la Lune, en passant par les attentats du 11 Septembre.

On imagine avec effroi ce que Staline, Mao, Pol Pot ou Hitler auraient fait s'ils avaient disposé des technologies NBIC. Le neuro-goulag aurait été une machine à reprogrammer les cerveaux : l'*Homo sovieticus* serait devenu une réalité irréversible et la *Perestroïka* n'aurait jamais vu le jour. Mao et Pol Pot auraient exercé leurs pulsions sadiques à un niveau terrifiant. Quant à Hitler, son délire racial aurait trouvé un terrain infini d'expérimentation.

Sans aller chercher du côté des dictateurs, il n'est pas rassurant de se remémorer l'une des devises fétiches de Winston Churchill : « Je ne crois aux statistiques que lorsque je les ai moi-même falsifiées. »

La neuro-éthique ouvre des perspectives inédites et fait bouger les lignes philosophiques. Stanislas Dehaene, célèbre professeur au Collège de France, s'interroge ouvertement : la prison a-t-elle encore du sens à la lumière des neurosciences ? Sommes-nous prisonniers de notre cerveau ou en sommes-nous libres ? Le vieux débat sur la responsabilité resurgit à mesure que la science du cerveau avance. Ses implications politiques et juridiques sont immenses.

Le combat pour la liberté, contre l'authentique dictature ou contre la tyrannie douce de la précaution imposée, ne fait que commencer. Il passe dans un premier temps par la question, terriblement complexe, de la propriété légitime de l'ADN.

À qui appartient notre ADN ?

Sommes-nous libres d'utiliser les biotechnologies pour agir sur nous-mêmes ? Qui est propriétaire de notre ADN ? Est-ce un bien public ou privé ? Peut-on nationaliser notre ADN, c'est-à-dire notre identité génétique ? Peut-on modifier sans restriction sa descendance ? Ce sont des interrogations fondatrices tant les réponses qui seront apportées délimiteront le champ des possibles pour les années à venir. Du point de vue des bioconservateurs, la réponse ne fait pas de doute : les biotechnologies entrent en opposition avec le « respect de la vie » tel qu'ils l'entendent. Les débats acharnés sur les cellules souches issues d'embryons humains, sur la future sélection génétique sur mesure de nos enfants et sur la privation du droit de ces enfants à naître avec un patrimoine génétique naturel ne vont cesser de monter en puissance.

L'appel systématique au « respect de la vie » ne date pas d'hier. Mais à quoi correspondra-t-il à l'heure de la technomédecine ? Les systèmes politiques seront mis en concurrence, les pays les plus laxistes attirant les individus les plus tentés par la transgression.

La loi française, ainsi que celle des principaux pays démocratiques, est pour le moment très restrictive sur l'ADN. La France ne permet pas aujourd'hui à ses ressortissants de confier leur ADN à des sociétés comme 23andme ou Navigenics, qui proposent un décryptage partiel aux États-Unis. Il est même interdit de pratiquer soi-même des tests de paternité en comparant son ADN à celui d'un enfant. C'est une pratique strictement encadrée par la loi, qui ne peut être utilisée que si un juge l'ordonne. Mais sur ce point également, les lois diffèrent entre les pays. Les États-Unis ou la Suisse sont bien plus tolérants que la France. Aux États-Unis, les enfants nés par insémination artificielle avec don de sperme par donneur inconnu arrivent même à retrouver leur père biologique grâce à des sites Internet spécialisés. L'expression « né de sperme inconnu » est condamnée.

La France est plus prudente. Cependant, en deux clics de souris, on trouve des dizaines de sociétés qui proposent ce service sur Internet. Le décalage entre nos législations protectrices et les technologies de l'information est immense. On peut comprendre pourquoi. Une étude menée en Europe du Nord, tellement explosive qu'elle est restée confidentielle, a ainsi montré que 10 à 24 % des enfants n'étaient pas le fils ou la fille de leur père légal, tel que figurant à l'état-civil[1]. Effrayé par les conséquences que pourrait entraîner la légalisation des tests de paternité en France (divorces, violences conjugales, etc.), l'État n'a

1. « Measuring Paternal Discrepancy and its Public Health Consequences », Bellis M.A., Hughes K., Hughes S., Ashton J.R., J., *Epidemiol Community Health*, 2005.

pas encore jugé bon de s'aligner sur nos voisins européens. Ce faisant, il porte atteinte à la propriété que nous avons de notre propre corps, et crée une inégalité entre les citoyens français et leurs voisins. Cet interdit n'a pas pour but de protéger l'individu ni de lui donner un droit sur un point essentiel – la connaissance de ses origines –, mais de préserver l'équilibre familial. Or la famille – même décomposée et recomposée – est la cellule de base de la société. Cet interdit protège l'ordre social plus encore que « la paix des ménages ».

En définitive, la loi française considère que l'ADN appartient à la collectivité, et non à l'individu. À tort ou à raison, le citoyen français est donc considéré d'une certaine manière comme un « mineur » génétique. À l'image de la femme dans certains pays musulmans, considérée socialement comme une « mineure », ou à l'image des « pauvres » qui étaient considérés comme des « citoyens mineurs » à l'époque du suffrage censitaire (jusqu'en 1848 en France, seuls les riches avaient le droit de vote).

À l'évidence, cette législation ne survivra pas au progrès. Demain, les biotechnologies nous permettront – techniquement – de modifier notre ADN et de modifier notre descendance. Aura-t-on le droit de transformer l'ADN de nos « gonades[1] » (et donc le sperme du père ou les ovules de la mère) ? Le mythe de l'enfant parfait sera alors à portée de main. Nous l'avons montré plus haut, le politique aura du mal à bloquer durablement cette technologie face à une demande sociale d'une puissance insoupçonnée. Comme pour les tests

1. Ovaires et testicules.

de paternité sur Internet, des « géno-paradis » proposeront ces services, et la plupart des démocraties finiront par s'aligner.

Est-il sain d'avoir des enfants qui correspondent à des objectifs et des fantasmes personnels ? On peut en douter. Doit-on laisser le hasard faire les choses ? Certains le croiront toujours. Mais si la modification de l'ADN de notre descendance signifie une vie plus longue, et une meilleure santé de l'enfant, ce sera un argument d'un autre poids que la couleur des yeux ou des cheveux.

Le défi de la sécurité

Deuxième défi : celui de la sécurité. La révolution nanobiotechnologique menacera la sécurité de l'Humanité. À court terme, les risques technologiques et industriels sont évidents. À plus long terme, des problèmes inédits peuvent menacer l'espèce humaine. La concurrence de l'Homme avec des formes hostiles d'intelligence artificielle, thème éculé de la science fiction des années 1950, pourrait trouver une seconde jeunesse.

La crainte d'un Tchernobyl génétique est-elle justifiée ?

Il y a toujours eu des accidents technologiques. Il y en aura avec les nanobiotechnologies. Croire que les technologies NBIC seront exemptes de risques industriels serait bien naïf.

La vraie question tient plutôt aux modalités d'encadrement des risques tout en donnant les moyens d'un contrôle social aux citoyens. La réponse est loin d'être simple. De tous temps, les États n'ont-ils pas caché les accidents technologiques ? Pour protéger l'opinion de la panique, ou bien pour la « Sécurité de l'État ». Le secret-défense est bien commode.

Les citoyens soviétiques n'ont rien su des accidents spatiaux sur la base de Baïkonour. L'explosion de la fusée R16, appelée catastrophe de Nedelin en 1960, qui entraîna la mort de nombreux ingénieurs et militaires soviétiques, a été cachée pendant trente ans.

Tchernobyl n'a été connu que parce qu'il était difficile de déplacer définitivement cent vingt mille personnes en catimini et que les radiations étaient détectables en Occident. Ses conséquences médicales ont été cachées à l'opinion, même dans des pays démocratiques comme la France où on a raconté que le nuage radioactif s'était arrêté à la frontière ! De même, l'accident nucléaire français dans le Sahara, le 25 avril 1961, où cent quatre-vingt-quinze militaires ainsi que Pierre Messmer, le ministre des Armées, furent irradiés, a été caché à l'opinion. Les irradiations subies par les militaires lors des essais aériens qui ont lieu jusqu'en 1974 sur le centre d'expérimentation nucléaire de l'atoll de Mururoa en Polynésie française n'ont pas été révélées aux victimes, qui n'ont donc pas pu être traitées précocement.

L'État est très doué pour dissimuler très longtemps les informations sensibles : la France est restée silencieuse jusqu'aux années 1990 sur le fait que le programme spatial français a été développé par d'anciens collaborateurs de Werner von Braun. Le premier étage de la fusée Ariane est un enfant de la science nazie. Les américains ont été plus transparents, ils n'ont jamais caché von Braun et ses collaborateurs qui étaient au cœur du complexe spatial, de la Nasa et du programme Apollo.

En matière de santé, le comportement de la puissance publique dans l'affaire du sang contaminé ou dans le dossier de l'amiante n'est pas très rassurant. À la décharge des gouvernants, le langage de la vérité n'est pas récompensé par les électeurs : Pierre Mendès-France ou Raymond Barre en savaient quelque chose !

S'il ne faut pas donc pas compter sur la transparence des États, il faut des contre-pouvoirs puissants et organisés. Le problème, c'est que le lobby transhumaniste est très organisé et puissant alors que l'on attend toujours qu'une contestation aux technologies NBIC s'organise. Les lobbies transhumanistes expriment ouvertement leur prosélytisme sur le Web[1].

En revanche, il existe peu de sites proposant le point de vue opposé, même si on peut citer www.piecesetmaindoeuvre.com ou www.ignoranceisfutile.com. Mention spéciale néanmoins au blog de Jacques Testard[2] qui est un modèle d'information citoyenne sur tous les sujets de l'univers NBIC. Encore une fois, il ne s'agit pas pour nous de jouer un camp contre l'autre, mais de remarquer qu'on a toujours intérêt au débat, et qu'il ne peut y avoir de débat sans tribune accordée aux points de vue opposés.

Il reste à espérer que nous aurons des contre-pouvoirs constructifs et pacifiques et non nihilistes et violents. Malheureusement, les plus gros risques seront concentrés dans les pays non démocratiques où justement les contre-pouvoirs sont, par nature, faibles, voire inexistants. Et il

1. Voir par exemple les sites : www.hplusmagazine.com, www.biosingularity.wordpress.com, www.theneurorevolution.com, www.corante.com/brainwaves/

2. http://jacques.testart.free.fr

est probable qu'il y aura plus d'accidents technologiques au Pakistan qu'au Canada, davantage en Corée du Nord qu'en Suisse. Le principe de précaution sera appliqué là où il sera le moins utile.

Le Wikileaks[1] des NBIC doit voir le jour !

Le risque de bioterrorisme

Sans aller encore jusqu'à l'extermination de l'humanité – ce risque existe cependant, nous le verrons plus bas ! –, d'autres attaques violentes pourraient bien nous toucher à brève échéance.

Les virus informatiques constituent un premier danger évident. Nous avons encore quelques années devant nous avant que des logiciels et des puces parcourent notre cerveau. L'Humanité « en réseau » qui se dessine devra se doter de *firewall* et « d'antivirus » à la hauteur. Avoir des millions de nanorobots médicaux dans le corps est une perspective intéressante, à condition que la sécurité informatique soit assurée. Imaginez que des « bioterroristes » parviennent à prendre le contrôle de ces nanorobots ! En les rendant agressifs, ils pourraient tuer d'un clic de souris des millions d'individus.

Cette perspective fait froid dans le dos. On constate tous les jours que les *hackers*, les « pirates » de l'informatique, ont toujours une longueur d'avance. En 2008, une équipe d'universitaires américains des universités de Washington et du Massachussetts a montré qu'il était

1. Wikileaks (www.wikileaks.org) est le site Internet créé par Julian Assange, qui a révélé deux cent cinquante mille notes diplomatiques confidentielles à l'automne 2010. Julian Assange a été élu Homme de l'année 2010 par *Time Magazine.*

enfantin de *hacker* les *pacemakers* et donc de tuer d'un clic de souris les cardiaques[1] ! La situation est encore plus préoccupante avec le développement des implants électroniques intracérébraux. Nos démocraties devront donc travailler collectivement à des systèmes de sécurité performants pour protéger les réseaux et garder une longueur technologique d'avance sur les terroristes du futur (humanistes fondamentalistes, extrémistes religieux, nihilistes, pervers, néo-luddites de tous horizons et autres sociopathes). Le challenge est de taille, puisqu'avec les technologies bioniques, notre corps peut être contaminé par un virus informatique !

Les technologies génétiques vont aussi permettre – à bien plus grande échelle qu'aujourd'hui – à des individus mal intentionnés de modifier virus et bactéries (biologiques, cette fois) pour créer de nouvelles maladies en laboratoires. Des maladies furtives, redoutablement contagieuses, capables de causer des ravages. Une attaque terroriste virale, avec par exemple une version génétiquement modifiée du SRAS, de la variole ou autre, pourrait provoquer des millions de victimes avant qu'un vaccin ne soit disponible. Les technologies de manipulations génétiques devenant toujours plus complexes, les bioterroristes ont un boulevard devant eux pour « cuisiner » de nouvelles maladies en laboratoires.

Dès à présent, il est possible de commander sur Internet (www.dna20.com) n'importe quelle séquence d'ADN artificiel. Devant les craintes exprimées par certains

1. « Pacemakers and Implantable Cardiac Defibrillators : Software Radio Attacks and Zero-Power Defenses », 2008 IEEE Symposium on Security and Privacy. Accessible en ligne : http://www.secure-medicine.org/icd-study/icd-study.pdf

experts, la société DNA 2.0 s'est engagée à ne pas synthétiser certaines séquences d'ADN lorsque les motivations des clients lui paraîtraient troubles, ce qui est en soi un critère bien flou et sujet à interprétation. La course entre les biopirates et la police « génétique » ne fait que commencer. Par ailleurs, des irresponsables ont publié sur Internet la séquence ADN du virus de la variole contre laquelle nous avons arrêté la vaccination depuis l'éradication de cette terrible maladie en 1979.

L'avènement des nanorobots médicaux fournira bien une arme thérapeutique contre cette menace, mais seulement à condition qu'ils gardent leur avance sur les dernières innovations des ingénieurs des « nouvelles pestes ».

De plus, les nanorobots eux-mêmes pourraient devenir une menace – à tel point que de nombreux chercheurs très sérieux, comme les membres de l'*Institut Foresight*, prônent l'abandon pur et simple des recherches dans ce domaine. Leur crainte ? Une perte de contrôle totale du processus de réplication des nanorobots ! Nous utiliserons en effet pour construire des milliards de milliards de ces robots une technologie « d'autoréplication ». Comme les cellules du corps qui se divisent en deux pour former deux cellules distinctes, ces nanorobots se « cloneront » eux-mêmes d'une certaine manière. Cela fait penser aux balais ensorcelés du dessin animé de Walt Disney *L'Apprenti sorcier*, à la différence qu'il ne serait pas possible d'arrêter le processus d'un coup de baguette magique… Le scénario catastrophe d'une perte de contrôle de ces machines autoréplicantes pourrait conduire à ce que les spécialistes appellent le scénario du *grey goo* (littéralement la « gelée grise », ou le scénario de la « poussière grise », en français), c'est-à-dire la destruction totale en à peine quelques jours de la biomasse sur la planète terre.

Une biomasse littéralement « dévorée » par les nanorobots.

In fine, la grande convergence NBIC présente à la fois des promesses extraordinaires et des menaces pour notre liberté et notre sécurité : la domination totalitaire, l'esclavage de l'humanité, voire sa fin et celle du monde. Nous devrons, à l'évidence, beaucoup réfléchir avant de nous projeter. Le curseur du principe de précaution devra être placé au bon niveau. Ni trop haut pour ne pas perdre un temps précieux – les intérêts économiques de l'Europe sont en jeu – ni trop bas pour ne pas perdre le contrôle de notre avenir. Les avancées qui nous attendent pourraient avoir des conséquences dévastatrices. Personne – à part une minorité de nihilistes – ne veut d'une destruction de la planète par la « poussière grise », ni d'une prise de pouvoir (un « coup d'État numérique ») de l'Humanité 2.0 par des ordinateurs malfaisants...

Vers une humanité plurielle ?

Un autre aspect du défi posé par les révolutions NBIC ne se manifestera qu'à plus long terme. Nous allons irrémédiablement vers une humanité plurielle, dans laquelle les différences génétiques, physiologiques, culturelles et philosophiques importantes entre les individus seront encore accentuées par l'inégalité de déploiement des technologies NBIC.

Les avantages pratiques de l'humanité augmentée devraient rapidement favoriser l'apparition d'une classe de transhumains, avides de technologie, qui utiliseront toutes les ressources de la technomédecine pour devenir plus forts, plus solides, plus intelligents, et vivre toujours plus vieux. Ils feront profiter leur descendance d'une programmation biologique très précoce, *in utero*, pour repousser leurs limites. La technomédecine sera bien le réacteur nucléaire de la société transhumaniste.

Il restera certainement, en parallèle, des communautés d'humains traditionnels, non « augmentés », qui refuseront les modifications génétiques ou les implants par conviction religieuse et /ou philosophique.

La coexistence entre plusieurs groupes humains distincts créera une société bien plus variée et hétéroclite que celle des grandes capitales cosmopolites que nous connaissons aujourd'hui. Ce ne sera plus seulement *United Colors of Benetton*, mais « United Espèces », « United Intelligence artificielle », ou « United humains génétiquement modifiés ».

C'est l'hypothèse optimiste. Mais un scénario plus inquiétant pourrait se dessiner : celui qui verrait le passage d'un groupe à l'autre impossible.

Il existe plusieurs façons de séparer l'humanité. Il pourrait y avoir, comme on en a connu dans l'histoire de l'humanité, des « isolats » physiques ou culturels, avec des gens qui refusent de se mélanger, ou qui ne peuvent plus se mélanger car ils ne sont plus « interféconds », c'est-à-dire qu'ils ne peuvent pas faire d'enfants ensemble. Par exemple, nous ne pouvons pas féconder les bonobos (une variété de chimpanzés), qui sont pourtant nos très proches cousins. Le tigre et le lion peuvent s'accoupler, mais le fruit de leur union (le « tigron ») est stérile. Dans le même ordre d'idées, des différences génétiques de plus en plus marquées entre les groupes d'humains pourraient conduire à la fin de l'interfécondité.

On peut imaginer plusieurs types d'isolats dans le futur, à chaque extrémité des options possibles. Il pourra y avoir des individus qui refusent d'être augmentés ou modifiés, et d'un autre côté des transhumains augmentés, tellement modifiés que cela ne permettra plus l'interfécondité avec un autre groupe. L'humanité plurielle ressemblerait à des groupes d'ordinateurs qui ne sont plus « compatibles » entre eux, comme on dit dans le monde informatique. Essayez de faire communiquer un ordinateur Apple II des années 1980 et un Macbook, et vous aurez peut-être une idée du degré d'incompatibilité à venir entre humains et transhumains…

La difficulté du dialogue entre des groupes humains qui divergeraient ne doit pas être sous-estimée[1]. Nous avons expliqué plus haut l'inévitable dégradation du patrimoine génétique des espèces dans lesquelles la sélection darwinienne ne fait plus son œuvre. Cette dégradation concernerait les communautés néo-luddites qui auraient refusé toute réparation génétique. Sans sélection darwinienne, et au sein d'un groupe réduit, cette forme d'isolat s'avérera rapidement catastrophique pour les populations concernées. Ce serait le film *Délivrance,* version 2150. Ces reclus du futur pourraient devenir des parias génétiques dégénérés et vivre en marge d'une société high-tech dont ils refuseront les valeurs. Ce dualisme de l'humanité fait penser au roman *La Machine à remonter le temps* de H. G. Wells, où les Morlocks vivent sous la terre, alors que les Heloïms profitent d'une vie insouciante à la surface.

Une autre forme d'isolat, encore plus radicale, sera celle qui séparera les posthumains des autres groupes. Il y aura une séparation marquée entre les humains « cyborgs », augmentés par l'intelligence artificielle, et ceux dotés d'une simple intelligence biologique.

---

1. L'absence totale de communication entre Wallons et Flamands, dans un petit pays comme la Belgique, est déjà si angoissante !

Une hypothèse moins sombre est que l'intelligence artificielle, mise au service des humains biologiques non augmentés, décuplera aussi leurs propres capacités et leur permettra, d'une certaine manière, de « combler leur déficit ». Après tout, les moteurs de recherche actuels, comme Google, sont une forme embryonnaire d'IA. Ils permettent déjà à l'humain biologique de se connecter à toutes les bases de données, et de disposer virtuellement de « Petaoctets[1] » d'informations et d'analyses. Google est une intelligence artificielle qui ne se présente pas sous une forme « anthropomorphique », comme les cyborgs ou les robots, mais sous une forme diffuse, c'est-à-dire dématérialisée, qui la rend difficilement identifiable.

Maintenant, il faut aussi considérer l'hypothèse la plus pessimiste. Les nouvelles entités « supérieures » (transhumains ou robots) seront certainement tentées de prendre le pouvoir sur les humains biologiques au nom de leur écrasante supériorité. Pourquoi partager le pouvoir avec des êtres si faibles, immensément moins intelligents, moins résistants, à la vie si courte ? Et *a fortiori* se laisser dominer. Nous, humains biologiques, devrons veiller à établir au fil de l'évolution des relations harmonieuses avec les groupes de cette humanité élargie… mais il n'est pas sûr que ce soit possible. Les philosophes de l'IA pensent qu'il ne peut y avoir qu'une seule espèce dominante dans une région donnée de l'univers : c'est la théorie anglo-saxonne du « Singleton[2] ».

1. Un petaoctet représente un million de milliards d'informations.

2. « What is a Singleton ? », Nick Bostrom, *Linguistic and Philosophical Investigations*, 2006. Accessible en ligne : http://www.nickbostrom.com/fut/singleton.html

Si le sujet peut faire sourire, on notera quand même qu'au début de l'année 2009, les membres de l'Association pour le développement de l'intelligence artificielle (Association for the Advancement of Artificial Intelligence) ont lancé une mise en garde contre le risque d'une perte de contrôle par l'homme des nouvelles formes d'intelligence.

La crainte d'un génocide de l'Homme

Les rapports de force entre différentes formes d'humanité, plus ou moins hybridées avec des dispositifs bioniques, sont imprévisibles. Rien ne garantit qu'une humanité augmentée sera tolérante vis-à-vis des humains traditionnels. Notre comportement vis-à-vis des primates supérieurs, les chimpanzés et les bonobos n'est pas très rassurant. Si certains intellectuels d'Europe du Nord proposent d'intégrer nos cousins génétiques dans la grande famille humaine, dans l'ensemble la vie des grands singes n'est pas de tout repos : extermination par les rebelles congolais, cobayes pour la recherche scientifique, animaux de foire dans les cirques ou prisonniers dans les zoos. Nous, humains non augmentés, ne risquons-nous pas de devenir les Pygmées ou les Aborigènes du futur ? La possible tyrannie de la minorité transhumaniste doit être envisagée avec lucidité.

Édouard Balladur a choisi en 2009 une maxime de François Mitterrand comme titre de son dernier livre[1] :

---

1. Édouard Balladur, *Le pouvoir ne se partage pas : Conversations avec François Mitterrand*, Fayard, 2009.

« Le pouvoir ne se partage pas. » Pourquoi voudrait-on que les hommes augmentés pensent autrement que l'ancien président de la République française ?

Dans le film *Matrix* les humains sont utilisés et élevés comme simples piles à énergie par les machines ; le film *Terminator* est plus noir encore : les humains y sont tout simplement exterminés par des machines décidées à vider le monde de ces êtres inutiles.

Les opposants sérieux à la posthumanité mettent en avant le risque d'un conflit entre humains biologiques et posthumains. Le posthumain risque de considérer l'humain biologique comme un singe stupide et malfaisant ; une espèce inférieure qu'il convient de réduire en esclavage ou, pour plus de sécurité, d'éliminer de la surface de la terre. Il y aurait là les ingrédients d'un conflit frontal fondé sur des différences jugées irréductibles. Le fossé entre les capacités intellectuelles d'un camp par rapport à l'autre rendrait le dialogue impossible. Georges Annas[1] prédit un « génocide génétique » et voit dans la posthumanité une arme de destruction massive.

Il n'est pas impossible qu'un tel génocide ait déjà eu lieu par le passé : une des hypothèses scientifiques concernant l'étrange – et récente : vingt-huit millénaires, autant dire hier – disparition des hommes de Neandertal serait qu'ils auraient tout simplement été éliminés par *Homo sapiens sapiens*, nos ancêtres directs. De la même manière, l'ère biolithique pourrait bien être celle d'une sorte de suicide de l'humanité par procuration – son extermination par l'espèce supérieure qu'elle aura elle-même créée. Après

1. Titulaire de la chaire de Droit de la santé à Boston. *Genism, Racism and the Prospect of Genetic Genocide*, Georges J. Annas, *The Future of Values*, Berghan Books, 2004.

tout, l'Histoire nous apprend qu'aucune domination – pas plus celles des civilisations que des espèces – n'est éternelle. Ce risque existentiel rend bien dérisoires certains philosophes transhumanistes, qui considèrent qu'une attitude hostile vis-à-vis de l'intelligence artificielle constituerait « un nouveau racisme » : le racisme de l'intelligence biologique (nous) à l'encontre de l'intelligence siliconée (artificielle) !

En somme, nous ne pouvons pas partir du postulat que les minorités d'humains augmentés seront débonnaires. En effet, s'il y a beaucoup de choses que l'on peut programmer, déprogrammer ou reprogrammer dans notre génome, il semble très difficile de modifier ce que Jean-Pierre Changeux a appelé le « cerveau reptilien ». Ce module, le plus ancien du cerveau, est le maître de la lutte pour la survie… *Struggle for life* est sa devise. C'est lui qui a produit Auschwitz, et il est tellement structurant qu'il n'est pas évident que les humains augmentés cherchent à l'adoucir. Du reste, si certains humains souhaitent être augmentés, c'est bien pour assouvir une volonté de puissance sur eux-mêmes, la Nature et l'Univers. Le plus probable est qu'ils souhaiteront garder leur moteur vital, qui est le cœur de nos pulsions mégalomaniaques et agressives. Le risque que les hommes augmentés soient également mauvais ne doit pas être pris à la légère !

Vous avez aimé l'Afghanistan, vous adorerez le « Transhumanistan » !

L'existence de zones de non-droit a toujours traumatisé les civilisations établies. Le chaos peut être interne –

mafias, favelas, organisations sectaires – ou externe – pays rebelles, territoires anarchiques, zones de piraterie… De tels territoires pullulent depuis la fin de la Guerre froide : Colombie, Congo, Afrique subsaharienne, Somalie, Caucase, frontière pakistano-afghane, la région des grands lacs africains, le Haut Nil, l'Est Birman.

Les pays développés peuvent craindre que ces zones ne servent de creuset à des organisations adeptes de l'hyperterrorisme, c'est-à-dire du terrorisme NBIC. Ce qui était préoccupant jadis devient intolérable. En effet, comment accepter des mondes rebelles et hostiles disposant des technologies NBIC pouvant même créer des hommes augmentés défiant les hommes des civilisations installées ?

Dix ans après le 11 septembre 2001, les États-Unis cherchent toujours Ben Laden, qui se terre peut-être dans les *terra incognit*a de la frontière pakistano-afghane.

L'hypothèse de territoires tenus par des hommes augmentés est particulièrement troublante. Comment pourrait-on contrôler le « Transhumanistan » ? Celui-ci disposerait de la puissance puisqu'il n'aurait aucune limite dans la manipulation de l'Humain. Né à la périphérie, le Transhumanistan serait vite le cœur stratégique du monde. Il est probable que le reste du monde se balkaniserait face au nouveau cœur. La diaspora transhumaniste pourrait même coloniser la planète avec la complicité de traîtres locaux : ce serait Vichy 2.0 !

L'existence de territoires insoumis prêts à instrumentaliser la nature humaine pour disposer d'une puissance géostratégique a un goût de science-fiction des années 1950, mais la technologie va malheureusement leur donner un coup de jeune. C'est un choc des civilisations sous une forme qui n'avait pas été envisagée.

Ces risques seront peut-être conjurés par la force. Mais à quel prix ? La perte de liberté ? Un totalitarisme destiné à éradiquer préventivement toutes les séditions NBIC ? La dialectique liberté-sécurité est plus que jamais d'actualité.

Il est clair que ces perspectives obligent à relativiser l'optimisme dont ce livre a, jusqu'ici, fait preuve. La posthumanité qui s'annonce est-elle synonyme de liberté et d'expansion pour l'individu ? Ou, au contraire, la fin de l'humanité telle qu'on la connaît s'accompagnera-t-elle d'un écrasement des individus et d'une prise de pouvoir de la machine sur le biologique ? Ce n'est d'ailleurs pas la première fois que notre espèce est en danger : nous avons failli disparaître, il y a une cinquantaine de milliers d'années, vingt-cinq mille ans avant la disparation, bien réelle, des néandertaliens.

Cette question nous ramène à nouveau à celle de l'action politique. Nos démocraties doivent-elles laisser les sciences et les techniques prendre notre destin en main, ou au contraire légiférer pour protéger nos valeurs actuelles ? Et si elles choisissent l'intervention, en sont-elles encore capables ?

Le défi de la santé et de la bio-équité

Troisième défi : celui de la santé, qui porte en lui-même les germes de l'éternel problème de l'égalité entre les citoyens. Il n'existe pas de prévisions démographiques prenant en compte le probable doublement de l'espérance de vie, voire la quasi-immortalité, que nous pourrions connaître au cours de ce siècle. Il est pourtant de la responsabilité du politique d'anticiper les conséquences de ce recul de la mort. Il est possible que la technomédecine soit sur les rails dans les décennies qui viennent, et qu'un recul important et soudain de la mortalité traumatise profondément nos sociétés. Cette soudaine « mort de la mort » pourrait se révéler une fausse bonne nouvelle aux conséquences désastreuses. Faute d'avoir été anticipée, cette révolution médicale pourrait bien devenir un cadeau empoisonné pour nos sociétés.

Renouveau du médecin ou déqualification ?

La technomédecine va chambouler l'action médicale traditionnelle et son économie. Cette nouvelle médecine va nécessiter de nouvelles structures, de nouveaux acteurs, et de nouvelles organisations, en complément du système traditionnel.

Avec la technomédecine, nous allons passer d'une médecine d'organe à une médecine plus transversale. En effet, la génomique part des voies métaboliques (les réactions biochimiques) et non des organes, comme la médecine actuelle. Le gène est lié à une voie métabolique plus qu'à un organe. Il y aura donc dans les centres de soins des médecins d'un nouveau genre – un peu à la manière du célèbre docteur House de la série éponyme –, des spécialistes transversaux qui n'existent pas dans notre système. L'ordinateur sera au cœur de cette nouvelle médecine informationnelle, puisque les médecins auront besoin d'un accès aux données génétiques du patient. Il y aura inévitablement une mise en réseau des professionnels de santé pour partager le dossier médical du patient, ce qui est en soi une révolution majeure.

La refonte inévitable du système provoquera presque certainement, dans un premier temps, une réaction « poujadiste » des médecins. La technomédecine va marquer, pour eux, la fin de principes séculaires. Le sacro-saint et traditionnel colloque singulier entre un médecin et un patient va devoir évoluer, puisque la nouvelle médecine encouragera la transversalité. Et, plus généralement, les médecins devront se remettre en cause – à commencer par une mise à niveau en génétique – pour s'adapter à la nouvelle donne.

La génomique explore de nouvelles voies en associant des univers jusqu'ici non connexes. L'exemple de la schizophrénie permet de le comprendre. L'analyse de l'ADN de quinze mille malades a établi un lien entre schizophrénie et réponse immunitaire. La génomique impose donc d'ouvrir la prise en charge de cette maladie à différents spécialistes qui n'avaient pas l'habitude de travailler ensemble : psychiatres, immunologistes, virologues… C'est ainsi véritablement une nouvelle organisation du travail médical qui devra se mettre en place.

Éviter le « géno docteur Knock »

Mais cette technomédecine ne diminuera pas le rôle du médecin, au contraire. Le médecin ne sera pas le maréchal-ferrant du XXIe siècle ! Face au déluge de données que la génomique et la biologie vont générer, le rôle du médecin va devenir encore plus crucial. À l'aide de systèmes experts, il devra faire des choix terriblement complexes avec le patient.

L'avalanche de données de marqueurs biologiques et génétiques indiquera des prédispositions à de très nombreuses maladies. Il faudra faire le tri. Le médecin aura un rôle capital pour « hiérarchiser, planifier, accompagner et protéger ».

Hiérarchiser les données sera essentiel. On se soigne pour vivre, on ne vit pas pour se soigner. L'avalanche de données, les milliards de marqueurs pourraient conduire à multiplier les prises en charge au-delà du raisonnable. Chaque jour, on découvre trente mille nouveaux marqueurs génétiques dans notre ADN. Il faudra se concentrer sur quelques interventions préventives et il n'est pas envisageable de multiplier les actions médicales pour les centaines de prédispositions génétiques qui seront mises en évidence. Pire, une mauvaise analyse des données conduirait à inventer des maladies qui n'existent pas. Avec la génomique, il n'est pas difficile de marcher sur les pas du héros de Jules Romains, le docteur Knock. Ne pas nuire par excès de zèle sera un objectif essentiel de la technomédecine !

En évitant l'affolement et la surmédicalisation de l'existence, il faudra tout de même migrer vers une planification sur le long terme et non plus ponctuelle des actions médicales. Planifier la prise en charge est indispensable lorsque le risque de développer une maladie est connu des décennies avant son apparition. Les moyens seront vite à notre portée : la généralisation du séquençage intégral de l'ADN dès la naissance[1] est probable avant 2020. Le médecin devra construire un parcours de prévention pour éviter les principaux risques détectés. Par ailleurs, cette médecine sera préventive et proactive. Elle interviendra en

1. Voire peu après la conception, avec la possibilité de séquencer le bébé à partir de l'ADN foetal qui passe dans la circulation sanguine maternelle.

amont de la maladie, des décennies avant son apparition. Ce ne sera donc pas une médecine centrée sur l'hôpital mais au contraire une prise en charge organisée par le médecin de famille, branchée sur de puissantes bases de données Internet.

L'accompagnement du patient restera la tâche la plus noble du médecin. Elle deviendra plus essentielle que jamais. Nous connaîtrons une partie de notre destin, ce qui peut être lourd à porter. Le médecin devra cacher certains risques à long terme quand il n'y a pas de traitement préventif disponible. À quoi bon savoir à dix-huit ans que l'on risque de développer dans quarante ans une dégénérescence rétinienne liée à l'âge, tant qu'il n'y a pas de traitement préventif ? Sauf à vouloir augmenter les ventes d'antidépresseurs, l'intérêt est bien mince. Le médecin pourrait cacher cette donnée jusqu'au jour où un traitement préventif ou curatif sera mis au point.

La révélation du fardeau génétique sera délicate. Nous l'avons vu, même les Prix Nobel ne veulent pas connaître l'intégralité de leur destin génétique. Chacun a le droit de préserver ses « géno-tabous ». Le dialogue médecin-malade sera encore plus essentiel. Le médecin de l'ère NBIC ne sera pas un ingénieur froid et distant, abandonnant le patient aux machines.

Protéger les malades, enfin, sera tout aussi essentiel. Le médecin sera le gardien d'une somme incroyable de données touchant à l'identité profonde du patient. Les informations génomiques et neurobiologiques devront être protégées par le corps médical contre les tentatives de prise de contrôle, qu'elles émanent de la puissance publique ou de structures privées. Le médecin aura également un rôle crucial pour aider le patient à décrypter le flot d'informations médicales qui le submergeront, et pour le protéger des margoulins de la technomédecine qui rodent déjà autour de la misère humaine.

Charlatan.com

Toutes ces technologies vont générer de vraies informations et de faux scoops, des instituts de recherche sérieux et des charlatans, de vraies percées médicales et de fausses avancées.

La « science spectacle » va proliférer. Sur Internet, des dizaines de blogs tenus par des organisations sectaires distillent des informations fantaisistes voire délirantes sur la nanobiomédecine. Des thérapies géniques ou des médicaments à base de cellules souches non évalués sont commercialisés sur Internet, y compris au travers de bandeaux publicitaires présents sur des sites prestigieux.

Déjà, un petit garçon est mort, traité par une thérapie génique non validée ! Un marché noir de fausses cellules souches se structure à toute vitesse avec ses rabatteurs cyniques. D'ignobles vendeurs d'espoir colonisent Internet à la recherche de patients ou de leurs proches en quête de miracles. La nécessaire rigueur dans l'évaluation de la technomédecine paraît parfois inutilement tatillonne aux malades qui veulent le miracle tout de suite. Internet tend à devenir une sorte de Lourdes numérique, le pèlerinage et les cierges en moins. Il suffit de passer une heure au milieu de cette immense détresse collective pour comprendre que la protection des malades contre leur propre crédulité va être une tâche bien difficile. C'est pourtant indispensable : l'espoir ne remplace pas l'évaluation scientifique. Les premières thérapies géniques dans les maladies de sang de l'enfant ont partiellement échoué, il y a dix ans[1]. Jusqu'à très récemment, les traitements par cellules souches de la maladie de Parkinson n'étaient guère convaincants. Tout ne marchera pas tout de suite : il faudra canaliser les espoirs, ce qui est très difficile lorsqu'on est face à la souffrance de malades.

La protection des patients passera d'abord par le médecin qui a vocation à être l'avocat des malades contre les charlatans. Cette vigilance devra être maximale quand il s'agit de la santé de malades au pronostic grave et encore plus d'enfants en danger de mort, dont les parents désespérés sont prêts à tout tenter. Les médecins devront mettre les familles en garde contre la présence de ces charognards à l'affût de leurs futures victimes sur les forums Internet.

Vue la difficulté à briser le trafic de faux médicaments sur Internet, on mesure l'énergie qu'il faudra déployer pour stopper les margoulins et les docteurs Miracle de la nanobiomédecine.

Une technomédecine à deux vitesses ?

Il va être difficile, dans les prochaines décennies, d'éviter une forme de « rationnement génétique et biotechno-

1. En 1999, l'équipe d'Alain Fisher de l'hôpital Necker a initié une technique de thérapie génique pour les bébés bulles atteints d'un déficit immunitaire combiné sévère (Dics) lié au chromosome X. Au total, vingt bébés ont été soignés avec cette technique dans le monde, dont la moitié en France. L'essai a été suspendu en 2004, suite au développement de leucémies qui se sont déclarées chez certains enfants. La technique a été améliorée depuis et les autorités sanitaires ont donné leur feu vert en décembre 2010 à la reprise d'un essai incluant cinq bébés bulles.

logique », c'est-à-dire une médecine à deux vitesses. Les systèmes de santé ne pourront pas assumer la charge de toute une population de bien-portants. Nos économies occidentales à faible croissance auront toutes les peines du monde à assumer cette nouvelle catégorie de dépenses, qui exploseront sur les embryons, les enfants et les jeunes adultes ! Il va falloir dépenser beaucoup, très tôt dans la vie d'un individu, puisque les prédispositions aux maladies seront connues dès la naissance, voire avant par analyse génomique du fœtus. Ce sera une révolution. Les dépenses de santé sont aujourd'hui extraordinairement concentrées sur les personnes âgées. 70 % des coûts sont générés par 10 % de la population atteints de pathologies liées au vieillissement. En d'autres termes, les systèmes de santé vont devoir prendre en charge non plus seulement des malades, mais aussi des bien-portants demandant à ne pas être malades.

Le profil des dépenses de santé, qui est aujourd'hui similaire à celui concernant les retraites, se rapprochera des allocations familiales. La Sécu, qui se trouve déjà au bord de la banqueroute, va devoir s'adapter à cette nouvelle donne.

Contrairement aux idées reçues, les nouvelles technologies de santé ne permettent pas, au moins dans un premier temps, de réduire les dépenses. Dépister en 2012 une pathologie qui se déclenchera peut-être en 2037 ne va pas permettre de réaliser des économies mais va au contraire générer des dépenses de surveillance et de prévention qui n'auraient pas eu lieu sans cela. La génomique va donc coûter cher, très ou même trop cher au départ pour permettre un accès au plus grand nombre.

Dans un second temps, la baisse des coûts des thérapies issues de la génomique sera importante. La « courbe d'expérience » – c'est-à-dire la diminution des coûts quand les volumes augmentent et que la technologie progresse – permettra une démocratisation progressive de la technomédecine. Parallèlement à la croissance exponentielle de la technologie, cela devrait ainsi permettre une large diffusion du progrès.

La médecine peut aujourd'hui être considérée comme une technologie de l'information, tant l'informatique est au cœur de la recherche et du développement. La croissance de la technomédecine, et donc de notre longévité, sera comparable à la croissance exponentielle de la vitesse des processeurs d'ordinateur, à celle du rapport prix-performance des barrettes de mémoire vive, ou à la baisse du coût d'un transistor.

Cette diminution sera-t-elle cependant suffisamment rapide pour intervenir avant l'asphyxie financière totale de notre système de protection sanitaire ? On peut en douter, compte tenu du fait que le système est *déjà* en grave déséquilibre, avant même le développement de la technomédecine.

Et il ne faut pas compter sur des recettes magiques comme la séparation du petit et du gros risque pour régler la question. La politique de santé française repose, de fait, sur une sorte de « Yalta sanitaire » : à la Sécu, la vraie médecine lourde, et aux mutuelles et Assurances complémentaires, les petites bricoles et la médecine de ville – ce que les technocrates appellent parfois la « bobologie ». Ce partage est inenvisageable à l'ère de la génomique. Puisque la médecine de demain exigera une coordination et une anticipation très fortes, elle ne sera pas compatible avec le « découpage du patient » en tranches, confiées à plusieurs assureurs qui ne se parlent pas et s'occupent chacun d'une partie de sa prise en charge ! Il faudra demain, au contraire, fusionner l'Assurance Maladie et les mutuelles, ou tout du moins assurer une coordination étroite entre elles. Nous allons donc avoir besoin d'une ingénierie financière spécifique pour assumer la technomédecine.

En outre, l'implosion des systèmes de retraite sera un effet collatéral du développement de la technomédecine. Les démographes n'ont pas encore intégré la nature exponentielle de l'évolution technologique et ses conséquences sur notre longévité. Les prévisions prennent en compte une évolution linéaire de celle-ci, soit un gain de quelques années à l'horizon 2100. Cette vision linéaire du développement technologique a pour conséquence de nous priver de projections démographiques capitales. Combien serons-nous en 2100 si la mort recule de façon accélérée ?

Il suffit de voir les difficultés et les réticences rencontrées par les timides tentatives d'allongement de la durée de cotisation avant la retraite pour mesurer le cataclysme que produira un allongement subit et important de la durée moyenne de vie. Le système de retraite volerait tout simplement en éclat ! Comment assurera-t-on le paiement des millions de retraités qui dépasseront allègrement les cent ans ? Dominique Strauss-Kahn est le premier homme politique à avoir évoqué la perspective d'une espérance de vie de cent ans lors du débat sur le financement des retraites[1].

1. « Si on arrive à une vie de cent ans, on ne va pas continuer à avoir la retraite à soixante ans. Il va falloir que, d'une manière ou d'une autre, ça s'ajuste », Dominique Strauss-Kahn, « À vous de juger », France 2, le 20 mai 2010.

Du mauvais côté de l'Histoire : nous resterons aux portes de l'éternité

Au-delà d'un alourdissement des dépenses de santé et de retraite, c'est le problème de l'accès de tous à la biomédecine qui posera le plus de problèmes à l'État-providence.

La « fracture » numérique des années 1990, qui soulignait l'inégalité d'accès aux technologies informatiques – les ordinateurs, mais aussi et surtout Internet – entre les pauvres et les riches, mais aussi entre les zones rurales et urbaines, va sembler rétrospectivement dérisoire par rapport à la fracture génétique. Celle-ci sera un des plus redoutables défis que les pouvoirs publics devront relever.

Pendant longtemps, le dogme de l'Église catholique a affirmé que les hommes ayant eu la malchance de mourir avant la résurrection du Christ (quelque part autour de l'an 33) n'ont pas pu avoir accès au paradis, car celui-ci, ouvert par le Christ, était réservé aux seuls baptisés. Pour une simple question de calendrier, si bonnes et justes soient-elles, ces âmes étaient condamnées à errer pour toujours dans les limbes, en compagnie des bébés morts avant le baptême. Le Vatican a toutefois révisé sa position concernant les nouveau-nés décédés avant d'être baptisés.

L'avènement des biotechnologies va fixer une terrible et impitoyable barrière entre les hommes d'avant et d'après. Les premiers seront voués aux limbes pré-technomédecine, les autres auront droit au paradis infernal de la technomédecine.

Les innovations les plus radicales de la grande convergence NBIC ne sont pas attendues avant les années 2020-

2030. Notre génération va connaître le séquençage quasi gratuit de son ADN. La suivante connaîtra l'essor très rapide des techniques de « réparation » précoce de ses faiblesses génétiques et épigénétiques. Les techniques de blocage du vieillissement, qui ne sont pas encore au point, ne nous concerneront pas car elles supposeront des interventions précoces dès l'enfance.

Ce fossé génétique sera à l'évidence une période de transition douloureuse pour l'Humanité, avec d'un côté les chanceux qui auront bénéficié dès l'enfance de ces interventions, et les autres. Il y aura un abîme entre « ceux d'avant » et « ceux d'après ». D'un côté la vie longue, voire quasi éternelle puisqu'on ne mourra plus que par accident, suicide et meurtre. Et de l'autre, une humanité traditionnelle, née avant la mort de la mort. Il y aura des différences d'état physiologique spectaculaires entre un homme de quatre-vingts ans « d'avant », et un homme de quatre-vingts ans « d'après ».

Cette fracture génétique à venir sera plus importante que la barrière de l'argent, de la couleur de peau ou des origines sociales. Avoir bénéficié ou pas de certaines étapes fondamentales de prévention très précocement ne sera pas – contrairement à la pauvreté ou aux discriminations sociales – un problème solvable par l'État-providence. Bien sûr, l'augmentation de l'espérance de vie sera également importante pour « ceux d'avant » – « les Autres », comme on dit dans la série *Lost* –, mais il y aura bel et bien une humanité à deux vitesses biologiques.

Ce fossé sera sans doute perçu comme une injustice par les personnes concernées. La gestion de cette aigreur pourrait devenir une problématique biopolitique importante pour nos démocraties. Comment calmer ceux qui se retrouvent du mauvais côté de l'Histoire ? Comment gérer une société avec deux types de population distincts, dotés d'une espérance de vie qui va du simple au double, voire plus ?

Les fractures technologiques entre les générations ne sont pas un phénomène nouveau. Quand on parle de thérapeutiques et de dépistage, il existe déjà une forme d'injustice entre ceux qui ont bénéficié d'une prise en charge *via* une nouvelle technique et les autres. C'est le cas notamment des parents qui élèvent aujourd'hui un enfant trisomique 21, pour la simple raison que le dépistage a été rendu disponible juste après leur cas personnel. Il y a chez certains de ces parents un sentiment d'injustice bien compréhensible. Mais cette scission technologique, très sérieuse, ne concerne que peu d'individus. Demain, la fracture génétique concernera tout le monde. Elle va bouleverser nos sociétés comme aucune autre rupture technologique ne l'a fait dans l'histoire de l'Humanité. Le pilotage des NBIC sera bien difficile pour notre génération, coincée entre l'angoisse de l'anéantissement de notre civilisation et l'entrée dans une civilisation dans laquelle nous mesurons bien que nous n'aurons pas notre place.

La vie éternelle à deux vitesses

L'injustice de cette longévité à deux vitesses va-t-elle provoquer pour autant des émeutes ? Personne ne peut le dire. Après tout, l'espérance de vie moyenne d'un homme russe est aujourd'hui de moins de soixante ans ; celle d'un Japonais, de soixante-dix-neuf ans. Personne n'a remarqué de manifestations sur la place Rouge à ce sujet…

Alors qu'elles ne sont pas tout à fait sorties des limbes, les nouvelles technologies suscitent déjà une demande importante qui créera rapidement un fossé entre les individus *in* et les individus *out.* Du côté des patients, les nouvelles technologies génèrent déjà beaucoup d'espoir. Même si les thérapies ne sont pas pour tout de suite, le long terme ne fait pas peur aux milliardaires : ils n'hésitent pas d'ores et déjà à financer des centres de recherche, à l'instar du richissime cofondateur de Google, Sergei Brin[1].

Il est probable que cette inégalité sera acceptée comme une fatalité. Le fossé, néanmoins, pourrait rapidement devenir intolérable. On imagine mal un monde où les pauvres mourraient, alors que les plus riches vivraient presque indéfiniment. De la même manière que l'on peut juger aujourd'hui de la classe sociale et de la fortune de quelqu'un non seulement à la qualité de ses vêtements, mais bien plus sûrement à celle de sa dentition et à sa santé, on pourrait, demain, reconnaître d'un coup d'œil le riche à sa jeunesse artificielle.

De la même manière, on pourra plutôt parler des morts, au pluriel, car il existera une grande inégalité dans les façons de mourir. La mort subie, celle qui arrive « sans que l'on sache ni le jour ni l'heure » et qui est généralement précédée du dysfonctionnement d'un grand nombre de fonctions du corps, cette mort qui est encore celle que l'on connaît aujourd'hui, ne sera plus que le lot des plus défavorisés des humains. Pour les privilégiés, il s'agira d'une mort choisie (ou plus sûrement d'une absence de mort) que nulle maladie invalidante ne précédera. L'existence, pour les plus riches, sera binaire : soit la parfaite

1. Qui se sait porteur d'un gène de prédisposition à la maladie de Parkinson et s'investit beaucoup dans ce domaine.

santé, soit la mort sans douleur et immédiate si l'on est un jour lassé de l'existence.

Il y aura des groupes de pression pour s'indigner que tout le monde ne bénéficie pas des meilleurs traitements. Ces revendications augmenteront la désirabilité sociale de ces biotechnologies, perçues comme des biens de luxe, et donc leur adoption. L'égalité face à la non-mort sera sans doute un thème de prédilection de nos hommes politiques du futur, mais toutes les déclarations du monde ne permettront pas immédiatement de vaincre la loi d'airain de l'économie. Avant que l'ensemble des biotechnologies devienne partie intégrante du socle de santé minimale et que leur coût baisse suffisamment, il s'écoulera sans doute pas mal de temps : la période de transition sera longue.

D'autres groupes de pression, d'un autre genre, auront les ressources financières pour se faire entendre. Nous allons assister à la naissance de groupes de pression médicaux (« s'il vous plaît, recherchez une thérapie à cette maladie plutôt qu'à une autre »), voire à celle de projets médico-entrepreneuriaux menés par des groupes mondiaux de malades qui cotisent pour financer la recherche sur une pathologie spécifique. Ce seraient des sortes de « bio-Sicav » : ces patients-investisseurs bénéficieraient prioritairement des découvertes, une ou deux décennies plus tard... De cette dérive, diront certains ayatollahs de l'égalité devant la maladie. Faut-il alors contrôler le génome des responsables de la politique de recherche médicale, afin d'être certains qu'ils n'orientent pas les travaux scientifiques vers les pathologies pour lesquelles ils ont une prédisposition ?

Le développement de projets privés, même à but non lucratif, de lutte contre les maladies génétiques, fait parfois grincer des dents. Le Pr. Jacques Testard, qui fut à l'origine du premier bébé éprouvette français, Amandine, s'insurge contre le Téléthon et a proposé son interdiction au nom de l'égalité entre les malades. Pourquoi, explique-t-il, les enfants myopathes seraient-ils prioritaires dans la course à la recherche de nouveaux traitements par rapport à d'autres catégories de malades ? Pierre Bergé, le président de Sidaction, a également violemment attaqué le Téléthon en novembre 2009, lui reprochant de monopoliser la générosité publique en faveur d'un seul type de pathologies et proposant de mutualiser les dons et de les partager entre toutes les recherches. Ces questions sont violentes et non consensuelles ; la réponse n'est pas simple non plus.

Le redoutable défi de la bio-équité : repenser le financement de la santé

En principe, cette inégalité devant la mort ne devrait être qu'une première étape. La croissance exponentielle de la demande provoquera une chute rapide des coûts, et les innovations technologiques se démocratiseront beaucoup plus vite qu'aujourd'hui. Toutefois, la démocratisation des progrès médicaux ne sera possible que si nos pays à faible croissance font, dès aujourd'hui, les bons choix industriels pour assurer l'avenir. Sans cela, l'État-providence risque fort de ne pas être à la hauteur des attentes des citoyens et de n'avoir jamais les moyens suffisants pour assurer une relative bio-équité entre les riches et les pauvres.

Si les moyens dégagés sont suffisants, nos sociétés pourront aller vers des « géno-inégalités positives » – plus lourd est ton fardeau génétique, plus tu es pris en charge par l'État – qui rappelleront beaucoup, toutes choses égales d'ailleurs, le « pacte social » de l'État-Providence actuel. Si les fonds manquent, au contraire, il faudra revenir à des modes de régulation sociale préindustriels pour faire accepter les inégalités. Va-t-on pousser l'opinion à penser que la myopathie est un don de la Providence (version religieuse) ou de la Nature (version verts), et qu'il faut donc faire avec ?

Si nos sociétés en sont réduites à ces expédients pour faire accepter l'inégalité la plus fondamentale – celle qui frappera les hommes devant la mort – elles ne pourront sans doute pas préserver les systèmes actuels de solidarité. Personne n'acceptera le principe d'une mutualisation qui ne sera capable de fournir qu'une couverture médicale dépassée. L'individualisation de la santé va devenir une revendication forte. Seuls les plus riches auront les moyens de cotiser à ces assurances santé d'un nouveau type. L'État-providence ne pourra pas suivre, limité qu'il sera par des finances déjà exsangues.

Un problème tout simple va rapidement se poser avec la progression du diagnostic génétique. Chacun pouvant connaître ses risques, les patients les moins menacés demanderont un allègement de leurs cotisations d'assurance maladie. Chacun voudra payer pour ses propres risques, et non plus pour ceux des autres. C'est le principe même de solidarité – celui qui fonde la Sécurité sociale – qui s'effondrera.

Cela pourra prendre la forme, dans un premier temps, de réductions accordées à ceux qu'aucune maladie majeure ne menace, un peu comme aujourd'hui on réduit les cotisations des bons conducteurs et des gens qui ne fument pas. Puis, dans un second temps, il sera logique d'imposer aux porteurs de « mauvais gènes » des cotisations augmentées, voire de refuser carrément de couvrir ces personnes.

La tribune libre publiée par Roselyne Bachelot et Éric Besson le 2 novembre 2008 dans le journal *Les Échos* montre bien que le problème est déjà clairement perceptible : « Jusqu'ici, l'ignorance de notre devenir médical était subie. Demain, grâce à la connaissance des déclencheurs individuels de maladies, il faudra maintenir ce voile d'ignorance pour préserver les conditions d'une solidarité effective [...] pour nous accorder sur les formes de protection sociale qui permettront d'assurer à chacun un égal accès aux soins [...], il paraît essentiel de maintenir intact ce voile d'ignorance, qui interdit de désigner par avance lequel d'entre nous coûtera le plus cher à la société. » Pour résumer ces propos, la ministre de la Santé et le secrétaire d'État chargé du Développement de l'économie numérique[1] veulent nous protéger « avec un voile d'ignorance », une sorte de burqa de la connaissance.

À en croire certains dirigeants politiques, il faut donc interdire l'accès à son ADN, pour être certain que les porteurs de « bons gènes » n'exigent pas une ristourne sur leur CSG ! Mais comment imposer ce voile d'ignorance quand chacun pourra, pour quelques dollars, obtenir par retour de courrier son propre diagnostic génétique ? Les hauts fonctionnaires qui ont rédigé cette prose ont trop lu Rawls[2], qui utilise cette notion purement théorique de « voile d'ignorance » dans ses écrits sur la justice. Mais

1. À l'époque de cette tribune.
2. John Rawls, *Théorie de la justice*, 1971.

seul un État totalitaire particulièrement violent pourrait à l'avenir « garder intact » ce dernier.

Vouloir infantiliser ainsi la population française pour protéger les finances de l'État-providence est un combat perdu d'avance. À ce compte, il fallait interdire Internet en 1994 pour « protéger » les citoyens des « spams », des rumeurs et des virus informatiques. Ce discours Banania-bioconservateur d'une folle condescendance (en gros « toi pas besoin savoir », « y'a pas bon ADN », « toi y'en a pas besoin connaître ton avenir génétique »)[1] ne passera pas avec la génération Y. Et encore moins avec la suivante… Il ne faut pas être grand clerc pour deviner que la politique du « voile d'ignorance » sera contournée. L'interdit fera eau de toutes parts, la cloche mise sur le diagnostic génétique devenant rapidement une passoire dérisoire.

Une taxe de solidarité génétique ?

La réponse proposée par les autorités est donc totalement inadaptée. La bioéquité ne passera jamais par un nivellement refusant le progrès, pour la bonne raison que nous vivons dans un monde ouvert où l'interdit local sera toujours contournable.

Alors, que faire ?

Plusieurs scénarios – très schématiques – sont possibles.

D'abord, un budget identique pour chaque citoyen, indépendamment de ses revenus, avec interdiction de prendre une mutuelle « géno-complémentaire ». Mais

1. Même si bien sûr, chacun est libre de délimiter ce qu'il veut savoir et ce qui reste tabou.

cette interdiction – outre qu'elle serait aisément contournable – risque fort d'être frappée d'inconstitutionnalité.

Deuxième hypothèse, un objectif cible de qualité de génome égale pour tout le monde. On ne vise plus un budget identique, mais une qualité de vie identique. Ce genre de choix ferait écho aux travaux du Prix Nobel d'économie Amartya Sen[1] qui plaide pour une approche de l'égalité en termes de « capabilités de base » comprenant l'éducation, la santé, etc. Dans ce cas, les dépenses seraient donc supérieures pour les individus porteurs d'un fardeau génétique.

On voit bien avec cette description schématique que le principal problème se situera dans l'écart de plus en plus important entre les citoyens les plus « coûteux » et les autres. Ainsi, les citoyens porteurs de gènes plutôt « bons » le sauront très tôt et auront tendance à vouloir échapper au système de protection collective. Pourquoi devrais-je payer d'énormes cotisations sociales, diront-ils, alors que je ne vais rien coûter à l'État-providence ?

Plutôt qu'un interdit légal, nous pensons que seule une idéologie puissante de la solidarité, inculquée dès le plus jeune âge, pourrait empêcher qu'un tel raisonnement se développe. Après tout, c'est bien au nom de la solidarité que les Français les plus riches acceptent de payer des impôts et des cotisations pour soutenir les moins fortunés de leurs compatriotes. Les pays scandinaves seraient les mieux préparés à une telle culture collective.

Néanmoins, cette idéologie de la solidarité montre déjà ses limites sous la forme du phénomène bien connu de l'exil fiscal. On pourrait donc craindre qu'après la fuite

1. Amartya Sen, *Repenser l'inégalité*, Le Seuil, 2000.

des millionnaires pour des raisons fiscales, on assiste à l'avenir à la fuite des citoyens les plus en forme. Après l'évasion fiscale, l'évasion génomique… !

Dans tous les cas de figure, il semble clair que la totalité du système de santé a vocation à être revue. Il faudra trouver de nouvelles recettes en abondance, assises sur des assiettes nouvelles et réparties selon des clés à déterminer. On pourrait imaginer par exemple une « taxe de solidarité génétique » touchant les gens de façon inversement proportionnelle à leur handicap génétique. Un sacré chantier qui sera probablement vécu dans la douleur ; et aussi une nouvelle usine à gaz.

Le défi économique et stratégique

Le dernier des grands défis concerne l'économie. Il peut paraître de peu d'enjeu en regard des problèmes que nous avons évoqués. Cependant, il faut se rappeler que la prospérité de notre économie conditionne notre niveau de vie et donc aussi, notre bien-être. Les conditions matérielles de notre existence ne sont pas une question secondaire. Or c'est bien la prospérité de notre vieille Europe qui est aussi menacée par la révolution biotechnologique.

L'entreprise réinventée… sans l'Homme ?

La transhumanité, puis la posthumanité, seront accompagnées par des changements de modèles économiques radicaux. Ce n'est pas seulement l'être humain qui va évoluer profondément, mais aussi notre mode de vie et l'économie qui le rend possible. La contribution du travail physique humain à l'économie est depuis toujours prépondérante. Mais cette part, encore largement majoritaire, est déjà peu à peu grignotée par la robotique, l'intelligence artificielle (logiciels divers et variés, qui gèrent par exemple les moteurs de recherche, la circulation des avions ou des trains) et la réalité virtuelle (jeux, Internet).

Plus nous avancerons dans la transhumanité, plus la robotique, l'intelligence artificielle et la réalité virtuelle vont gagner du terrain, et réduire l'importance du travail physique. Vers 2040-2050, la robotique laissera progressivement place aux nanotechnologies et l'intelligence artificielle va doucement asseoir son règne, jusqu'à représenter le cœur de l'économie. Des ordinateurs surpuissants seront à terme capables de s'améliorer eux-mêmes, sans la moindre intervention humaine.

Nous allons assister, de ce fait, à une évolution radicale des notions « d'entreprise », « d'employeur » et « d'employé ». La notion même de travail va elle aussi prendre d'autres formes. Nous allons vers une individualisation des talents. Une société composée de milliards « d'auto-entreprises » d'une personne. Chacune d'elle changera fréquemment de projet et de statut en fonction de ses capacités et de ses centres d'intérêt.

L'Europe devient un Jurassic Park industriel

Tandis que les Américains et les Asiatiques n'hésitent pas à nourrir leurs populations avec des OGM, les Européens résistent encore et toujours. Pendant que le monde investit des milliards de dollars dans les industries liées aux biotechnologies, Bruxelles freine des quatre fers sous la pression des lobbies. Le « principe de précaution », qui devient parfois un véritable « délire de précaution », est devenu un réflexe antitechnologique pavlovien. Le malthusianisme technologique au nom des bons sentiments et de l'éthique est en train de faire prendre un retard peut-être irrattrapable à l'Union européenne et à la France. Alors que le code ADN devient le langage-clé du XXIe siècle et le moteur de l'économie mondiale, nous renonçons à y prendre part. Dans le domaine agricole par exemple, la spécialisation de notre continent dans l'agriculture bio – le refus des OGM est symptomatique de ce choix – enchantera certes les bobos et les tenants du lobby DFE (décroissance, frugalité et écologie), mais ne nous permettra pas de lutter à armes égales avec les puissances montantes développant une agriculture plus performante, qui ne s'arrêtent pas à ce genre de considérations conservatrices.

Nous regardons sur le quai le train de la prospérité partir en agitant nos mouchoirs... Ils pourront toujours nous servir après pour pleurer.

La Chine ne se contente pas de mener une politique de rattrapage économique époustouflante. Elle a également compris que les secteurs d'avenir étaient liés aux technologies de la grande convergence. Chine et États-Unis utilisent activement les technologies NBIC comme nouveaux leviers de leurs ambitions impérialistes. Ces deux nations vont former un « G2 » fondé sur la maîtrise de la génétique et des nanotechnologies. Dans ce dernier domaine, la Chine est déjà numéro un mondial en termes de publications scientifiques et a dépassé les États-Unis depuis fin 2008. Le « Vampire du milieu », pour reprendre l'expression imagée de François Lenglet[1], s'appuie sur la révolution NBIC pour asseoir son pouvoir géostratégique !

1. Directeur de la rédaction de *La Tribune*.

Le retard de l'Europe en matière de brevets et de recherche en général est également très inquiétant. Cette technomédecine, qui va très vite devenir la première industrie mondiale, sera-t-elle seulement *made in China* ou *made in USA* ?

La position européenne est, pour le moment, celle des yeux fermés et des hurlements effarouchés. Le principe de précaution laisse un boulevard aux industriels de la zone Asie-Pacifique, tandis que nous continuons à subventionner des secteurs économiques condamnés. Mais les réalités économiques devraient faire bouger les lignes et réduire l'influence des bioconservateurs. Les politiques n'ont pas le choix ; ils commencent doucement à le comprendre.

Pouvons-nous laisser l'avenir de nos enfants aux mains des néo-babas archaïques ? La conséquence serait notre vassalisation par les puissances montantes de l'Asie et surtout, la ruine de l'État-providence, avec, à terme, la fin de la protection sociale et de notre système de santé. L'Europe et la France ne peuvent se permettre de passer à côté des révolutions technologiques en cours. C'est une question de survie. Jean de Kervasdoué a raison de souligner que la peur technologique est au-dessus de nos moyens[1].

Les pays qui réussiront l'adhésion sociale aux technologies NBIC gagneront la bataille pour le leadership mondial. L'Asie, qui ne partage pas notre fascination pour le principe de précaution, va y trouver le moteur de sa soif de revanche sur l'Occident. La prospérité des générations

1. Jean de Kervasdoué, *La peur est au-dessus de nos moyens*, Plon, 2011.

futures dépend de notre capacité à nous mobiliser, dès aujourd'hui, sur ces questions.

Géopolitique et NBIC

Selon une logique implacable, cette rupture technologique va accélérer le basculement du centre de gravité mondial que Jacques Attali avait prophétisé dès 1980. Quasi absente des nanobiotechnologies, qui vont devenir la première industrie mondiale du XXIe siècle, l'Europe ne pourra prétendre qu'à une très faible croissance à moyen terme. De nouveaux empires technologiques et industriels se construisent sur un terreau nationaliste qui déstabilise les opinions occidentales vieillissantes et fatiguées. Notre myopie stratégique nous masque le fait que, pendant la crise financière, la montée en puissance de l'Asie s'accélère.

Le choix implicite – et objectivement tentant, dans un contexte de crise – de promouvoir dans l'immédiat les secteurs condamnés et les services à la personne non délocalisables exclut en effet que notre continent tienne demain sa place dans le nouvel ordre économique mondial. Il risque d'autant plus de nous condamner à une croissance faible et à des emplois à faible évolution de rémunération qu'une grosse partie des services à la personne sont directement ou indirectement financés par l'impôt, alors même que la pression fiscale européenne est déjà forte.

Au nom des bons sentiments et d'une vision dépassée de l'économie, les pouvoirs publics négligent parallèlement les industries du futur et notamment la génomique. Il est vrai qu'il est électoralement plus payant à court terme de baisser la TVA sur la restauration, même si ce secteur n'est soumis à aucune concurrence internationale et ne risque pas de se délocaliser.

Plus généralement, la faiblesse de l'Europe dans les technologies convergentes va l'affaiblir dans l'ensemble des industries du futur qui seront irriguées par la « grande convergence » : les technologies de demain seront pour une large part à l'intersection NBIC, où elles se fertiliseront mutuellement. Les conséquences pour l'attractivité technologique et industrielle de l'Europe de ce défaut de spécialisation en biotechnologie constituent un danger sous-estimé par la société et malheureusement assez irréversible.

La révolution de l'ADN va par ailleurs entraîner des bouleversements démographiques qui ne sont pas sans conséquences. La longue éclipse japonaise qui dure depuis deux décennies démontre à quel point une démographie déclinante peut contribuer à casser une dynamique de croissance. Or l'augmentation de l'espérance de vie sera beaucoup plus rapide que ne le prévoient les démographes, qui n'intègrent pas encore le « big-bang biotechnologique » qui débute.

En réalité, l'espérance de vie pourrait croître dès les années 2020 ou 2030 de façon exponentielle et la perspective d'une espérance de vie de deux cents ans à la fin du XXIe siècle est peut-être une hypothèse conservatrice. Mais cette évolution sera plus ou moins effective selon l'acceptation sociale des nouvelles thérapies issues de la grande convergence NBIC.

Les sociétés de la zone Asie-Pacifique accepteront sans doute plus rapidement ces avancées que les sociétés européennes, ce qui favorisera encore la croissance économique et démographique des nouveaux géants au détriment des pays de l'OCDE. L'écart d'espérance de vie entre les pays pourrait se creuser, et la démographie à la fin du XXIe siècle être très différente de celle envisagée.

Le décalage structurel de croissance entre le reste du monde et l'Europe, qu'une quasi-absence dans les industries NBIC ne peut qu'accentuer, pourrait engendrer une cascade d'événements mortifères. Des revendications salariales impossibles à satisfaire, en premier lieu : sauf à cultiver une vision raciste du monde, on voit mal comment le « bac moins 3 » français ou belge aux heures comptées et limitées pourra très longtemps gagner cinq fois plus que le docteur en génomique de Bangalore ou de Shanghai. Dans des pays européens dont la stabilité est justement assise sur la loyauté de larges classes moyennes, cette frustration majeure, et l'hostilité croissante envers les élites politiques qui l'accompagnera vraisemblablement sont de véritables poisons.

Nos enfants nous haïront de leur avoir légué une économie inadaptée aux enjeux de demain. Et c'est bien parti ! Un sondage international réalisé par la Fondation pour l'innovation politique[1] en 2008 a posé aux jeunes de plusieurs pays la question « êtes-vous prêts à payer les impôts nécessaires pour verser les retraites des générations plus âgées ? ». « Oui », ont répondu 63 % des jeunes Chinois, 56 % des jeunes Russes, 51 % des jeunes Indiens. Les jeunes Français se singularisent complètement puisque seulement 11 % d'entre eux s'y sont montrés favorables. Nos enfants nous haïssent déjà !

Le basculement du centre du monde des pays occidentaux vers la zone Asie-Pacifique est-il réversible ? Ce

1. http://www.fondapol.org/

phénomène est déjà bien engagé, tant notre retard technologique se creuse. Un renversement de tendance est peut-être encore possible, mais supposerait que les élites européennes s'intéressent plus aux technologies de demain issues de la convergence NBIC qu'au soutien aux industries et activités du passé !

Bombarder Shanghai ?

On imagine sans mal ce qui se passerait si nous étions tentés d'interdire aux puissances montantes de l'Asie de développer leurs industries nanobiotechnologiques, pour nous permettre de maintenir notre niveau de vie, tout en restant accrochés aux technologies d'hier. Les nouveaux maîtres de l'Asie hausseraient les épaules avec mépris ! « Nous avons nos propres cerveaux », déclarait l'ancien président pakistanais sur CNN[1], pour résumer d'une formule assassine le mépris que l'arrogance occidentale lui inspire.

Les puissances de l'Asie ne renonceront pas aux technologies NBIC, qu'elles ont identifiées comme les nouveaux leviers du pouvoir, au nom de valeurs occidentales auxquelles elles n'adhèrent pas. Il suffit d'observer quelques idéogrammes chinois, tels « pays », « liberté », « crise »… pour comprendre que nos visions du monde sont légèrement décalées ! La volonté de revanche géopolitique de l'Asie rend illusoire l'espoir d'un consensus sur l'utilisation des nanobiotechnologies.

Nous risquons d'être des « roquets géopolitiques » essayant d'imposer une vision néo-colonialiste. Une

1. Pervez Moucharraf, président du Pakistan, critiquant l'« arrogance intellectuelle » des Occidentaux donnant des conseils aux pays en développement.

Europe fatiguée, frileuse et technophobe va avoir du mal à convaincre une Chine techno-optimiste d'abandonner les nanobiotechnologies où elle devient leader pour se re-spécialiser dans la fabrication de T-shirts. Nous n'allons pas bombarder Shanghai pour imposer notre point de vue !

Nous confondons trop souvent prendre un peu de recul pour jauger les nouvelles avancées de la science et passer son tour. Le principe de précaution conduit à accumuler du retard sur les nouvelles puissances asiatiques qui assument des risques technologiques qui nous font peur. L'équation à résoudre est simple : pouvons-nous nous permettre de passer une nouvelle fois à côté d'une révolution technologique et laisser à nos enfants, outre une montagne de dette, un tissu économique absent des segments porteurs ? La réponse est claire. Nous ne pouvons accepter notre vassalisation par les puissances montantes de l'Asie, et la création d'une médecine régénérative *offshore* réservée aux plus riches. Le lobby de l'avenir doit se réveiller. Il ne doit certes pas éluder la question éthique, mais pendant que nous discutons éthique *ad vitam æternam*, nos concurrents s'enfoncent dans la brèche et marquent leur territoire sur le plan économique et industriel.

Le dilemme est terrible. Pour participer au débat mondial sur les limites des technologies NBIC, il faut garder une puissance industrielle et technologie significative, ce qui suppose d'entrer dans l'aventure technoscientifique. Il serait illusoire d'imaginer qu'une Europe déclassée dans les technologies NBIC pourrait être écoutée par les nouvelles puissances. Nous devons foncer dans les NBIC pour pouvoir participer à la fixation de lignes rouges internationales !

L'Asie n'a plus besoin de nous

L'Occident ne maintient son niveau de vie – la crise financière des *subprimes* l'a bien illustré – que grâce à un endettement massif, qui n'est guère tenable à moyen terme. Depuis deux décennies le déclin relatif de l'économie des pays occidentaux s'est en effet accéléré. La part des exportations de produits haut de gamme ne cesse de baisser en Europe alors qu'elle monte régulièrement dans les pays asiatiques, comme l'a montré l'économiste Patrick Artus.

Il serait naïf de penser que les nouveaux maîtres de l'Asie vont souhaiter nous imiter. Quelle aventure proposons-nous aux autres pays ? Nous aurons du mal à faire vibrer le monde avec notre idéologie de la décroissance. Surveiller son compteur électrique est très excitant pour des pays vieillissants, mais n'est pas une nouvelle frontière pour les pays émergents. Le mythe de la décroissance heureuse, si bien décrypté par l'essayiste Mathieu Laine[1], ne fascine que nous !

Nos pays, saturés de peur et gouvernés par des pouvoirs tétanisés, risquent même de ne plus faire partie des pays riches. Doivent-ils se résigner à être exclus de la gouvernance mondiale ? Pour paraphraser Hegel, les maîtres d'hier risquent de devenir les esclaves de demain. La Chine s'installe au centre du monde. Il faut bien admettre la fin du monopole occidental dans la gestion du monde. En témoigne la disparition du G7 qui, inventé dans les années 1970 par Valéry Giscard d'Estaing, alors président de la

1. « Le mythe de la décroissance heureuse », *La Tribune*, 1er septembre 2009.

République, avait permis à sept pays – États-Unis, Allemagne, France, Angleterre, Japon, Canada et Italie – de se proclamer directoire du monde sans que personne s'en offusque. Ce groupe a disparu et s'est fondu en 2008-2009 dans le G20, à l'intérieur duquel la Chine et le Brésil pèsent plus que l'Union européenne et ses vingt-sept États.

Une chose est certaine, les technologies NBIC produiront des accidents, des crises. Le capitalisme est fondé sur le risque et l'innovation, une démarche pilotée par les essais et les erreurs qui produisent mécaniquement des accidents, aussi sûrement que la finance produit des bulles. Le refus du risque, aussi légitime et raisonnable soit-il, se traduira par notre vassalisation économique et technologique. Avec une telle culture, il n'y aura pas de Silicon Valley européenne. L'autodestruction de la génomique française, leader mondial en 1990, est un triste précédent.

Le gâchis français

La France était leader au moment de l'apparition de ces secteurs ! On l'oublie trop souvent, mais ce sont les Français qui ont créé en 1991 le Généthon, premier laboratoire au monde de cartographie du génome. À cette époque, nos chercheurs étaient à la pointe et damaient le pion à la puissance américaine. Dès 1992, le Généthon a produit, grâce à une technique révolutionnaire, une première carte du génome humain trois fois plus détaillée que la précédente. C'était un événement considérable. Les professeurs Jean Weissenbach et Daniel Cohen sont devenus des figures mythiques. Craig Venter reconnaît lui-même que c'est en venant en France qu'il a eu l'idée d'industrialiser l'analyse de l'ADN…

Mais, très vite, les Américains ont dépassé la technique française et investi des sommes considérables pour récupérer le fauteuil de leader dans la course au séquençage du génome, le Graal de la génétique. Notre approche était la bonne ; il suffisait de l'appliquer avec des moyens sérieux. Le génial et mégalomane industriel américain Craig Venter, toujours, a investi 300 millions de dollars dans un gigantesque laboratoire climatisé, rempli de centaines de machines et d'ordinateurs, dont la consommation électrique était comparable à celle d'une ville. Le projet public américain était au moins aussi important. Pendant ce temps, le Généthon fonctionnait avec des bouts de ficelle.

L'Association française contre les myopathies (à l'origine du Téléthon), qui finançait jusqu'alors le Généthon, décide logiquement de concentrer son action sur les thérapies géniques. Mais, alors que les responsables du Généthon s'attendaient à ce que l'État prenne le relais du financement, rien ne s'est produit ! Le manque d'ambition des décideurs, l'absence de synergie, et une certaine résignation naturelle expliquent ce formidable gâchis à la française. Ni les politiques ni les responsables des grands organismes de recherche ne se sont mobilisés pour contrer l'offensive américaine. Personne, parmi les leaders politiques de l'époque, n'a semblé comprendre les enjeux stratégiques et économiques du séquençage du génome humain.

Cette stratégie suicidaire, ou plutôt cette absence totale de stratégie, nous sommes en train de la revivre avec les cellules souches. À trop vouloir légiférer, à trop vouloir ne déplaire à personne, à force d'appliquer le « principe de précaution » pour tout et n'importe quoi, nous risquons d'être laissés sur le bord de la route du développement. Pendant que nous débattons à l'infini, nos concurrents avancent, sans pour autant faire n'importe quoi sur le plan éthique. Tandis que nos ministres ne veulent pas entendre parler de médecine personnalisée, Barack Obama nomme un généticien à la tête de l'administration de la santé et de la recherche aux États-Unis ! Tandis que nous redoutons les coûts de la technomédecine, Obama investit pour l'avenir et décrète que la génomique va devenir un axe majeur du redéploiement de l'économie américaine.

Il faut le répéter : les technologies du vivant vont devenir la première industrie mondiale au cours de ce siècle. La compétition pour exister demain dans le vaste domaine de la technomédecine a déjà débuté.

La carte du monde des centres de recherche sur les cellules souches est édifiante : l'immense majorité de ces pôles est située aux États-Unis et en Asie. Pas assez en Europe. L'État de Californie, qui se trouve pourtant dans une situation économique très précaire, vient de lancer un ambitieux programme de recherche de 3 milliards de dollars sur les cellules souches (fruit d'un référendum datant de 2004). Pour l'État de New York, il s'agit d'un programme public à hauteur de 600 millions de dollars. L'argent du privé arrive également en masse dans ce domaine, même si les applications thérapeutiques concrètes (et donc les bénéfices) ne sont pas pour demain matin. La médecine régénérative n'est encore qu'à ses débuts, mais le privé et le public investissent sur ce qui devrait devenir un jour un marché colossal. La Californie de Schwarzenegger pourrait bien se frotter les mains de son audacieux pari, même si ce n'est que dans dix ans.

Alors que notre université peine à se réformer et doit survivre avec des budgets faméliques, les gros établissements américains et chinois investissent des sommes énormes dans la recherche. La guerre de la recherche est d'abord et avant tout une question d'argent. Avoir des idées, si bonnes et brillantes soient-elles, ne suffit pas. Il suffit d'aller faire un tour dans les couloirs des centres de recherche français pour comprendre que nous sommes en train de perdre la bataille : l'absence de moyens, le déficit de soutien administratif oblige les héroïques chercheurs à se faire secrétaires, comptables, démarcheurs de fonds… Autant d'activités qui les éloignent de leurs paillasses déjà peu fournies. Comment s'étonner de la terrifiante fuite des meilleurs cerveaux vers des laboratoires étrangers, quand on sait à quel point les chercheurs y sont mieux traités qu'en France ?

La révision des lois bioéthiques, en France et en Europe, ne pourra être envisagée seulement sous l'angle moral, en ignorant l'aspect industriel.

Les enjeux dans l'industrie pharmaceutique constituent un bon exemple, à très court terme, de ce qu'un manque de volontarisme peut provoquer. Faute d'investissements suffisants en recherche et développement, nous sommes à la traîne. Le journal *Les Échos* a révélé en 2009 une étude internationale sur les implantations de centres de recherche pharmaceutiques dans le monde, qui est particulièrement préoccupante. Entre 2001 et 2006, les grands laboratoires ont ouvert deux centres de recherche en Europe et en ont fermé dix-huit. Pendant la même période, ils en ouvraient quatorze en Asie et n'en ont fermé qu'un seul dans cette zone.

Si nous nous entêtons plus longtemps à ignorer les enjeux industriels dans les lois bioéthiques, nous aurons tiré un trait sur notre prospérité future, sans pour autant gagner quoi que ce soit d'un point de vue éthique. Un chiffre dit tout : la République islamique d'Iran investit aujourd'hui plus que la France dans les cellules souches. Pour gagner beaucoup d'argent en France, il faut construire des éoliennes et des panneaux solaires avec l'argent des contribuables. Le métier de chasseur de primes vertes est beaucoup plus facile[1] que la lutte contre les industriels asiatiques des biotechnologies !

Dans une Europe en récession, dont l'économie repose encore sur des secteurs économiques condamnés, il serait suicidaire de snober et de sous-estimer le potentiel des industries du vivant. Notre ruine serait double. Non seulement nous ne profiterions pas des retombées financières et des emplois créés par ces secteurs high-tech, mais nos chercheurs fuiraient vers les universités d'Asie et, demain, nos populations se rendront en masse à l'étranger, les poches pleines de devises, pour profiter de soins modernes. Nous n'avons en réalité guère de choix. Sauf celui de la frugalité et de l'éclairage à la bougie…

1. Le gouvernement français a infléchi sa politique de subventions vertes, début 2011.

Chapitre 2

L'échiquier biopolitique : deux conceptions de l'humanité qui s'opposent

Avec l'essor des technologies NBIC et le poids considérable de l'activité économique liée à ces nouveaux métiers, la biopolitique va prendre une importance notable. Des alliances philosophiques et des coalitions politiques vont se former pour peser sur les débats. D'un côté, les bioconservateurs de tous horizons s'associeront pour lutter contre des progrès vécus comme des transgressions inacceptables. Leur méthode est connue : pousser les institutions à légiférer d'abord, au nom du principe de précaution (écologistes) ou au nom de la dignité humaine (religieux). De l'autre, les transhumanistes et autres « extropiens », qui refusent tout diktat et considèrent que chacun est libre d'utiliser les apports de la science pour améliorer ses capacités physiques et intellectuelles.

De l'issue du combat entre ces deux visions opposées de l'humanité dépendra notre futur. L'*Homo sapiens* deviendra-t-il « *Techno sapiens* » après la victoire des candidats à la technomédecine ? Ou bien les conservateurs parviendront-ils à museler durablement la science, ce qui serait une première dans l'histoire de l'Humanité ?

L'Inquisition n'a muselé les idées de Galilée que très peu de temps. Mais elle est parvenue à faire passer l'Espagne du premier au dernier rang des grandes puissances européennes en quelques générations.

La vie éternelle, enfer ou paradis ?

La mort de la mort, ou une quasi-immortalité, sera la conséquence la plus déroutante de la convergence NBIC. Faut-il s'en réjouir ou s'en lamenter ? La question ne peut recevoir de réponse simple et tranchée.

Quelques problèmes de la non-mort

Le recul de la mort va graduellement remettre en cause tous nos rapports au monde. Essayons d'imaginer quelques-unes des conséquences les plus immédiates d'une chute rapide de la mortalité.

D'abord, la surpopulation. Quelle serait la première manifestation du problème de surpopulation en admettant que les agrotechnologies permettent parallèlement de nourrir cette population croissante ? Probablement, très prosaïquement, une grande difficulté de se loger. L'accroissement de la pression immobilière (et donc du prix des logements) est une des conséquences directes du vieillissement. On imagine qu'elle deviendrait rapidement insupportable si ce sont quatre ou cinq générations et non plus trois comme aujourd'hui qui doivent cohabiter.

Quelles solutions à cette situation ? La plus évidente sera une sorte de « malthusianisme » démographique (un contrôle des naissances à la chinoise) qui permettrait de maintenir une surface suffisante par habitant. Ce genre de pratique a été souvent appliqué dans l'histoire de l'Humanité pour éviter que la population ne soit plus nombreuse que celle que la terre était censée pouvoir nourrir. Durant l'Antiquité, la ville de Sparte avait mathématiquement fixé le nombre de citoyens pour que chacun puisse être propriétaire d'un arpent de terre suffisant. Dans le monde de demain, la pression ne viendra pas d'une augmentation des flux de naissances, mais plutôt d'une diminution quasi complète des flux des décès en âge élevé.

Parmi toutes les solutions imaginables, on pourrait décider que le droit à la procréation soit subordonné à la réduction de sa propre vie, compte tenu de la nécessité de contrôler la population totale. En clair : il faudra peut-être s'engager à disparaître soi-même (à un âge donné) pour être autorisé à enfanter. Ce serait finalement expliciter ce que l'évolution a naturellement et plus discrètement mis en œuvre, mais l'instinct maternel pourrait alors en prendre un coup.

Cette idée de pousser les seniors à mourir pour laisser la place aux jeunes rappelle *Soleil vert* de Richard Fleisher avec Charlton Heston[1]. En réalité, ces craintes tout droit venues des grandes peurs malthusiennes sont très exagérées. Et l'essentiel se trouve plutôt du côté positif de la mort !

Une perspective qui réjouira les générations futures ?

La vie éternelle est une hypothèse sérieuse, mais il ne faut pas nécessairement s'en réjouir. Comme le dit

1. Les personnes âgées y sont invitées à venir dans des centres spéciaux se faire euthanasier ; ils ne le savent pas, mais leur corps sera utilisé pour fabriquer la nourriture distribuée ensuite aux vivants qu'une terre trop polluée ne peut plus rassasier…

Woody Allen, « l'éternité, c'est long, surtout vers la fin »...

Et si la mort était souhaitable ? Et si la disparition des générations précédentes, avec toutes leurs certitudes et leurs a priori, était nécessaire pour permettre aux suivantes de continuer le puzzle ? Et si la mort de la mort qui s'annonce était un frein à l'évolution sociale ? Peut-être est-il de notre devoir de mourir. Plus prosaïquement, la perspective d'une vie sans fin pourrait bien ressembler à un cauchemar pour ceux qui en feront l'expérience. Et ne parlons pas de leur descendance, condamnée à supporter les grands-parents jusqu'à la fin des temps !

Imagine-t-on Alain Poher président du Sénat pendant cinq siècles ? Par construction, une société où la vie sera très longue deviendra une gérontocratie.

La mort joue sans doute un rôle psychologique fondamentalement bénéfique. Ne pas mourir, c'est prendre le risque de déprimer, et la mort de la mort sera considérée par certains comme la mort de l'Homme : notre existence ne tire-t-elle pas une partie de son sens de sa brièveté ?

Une indigestion de vie

À quoi pourrait bien ressembler une vie sans souffrance, sans maladie, une vie avec forfait « illimité », sans contrainte de temps ? La vie jusqu'à la nausée ? C'est ce que certains craignent quand on évoque la mort de la mort.

Il est certain que ce changement de paradigme va remettre en cause notre vision de l'existence. La brièveté de la vie nous a jusqu'alors poussés à en profiter le plus possible, le plus vite possible. Nous n'avions pas de temps à perdre pour explorer le grand livre des plaisirs avant de rejoindre le caveau familial. La vie telle que nous la connaissons est une course contre la montre. Il y a des fenêtres de tirs, très courtes, pendant lesquelles nous pouvons nous reproduire, voyager, puis attendre la fin dans un corps usé et douloureux.

Pour certains, la vie est suffisamment longue comme ça. D'autres pensent qu'ils se suicideraient à cent ans, fatigués de voir toujours les mêmes têtes. Mais la plupart sont partants pour l'aventure. Ils accueilleraient la mort de la mort avec enthousiasme si cette révolution se produisait de leur vivant… Ce qui ne sera probablement pas le cas, malheureusement pour eux.

La vie quasi éternelle va radicalement bouleverser nos sociétés dans un avenir proche ; peu importe que ce soit dans cinquante ou deux cents ans. Mais à quoi pourrait ressembler cette existence illimitée ? L'inconnu d'une telle existence peut effrayer.

À bien y réfléchir, la prolongation de l'existence n'est pas en elle-même un problème ; c'est la prolongation d'une existence mal vécue qui l'est. La société actuelle, il faut bien le dire, ne favorise pas l'apprentissage d'un art de vivre, condition essentielle d'une vie vécue avec plaisir. Plus que jamais, l'enfant de la génération Y apprend à vivre à travers toutes sortes d'artefacts commercialisés. La posture de consommateur, autrefois limitée à quelques biens alimentaires et quelques loisirs, est peu à peu étendue à toutes les dimensions de la vie.

Ce n'est pas ici l'endroit d'une critique de nos sociétés consuméristes modernes. Cependant, il n'est pas difficile de prévoir que les progrès de la biotechnologie iront probablement de pair avec une accentuation de cette tendance au « déficit du sens » de l'existence. Plus cette dernière sera longue, plus le besoin de trouver un remède à cet ennui des sociétés modernes sera impérieux.

La réponse à ce péril n'est pas le refus de la prolongation de la vie, mais la promotion de nouveaux arts de vivre. Dans une société « déspiritualisée » où la religion n'occupe pas de réelle place dans l'existence d'une majorité d'individus, le but doit être trouvé en dehors d'une promesse divine. Une vie sans espérance spirituelle est-elle possible ? Et les religions traditionnelles ont-elles leur place au temps des NBIC ?

Religion 2.0 : voici un chantier de plus à ajouter à la longue liste des aspects de notre humanité à réinventer. D'ailleurs, certains s'en sont déjà saisis. Le dalaï-lama se passionne pour la neuro-théologie et participe à des colloques sur le contrôle cérébral des sentiments religieux. Il suit de près les expériences neurotechniques. Le bouddhisme sera-t-il la religion de l'ère transhumaniste ?

Doit-il y avoir un droit à la mort ?

Il existe trois principaux types d'opposants à la « mort de la mort » et à la technomédecine en général. Les religions, les intellectuels humanistes, et les bioconservateurs. Les transhumanistes les appellent un peu dédaigneusement les mortalistes : ceux qui acceptent la mort !

Les grandes religions monothéistes sont dans leur rôle quand elles tentent de s'opposer aux nouvelles technologies médicales et font passer la mort pour une bonne chose. Faire passer la pilule de la brièveté de la vie en évoquant le paradis, le purgatoire ou l'enfer a permis depuis des millénaires aux religions d'occuper le terrain et de garder sous contrôle le stress des croyants. On peut compter sur leurs « cadres » dynamiques, curés, pasteurs, imams, rabbins, moines, prêcheurs divers, intermédiaires de la divinité, pour animer le débat au cours des années à venir, au fur et à mesure que la technomédecine fera reculer les limites de notre longévité. Les religions veulent bien nous aider à réussir notre mort – dans la foi – mais en aucun cas nous aider à la supprimer !

De nombreux philosophes humanistes s'opposent à la quasi-immortalité car pour eux une vie humaine sans la mort n'est plus une vie. C'est précisément la conscience de la brièveté de notre passage sur la terre qui donne lieu à nos désirs et à nos actions les plus remarquables. Le célèbre généticien Daniel Cohen affirme haut et fort qu'il ne souhaite pas la fin de la mort, parce que cela détruirait le sens de nos vies ! On peut aussi craindre qu'une vie sans limite ne nous conduise à des comportements nihilistes, comme les héros du film de Cronenberg, *Crash*, obsédés par la réalisation d'un accident de voiture mortel.

Pour Sénèque, la possibilité de mourir en se suicidant représentait une joie de l'existence en cela qu'elle offrait une porte de sortie permanente permettant de fuir l'existence si elle devenait insupportable[1]. Ne pas mourir, c'est être enfermé dans la vie ainsi devenue détestable prison. La mort représente l'ultime liberté de l'existence, et, de ce point de vue, on pourrait presque parler du droit à la mort comme d'un « droit de l'Homme ».

1. « Ce qui compte, c'est de vivre bien, pas de vivre longtemps. Et souvent le bien, c'est, justement, que la vie ne dure pas longtemps. » (Lettre CI, p. 158.) « Il ne faut pas chercher à vivre longtemps, mais vivre pleinement. Vivre longtemps, c'est le destin qui décide. Vivre pleinement, c'est ton âme. La vie est longue si elle est pleine. » (Lettre XCIII, p. 122-123.) *Apprendre à vivre : Lettres à Lucilius*, tomes 1 et 2, Arléa, Sénèque, nouvelle édition 2001.

Or on peut penser qu'à l'avenir ce droit sera de plus en plus nié. Dès à présent, toute personne a, par la loi, obligation d'empêcher d'agir une personne tentant de se suicider, sous peine d'être condamnée pour « non-assistance à personne en danger ». C'est en vertu de la même logique de protection inconditionnelle de la vie que les médecins ne peuvent en France pratiquer l'euthanasie et ont pour devoir de prolonger l'existence de leurs patients aussi longtemps que possible. De même, la ceinture de sécurité est obligatoire alors que son absence ne menace que le passager imprudent ou malchanceux. Imaginons que, demain, la prolongation quasi éternelle de la vie soit techniquement possible. L'application naturelle de la logique actuelle conduit à empêcher les gens de mourir, tout simplement ! Devenue facultative, la mort pourrait même devenir rapidement interdite. Les portes de la prison de la vie que redoutait Sénèque se seront ainsi refermées. En ce sens, la mort de la mort serait aussi, selon certains, la mort de la vie.

De leur côté, les bioconservateurs, terrorisés par la science en général et la convergence NBIC en particulier, poussent les gouvernements à limiter la recherche. Main dans la main avec les religieux et les humanistes fondamentalistes, ils constituent des lobbies puissants dans tous les pays développés. En Europe, ils ont jusqu'ici réussi à pousser les gouvernements à adopter des positions restrictives sur les OGM ou les cellules souches. Mais pour combien de temps ? Les institutions publiques sont toujours un frein à l'innovation car elles gouvernent les yeux rivés sur les sondages. Mais il ne fait guère de doute que la génération « Internet, 3G, X-Box, PS3, Nintendo » défendra des valeurs différentes. Des valeurs bien plus permissives que celle des baby-boomers devenus écologistes, prônant la décroissance, et voulant « protéger » des céréales OGM les Africains qui crèvent de faim.

Vers un affrontement des extrêmes ?

Deux camps se feront face, défendant chacun deux réponses opposées aux défis des NBIC. Comment cette nouvelle bataille des idées va-t-elle se dérouler, et au profit de qui ?

Bioconservateurs contre transhumanistes

Qu'allons-nous faire de nous ? Telle est la grande question biopolitique.

Un consensus semble impossible entre ceux qui pensent que nous sommes pour toujours engagés dans une aventure technologique sans retour possible, quitte à ce que notre avenir passe par notre disparition, et ceux qui veulent sortir de l'Histoire.

La biopolitique est un univers qui brouille les schémas habituels des idéologies politiques. À l'image du conflit israélo-palestinien (alliance vert-rouge-brun contre droite atlantiste) ou des OGM (verts et religieux *versus* libéraux), elle donne lieu à des coalitions parfois hétéroclites et contre nature.

De surcroît, les nouveaux médias participatifs favorisent la polarisation des opinions, puisqu'il est possible de n'être exposé qu'à des opinions semblables à la sienne, grâce aux technologies Web (les sites communautaires regroupant par définition les gens ayant la même approche de certains sujets). Cela ne permet pas un débat social serein mais favorise au contraire une radicalisation idéologique. Avec des médias fragmentés façon confettis, il n'y a plus de mass-médias fédérateur pour homogénéiser les opinions, comme pouvait le faire le journal télévisé de TF1 dans les années 1970. La rapide avancée de la science, en décalage perpétuel avec les mentalités qu'elle fait évoluer de force, est du reste en elle-même un facteur de radicalisation idéologique et religieuse.

Nous avons assisté ces dernières années à une montée en puissance de la biopolitique dans les médias. L'affaire Terry Schiavo, jeune femme euthanasiée en Floride après des années d'état végétatif, a fait couler beaucoup d'encre et engendré des prises de position très diverses. Ce fut un cas d'école mettant aux prises le camp du droit à la vie (dont l'ancien président George W. Bush) et les opposants de l'acharnement thérapeutique. Le clivage sur les cellules souches et le clonage thérapeutique est du même ordre. La droite chrétienne s'oppose aux libertaires, les progressistes et les sécularistes sont divisés... Et le reste de la population, large majorité sans opinion, attend sagement que le pouvoir politique tranche, quand les termes du débat ne lui échappent pas totalement.

Les champs de bataille biopolitiques actuels sont nombreux et complexes. Parmi les principaux : le contrôle de la reproduction (clonage, tests génétiques), le droit à la vie (euthanasie, cellules souches, tests sur les animaux, etc.), la lutte contre le handicap et la dérive vers l'humain amélioré (implants, puces dans le cerveau, etc.) et l'allongement de la durée de vie (traitements anti-âge, reprogrammation génétique). Mais ce n'est qu'un début. Le nombre de lignes de front va progressivement augmenter, tout comme leur complexité.

La technologie n'est pas le principal danger qui pèse sur nos démocraties, répètent en chœur les transhumanistes américains : le racisme, l'avidité, la pauvreté, la dictature et l'ignorance sont bien plus pernicieux. À l'évidence, ce mouvement encore embryonnaire a de l'avenir. Nous l'avons montré plus haut, avec nos *pace-makers*, nos implants cochléaires, nos Fivettes ou nos rétines artificielles, nous sommes déjà des transhumains sans le savoir.

Avec le transhumanisme, on risque d'atteindre l'ultime combat entre la conception spirituelle et religieuse de l'Homme et sa conception scientifique.

Le transhumain que nous serons demain aura-t-il plus de sensibilité et de sens des valeurs qu'une machine ? Obsédé par son immortalité – ce qui, déjà, est un défi à la religion –, par sa perfection et sa surpuissance physique et intellectuelle, va-t-il perdre tous les repères qui fondent l'Humanité depuis qu'elle est pensée et organisée par les principes religieux ?

L'homme augmenté aura-t-il encore un rapport avec l'Homme, créature de Dieu ? Le pape Jean-Paul II s'en inquiétait. Dans un message adressé à l'Académie pontificale des sciences en 1996, il écrivait : « Les théories de l'évolution qui, en fonction des philosophes qui les inspirent, considèrent l'esprit comme émergeant des forces de la matière vivante ou comme un simple épiphénomène de cette matière, sont incompatibles avec la vérité de l'Homme. Elles sont d'ailleurs incapables de fonder la dignité de la personne. »

D'autres ne manqueront pas de souligner que l'Homme est trop idéalisé par les religions. Depuis qu'il est organisé en groupe, il se livre à la guerre et à toutes sortes d'atrocités, il a inventé des armes de plus en plus dangereuses, les sociétés les plus fortes ont tenté de faire disparaître les plus faibles et ceux qui ne partagent pas leurs valeurs. Les Noirs asservis par l'esclavage, les Juifs persécutés et presque anéantis par le projet de « solution finale » ont quelques raisons de douter de la bonté de l'Homme.

De fait, pour assurer leur survie, leur domination ou leur pouvoir, les sociétés humaines, version humaniste, ont tenté et parfois réussi à éliminer les plus faibles.

Le transhumanisme sera-t-il alors pire que l'Humanisme ? Dans ces moyens peut-être, mais dans sa démarche, dans l'éternelle lutte pour le pouvoir et la domination, certainement pas. Le transhumanisme ne changera pas, de ce point de vue, les fondamentaux de l'Homme. Pour paraphraser Clausewitz[1], « le transhumanisme est la poursuite de l'humanisme par d'autres moyens ».

Vers des kamikazes bioconservateurs ?

Pour les transhumanistes, la perspective d'une nouvelle renaissance ne manque pas de charme. Pour les bio-luddites, le nouvel impérialisme des biotechs sera synonyme de dictature à éliminer par la force (il y a d'ailleurs déjà eu des attentats antinanotechnologies à Grenoble).

D'une manière générale, il y aura un conflit permanent entre la demande sociale de vie éternelle et les groupes bioconservateurs. Pendant que les uns se délecteront du zapping permanent des valeurs, et que la génération Y (évoquée plus haut) pilotera des micro-démocraties avec transgression décentralisée (pourquoi pas le clonage autorisé dans le Canton de Vaud ?), les bio-luddites se senti-

---

1. « La guerre est la continuation de la politique par d'autres moyens », disait le général Carl von Clausewitz (1780-1831).

ront de plus en plus étouffés par la tournure des événements. L'effacement des frontières entre la matière et l'esprit, l'inerte et le vivant, l'homme et la machine, ou la nature et l'artifice, pourrait conduire les bioconservateurs les plus extrémistes à tenter le pire. Comme les Canuts de Lyon détruisant en 1831 les nouveaux métiers à tisser, il n'est pas impossible que des mouvements spontanés de raidissement contre les progrès technologiques fassent quelques dégâts. Cela pourrait prendre des formes plus violentes encore que la mise à sac de quelques cliniques : on peut craindre que des vocations de bio-terroristes naissent çà et là. Les terroristes islamistes pourraient constituer des alliés de choc pour ces kamikazes d'un nouveau genre, en guerre contre la déshumanisation du monde. Des croisades anti-NBIC sont possibles !

Les technologies émergentes vont faire sortir les bioconservateurs de leurs gonds, et provoquer des tensions qui pourraient pousser les plus extrêmes à commettre des actions violentes, voire à aller jusqu'au terrorisme. Rappelons-nous Unabomber, de son vrai nom Theodore Kaczynski, aux États-Unis. Ce mathématicien, bio-luddite extrémiste, a terrorisé le pays pendant une vingtaine d'années à coups de colis piégés. Kaczynski se battait contre le progrès technologique, qu'il considérait comme le mal absolu. Son délire anarcho-primitiviste (« la technologie n'existe pas pour satisfaire les besoins de l'Homme… les désirs et le comportement des hommes doivent en fait être modifiés pour satisfaire aux besoins de ce système… »), qui l'a conduit à écrire une poignée de livres[1] sur le thème du « c'était mieux avant », était

1. Theodore Kaczynski, *L'Effondrement du système technologique : Unabomber, l'œuvre complète*, Xenia.

d'une certaine manière dans la lignée de ce qu'on peut entendre aujourd'hui dans la bouche des extrémistes religieux et des écologistes populistes et technophobes.

À l'évidence, la progression ne se fera pas sans heurts. La solution la plus pacifique serait de permettre aux croyants d'admettre le progrès et la place très relative de l'Homme et de sa conscience dans l'univers. Après tout, la preuve que l'astronome Galilée avait raison (la terre est en mouvement) n'a pas détruit la foi des chrétiens, qui prétendaient le contraire. Mais la tâche ne sera pas aisée, les technologies NBIC étant tout de même un cran au-dessus sur l'échelle de la transgression.

Les coalitions biopolitiques qui se mettent en branle dans le monde donnent une idée des forces en présence. On observe du côté des bioconservateurs une alliance contre nature de la gauche sociale, des écologistes et de la droite religieuse. Dans le camp des transhumanistes, il existe une alliance entre les technophiles, économiquement ultralibéraux, et un mouvement libertaire nettement marqué à gauche. À partir de ce constat, une multitude de scénarii biopolitiques peuvent être imaginés.

Personne n'a de boule de cristal pour prédire efficacement l'avenir. Nous faisons cependant personnellement un pari : *in fine*, malgré les gémissements des religieux et des intégristes verts, la défaite des bioconservateurs aura lieu. L'opposition néo-luddite se résumera alors à une croisade symbolique, n'ayant d'autre fin que de justifier et valoriser le fond de commerce de ceux qui la mènent. Une croisade morale qui s'oppose instinctivement à tout ce qui touche à l'ordre établi, menée par des professionnels de l'indignation en lutte pour préserver leur pré carré.

Dans tous les cas de figure, l'État a un rôle décisif à jouer. Quel que soit le chemin, ce sont les pouvoirs publics qui seront à même de décider de quelle manière et à quel tempo il sera emprunté. Encore faudra-t-il qu'ils le veuillent et se donnent les moyens de prendre les bonnes décisions. Nous allons voir dans ce qui suit que la partie, au moins en ce qui concerne la France, ne semble pas encore gagnée…

Chapitre 3

Un gouvernement 2.0 pour piloter la biopolitique

La rapide érosion de nos principes éthiques et de nos valeurs ne va pas se réaliser sans heurts. Les changements de paradigmes seront incessants et les tensions politiques, sociales, religieuses et philosophiques majeures. Les politiques ne chômeront pas, et les citoyens auront eux aussi du mal à suivre, tant ces questions sont complexes. Tout est possible, même le pire. Les utopies technologiques, les dérives sectaires, les barnums scientifiques, les folies individuelles, les kamikazes bio-luddites ou bien encore les délires bioconservateurs occuperont longtemps l'espace médiatique. D'un régime politique à l'autre, selon les cultures, selon les rapports de force, selon les époques, la technomédecine va sans doute susciter des réactions bien différentes. Les décennies futures promettent d'être agitées… Quoi que nous fassions, nous aurons toujours l'impression confuse de construire notre avenir dans un couloir d'avalanches.

Face aux nouveaux enjeux des biotechnologies, les méthodes actuelles de gouvernement sont inadaptées. La biopolitique suppose un nouveau logiciel politique pour que nos sociétés récupèrent la maîtrise du futur. « Le futur ne se prédit pas, il se construit ! », avait l'habitude de dire le futurologue Hughes de Jouvenel. Nous devons nous trouver un avenir viable dans ce futur vertigineux.

Les hommes politiques doivent aimer le futur, déminer le terrain biopolitique et, tâche inédite dans nos sociétés laïques, accompagner et encadrer la quête de sens que ce futur abyssal va entraîner.

Aimer le futur

Les hommes politiques face au grand futur

Le designer Philippe Starck remarquait avec malice dans le journal *Libération* qu'il nous reste quatre milliards d'années pour nous « tailler », c'est-à-dire quitter la Terre avant l'explosion de notre système solaire. Quelle que soit la forme que prendra ce grand futur, il est évident que l'Humanité a largement le temps de se transformer radicalement. Nous devrons assumer des bouleversements technologiques et philosophiques majeurs, que la politique devra piloter et réguler. Tant il est vrai qu'à tout moment nous avons un « aller simple » pour le futur… et que nous allons y passer le restant de nos jours. Max Weber disait que la révolution n'est pas un carrosse dont on descend à volonté. On peut ajouter que l'on ne descend pas non plus du « TGV de la révolution NBIC ».

La politique consiste d'abord – ou devrait consister – à anticiper le futur. Or nous sommes aujourd'hui face à une rupture radicale de notre rapport au lendemain. Au cours du XXe siècle, découvrant deux menaces vitales – le risque d'holocauste nucléaire et le réchauffement climatique –, l'Humanité a réalisé que le futur ne pouvait pas être la poubelle du présent. Mais le basculement qui s'ouvre devant nous est d'un autre ordre de grandeur : l'Humanité va devoir faire face au cours du XXIe siècle à des décisions qui l'engageront de façon probablement irréversible, dans le domaine des manipulations génétiques et de l'intelligence artificielle. Ce changement de perspective est à proprement parler vertigineux, dès lors qu'on se projette à long et très long terme. Au cours du XXIe siècle, la politique va donc devoir gérer le grand futur en plus de toutes les tâches d'arbitrage de court terme. Une politique au fil de l'eau est bien sûr possible. Comme l'ancien gouverneur de New York, Mario Cuomo, le remarquait avec lucidité, « nous faisons campagne en vers, mais nous gouvernons en prose ». Mais imagine-t-on le pilotage du grand futur par le « bon docteur Henri Queuille » – président du Conseil sous la IVe République – dont la devise était, « il n'y a pas de problème dont une absence de solution ne finisse pas à venir à bout » ? En réalité, la prise en compte de ce grand futur devrait changer radicalement l'horizon et la méthode de travail des hommes politiques. Il est nécessaire de repérer les bifurcations de l'Histoire, sans se noyer dans les discours apocalyptiques, la technobéatitude, ou les préférences de tous les lobbies…

La politique du grand futur sera d'abord une biopolitique, qui reste à inventer : comment piloter ou freiner la modification de l'espèce humaine ? Mais s'il est essentiel de régler au cas par cas les problèmes de conscience sur l'utilisation des technosciences à des fins médicales, il existe beaucoup d'autres dimensions à intégrer. Rappelons-les :

— la bioéquité : au nom de quel principe empêcher un enfant myopathe de guérir, lorsque les thérapies géniques seront au point ? La sacralisation de la nature – version « Verts » – ? Une dignité humaine qui s'interdit de dépasser son créateur – version croyante – ?

— l'économique et le social : comment garder un État-providence si nos pays sont absents des technologies d'avenir ? Peut-on être malthusien dans le développement de la nanobiomédecine, au moment où la Chine acquiert un réel leadership sur ces sujets ?

— ou bien encore des objectifs géostratégiques : une Asie maître des nanobiosciences pourrait se découvrir des tentations « géno-impérialistes » ;

— enfin, le débat biopolitique devra gérer le déplacement de l'éthique du terrain sociologique et technique vers la métaphysique et la philosophie. Les perspectives abyssales conduiront, en effet, à une recherche universelle de sens.

L'État devra faire des choix cruciaux, alors même que le débat poussera à des affrontements philosophiques et religieux. Ils seront d'autant plus violents que ces techniques prométhéennes vont favoriser la fragmentation des Églises et la multiplication des sectes.

Choisir de modifier notre génome ou le fonctionnement de notre conscience, accepter la cohabitation avec l'intelligence artificielle, entraînera plus de passions, de radicalisations idéologiques voire de risques d'affrontements physiques, que la détermination du taux de la taxe carbone. De nouvelles guerres de religions sont envisageables. Ont-elles d'ailleurs jamais cessé depuis le XVe siècle ? Il suffit de penser au conflit israélo-palestinien ou même à la situation de l'Irlande.

Alors, quelle Humanité pour demain ? Un humanisme 2.0 reste à inventer, mais sera-t-il une position solide et défendable ou bien une simple étape, aussi instable et temporaire que l'Allemagne de l'Est de 1990, après la chute du mur de Berlin ?

En définitive, le projet transhumaniste consiste à nous débarrasser de toutes les frustrations d'une vie d'homme : la douleur[1], la maladie, la vieillesse puis la mort. Le prix à payer étant une redéfinition radicale de ce que nous sommes et donc de nos valeurs. C'est en fait une pente glissante. Entre l'Homme transformé pour ne plus vivre les étapes naturelles de l'existence et le post-humain qui a renié son corps et qui cherche à dématérialiser sa conscience, il y a une troublante continuité. Penser que la mort est un scandale conduit à accepter beaucoup de changements dans notre nature. Peut-on s'arrêter à la « station transhumanisme » ? Ou le passage à la dématérialisation de notre être est-elle déjà écrite ?

La biopolitique ne sera pas un long fleuve tranquille et l'État pourrait devenir fou, confronté à tant de contradictions. La première condition pour affronter ces défis est, à notre sens, d'améliorer la vision technologique des décideurs.

1. L'auteur a connu, au début de ses études de médecine, la fin de l'époque ou l'on contingentait les antalgiques. Les « plans de lutte contre la douleur » sont récents. Il n'était pas jugé inacceptable qu'un cancéreux souffre un peu, voire beaucoup. La lutte contre la douleur est aujourd'hui une cause sacrée et les spécialistes se penchent même sur la souffrance des nourrissons, qui était négligée jusqu'alors.

Réduire l'analphabétisme technologique et comprendre l'abécédaire biopolitique

Joël de Rosnay affirme à juste titre qu'il faut aimer le futur pour le comprendre[1]. Les hommes politiques sont souvent technophobes, en tout cas bien éloignés des débats technologiques et donc de la réflexion sur le futur. Tout le monde a en mémoire le président Jacques Chirac demandant ce qu'était une souris, lors d'une démonstration informatique. Les humoristes s'étaient gentiment moqués de ce président « handicapé du mulot » ! Les choses n'ont pas beaucoup évolué depuis : en 2010, seule une minorité d'hommes politiques sait vraiment se servir d'Internet ! Au sommet de l'État, la maîtrise de l'informatique reste exceptionnelle, à l'exception notable de François Fillon, qui se définit lui-même comme étant un « geek[2] ». Dans le domaine des biotechnologies, l'analphabétisme génomique et nanotechnologique est encore plus prononcé.

Cette méconnaissance technologique a plusieurs conséquences. Tout d'abord, les politiques menées sont le plus souvent défensives, puisque les ruptures ne sont pas anticipées, et la priorité est accordée à la défense du passé par rapport à la préparation des modèles économiques de demain. Enfin, en matière industrielle, l'illusion que les gestionnaires de diligence vont inventer les chemins de fer conduit à concentrer les aides technologiques sur les vieux groupes industriels forts en lobbying, à défaut de comprendre les tendances du futur. D'où la multiplication de

1. http://www.scenarios2020.com/
2. Un geek est un fan de la technologie.

cimetières des éléphants blancs[1] technologiques, témoignages de la puissance des groupes de pression ou des fantasmes politiques.

Il est aujourd'hui nécessaire de changer de logique et de méthode de gouvernement. C'est à cette condition que nous pourrons espérer remonter sur le podium technologique et gérer toutes les contradictions que nous avons passées en revue.

Pour prendre l'enjeu biopolitique à bras-le-corps, le pouvoir politique devra commencer par en apprendre l'abécédaire :

— de Neurothéologie à Stimulation cérébrale profonde ;

— d'Épigénétique à Rétine artificielle ;

— de Neurosécurité à Transposon ;

— d'Histones à Neurothéologie.

Parallèlement, il faudra aider la société dans son ensemble à s'emparer du sujet et à en comprendre les grands déterminants.

Le premier pilier sur lequel devra s'appuyer notre futur responsable politique est un dispositif pédagogique ambitieux. Cette idée part d'un constat simple : une opinion informée réagit plus intelligemment. L'ignorance permet toutes les manipulations, toutes les démagogies. On ne peut participer à un débat en ignorant ses enjeux. C'est précisément la menace qui pèse sur la société biotechnologique qui va émerger : qu'elle croisse sur les fondements

1. En économie, un « éléphant blanc » est une réalisation somptuaire inutile favorisée par un système d'allocation des ressources encourageant la maximisation des dépenses (par exemple, l'allocation automatique d'une enveloppe budgétaire à dépenser en intégralité sous peine d'être réduite l'année suivante).

malsains d'une ignorance collective. Alors que les médias annoncent chaque jour une nouvelle découverte à propos de notre génome, est-on sûr que tous les élèves qui sortent du système scolaire sont capables d'expliquer ce qu'est un gène, comment il fonctionne et quels sont ses impacts sur la vie de l'Homme ? Certes, il existe nécessairement une certaine inertie des programmes scolaires, et donc un décalage entre le moment où certaines pratiques se développent et celui où elles deviennent des thèmes abordés dans le cursus. Mais il est temps d'entamer une démarche volontariste de mise à jour des programmes scolaires afin de sensibiliser les jeunes générations à ces enjeux.

Il ne suffira pas d'aimer le futur et de former les citoyens, il faudra également savoir utiliser l'expertise. Or, justement, cette utilisation est souvent particulièrement inefficace.

Jacques Attali et les taxis parisiens

Jacques Attali est l'un des hommes qui décrypte le mieux les tendances du futur. Dès 1980, il a anticipé le basculement du centre de gravité géopolitique du monde de l'Atlantique vers le Pacifique. Le 7 août 1997, dans « Le 7e continent », magnifique article publié dans le journal *Le Monde,* il décrivait, avec une prescience extraordinaire, l'importance qu'Internet allait prendre. Son anticipation de la crise financière des *subprimes* a été prémonitoire.

Le président de la République a confié, à l'été 2007, une mission prospective sur la modernisation de la France à Jacques Attali, qui s'est entouré d'une exceptionnelle équipe multidisciplinaire dotée d'une méthode de travail remarquable[1]. Le travail réalisé est plus puissant que le Rapport Rueff-Armand de juillet 1960, un élément fondateur de la modernisation gaulliste.

Or quel a été le point de fixation médiatico-politicien des critiques du rapport ? Le nombre de taxis parisiens ! Ce point marginal, presque anecdotique, du rapport a concentré l'attention du microcosme. À l'heure où tant de défis assaillent l'Europe, cela montre l'absence d'anticipation des enjeux par la société civile mais également par la classe médiatico-politique.

Trouver les bons leviers pour concentrer l'énergie de la société sur les enjeux les plus importants va être une tâche essentielle. Voir une intelligence comme celle de Jacques Attali stérilisée de la sorte doit être un signal d'alarme sur l'inadaptation de l'action publique aux temps qui viennent.

Cela n'est pas spécifique à la France : depuis de longs mois, la politique belge s'est focalisée sur le statut de l'arrondissement électoral BHV, qui ne présente pas non plus un enjeu cosmique.

En finir avec la com et la démagogie

Aimer le futur, c'est accepter de gouverner pour le long terme. Puisqu'il n'y aura probablement jamais de majorité politique à l'échelle de la planète pour renoncer à cet avenir high-tech qui prend doucement forme sous nos yeux, la grande convergence NBIC va se poursuivre. Reste à en écrire le mode d'emploi et à encadrer intelligemment la recherche pour que les promesses ne se transforment pas en

1. Jacques Attali, Rapport de la Commission pour la libération de la croissance française, La Documentation française. http://lesrapports.ladocumentationfrancaise.fr/BRP/084000041/0000.pdf

cauchemar de science-fiction. Cette mission est indéniablement politique ! Mais le mode de fonctionnement du monde politique rend pessimiste sur sa capacité à affronter avec succès les révolutions NBIC. L'homme politique, en France comme ailleurs, vit avant tout dans le court terme. Ses préoccupations essentielles sont l'élection prochaine, le prochain « coup de com » qu'il pourra faire, et sa couverture médiatique. Est-il au pouvoir ? Il calme l'opinion prompte à s'enflammer au moindre fait divers par des lois *ad hoc* aussi rapidement votées qu'inadaptées. Il approuve, encourage et accentue la dictature de l'émotion qui asservit les médias. On connaît la conséquence de cette manière de fonctionner : une inflation législative sans précédent et une radicale dévalorisation de la loi.

Devenue pléthorique, mal écrite et souvent inutile, la loi n'attire plus qu'incompréhension et mépris. Hormis faire la fortune des professionnels du droit – avocats et fiscalistes en tête – chargés d'y voir clair dans l'épaisse jungle des normes entassées, le système actuel a bien peu d'avantage.

Les absurdes, inapplicables et contre-productives lois mémorielles sont l'avatar le plus ridicule du paternalisme politique qui sévit en France : loi Taubira de 2001 sur la traite et l'esclavage, et même loi de 2006 sur la négation du génocide arménien. Cette dernière loi étant d'autant plus bizarre que ledit génocide concerne deux pays étrangers et n'a impliqué la France en aucune façon !

En matière de biotechnologies, la politique du « coup de com » a déjà fait son œuvre. Dans son ouvrage sur le clonage humain, Laurent Ségalat[1] explique bien le ridicule de l'article 511-1-2 de la loi de 2004 punissant de

1. Laurent Ségalat, *op. cit.*

trois ans d'emprisonnement et de 45 000 euros d'amende « la propagande ou la publicité, quel qu'en soit le mode, en faveur de l'eugénisme ou du clonage reproductif[1] ». L'État, en effet, se rend lui-même coupable des milliers de fois par jour d'une telle « propagande » à travers ses brochures incitant les femmes enceintes à pratiquer échographies et amniocentèses pour dépister la trisomie 21 puis réaliser une interruption de grossesse. Qu'on le veuille ou non, l'eugénisme est déjà appliqué avec constance dans les pays développés.

Pourquoi la réponse des responsables politiques aux problèmes de bioéthique est-elle si mal pensée ? Il y a peut-être, tout d'abord, une petite dose de lâcheté chez les politiques – droite et gauche confondues – qui fait trop souvent préférer la mesure simpliste et démagogique à un plan courageux. Mais, surtout, le jargon bioéthique échappe largement à l'électeur et ce dernier n'a généralement pas d'opinion sur un sujet qui lui paraît encore trop abstrait quand il ne le méconnait pas totalement. Le débat politique est donc limité aux problèmes ou aux faux problèmes immédiats.

Biopolitique = Chronopolitique

Si nos responsables politiques continuent de privilégier le court terme et la réaction à la demande émotionnelle ponctuelle de l'opinion, il est plus que probable que les réponses aux enjeux des biotechnologies continueront aussi d'être inadaptées. On ira vers une sorte de boy-scou-

1. Article 511-1-2. Créé par loi n° 2004-800 du 6 août 2004 – art. 29 JORF, 7 août 2004.

tisme plus ou moins vert, arc-bouté sur le maintien de règles déjà transgressées dans le monde entier. Telle l'Église condamnant Galilée pour tenter d'endiguer la subversion de la cosmologie officielle, l'État multipliera les lois inutiles, ajoutant ainsi le discrédit de la puissance publique à l'aveu implicite de son impuissance.

Fiers d'instituer la France en réserve d'Indiens, l'État-spectacle tournera à plein pour faire oublier l'inefficacité de ses mesures et la faillite de l'État-providence. Les transgressions se multiplieront sur notre territoire et l'État n'en pourra mais, tant son magistère aura été usé par l'édiction de lois bidon. La technique de la ligne Maginot n'a pas marché en 1940 pour contenir l'invasion allemande ; elle ne marchera pas plus en matière de biotechnologie. Cette « ligne Maginot humaniste » sera contournée comme la précédente. Nous avons largement décrit dans la troisième partie ce que seront les « Ardennes du futur » : des dérives successives couvertes par la justification toute puissante de l'émotion et de l'égalitarisme. On voit d'ici, quand les innovations biotechnologiques feront, par la force des choses, la une des médias, la réponse stéréotypée de l'État : création de guichets divers, d'autorités administratives indépendantes aussi coûteuses que dépassées par les événements, remise en grande pompe de rapports par dizaines enterrés le soir même, etc.

Du court-termisme de la politique-spectacle au très long terme des enjeux NBIC, il y a un fossé difficile à combler. La structure même de l'appareil politique est inadaptée au temps très long. Les mandats courts (cinq ans, six ans au mieux) privilégient naturellement les projets rapides, dont l'horizon ne dépasse guère la décennie. Le pouvoir sans cesse remis en jeu est certes une garantie importante du caractère démocratique du régime mais cela ne favorise pas la prise de décisions à long terme. Les décisions qui procéderaient d'une telle vision auront de grands risques de n'être pas comprises par le grand public. Arrivant trop tôt, elles seront considérées comme intempestives.

La compréhension même des enjeux biopolitiques est rendue plus difficile par le changement de clivage traditionnel qu'ils impliquent. La segmentation bio-conservateurs/bio-progressistes est en effet un axe nouveau qui ne recoupe pas les césures traditionnelles droite/gauche. Il n'est jamais facile de changer de « logiciel », autrement dit de modifier la façon dont on comprend le monde et les rapports entre les gens. Mais le premier politique qui comprendra ce changement des règles du jeu bénéficiera d'une sérieuse « prime au premier entrant ». Avis aux jeunes loups de la politique !

Quel que soit le niveau d'optimisme ou de pessimisme des uns et des autres devant la technomédecine, il est de la responsabilité du politique de prendre les devants. À l'heure du principe de précaution, de la bien-pensance et du politiquement correct, ne répète-t-on pas sans cesse « mieux vaut prévenir que guérir » ?

Face à un futur abyssal, des institutions d'un genre nouveau sont à inventer. Mais ces nouvelles institutions ne pourront être utiles que si elles ont à leur tête des responsables rompant avec la façon actuelle de produire les décisions publiques. Et, fondamentalement, la biopolitique sera une politique du temps long, c'est-à-dire une chronopolitique.

Déminer la biopolitique pour éviter une schizophrénie étatique

La complexité des enjeux et de multiples contradictions et dilemmes font de la biopolitique un véritable champ de mines. Pourtant, la politique sera le principal lieu d'arbitrage et seul un État concentré sur les enjeux d'avenir pourra aider la société à affronter tant de contradictions, de défis et de dilemmes.

Tant de contradictions !

Nous avons vu que l'État-providence allait avoir beaucoup de mal à gérer les technologies NBIC. Les consensus risquent d'être difficiles à obtenir même entre gens de bonne volonté.

On peut soutenir que le cerveau humain est un sanctuaire inviolable et qu'il ne faut pas y toucher, ou au contraire promouvoir des techniques de neuro-renforcement[1], pour redonner toutes leurs chances aux enfants intellectuellement moins favorisés, dans la société de l'Intelligence.

Il est aussi légitime de promouvoir le principe de précaution en matière de thérapie génique que de vouloir accélérer la technologie parce que, chaque jour, des enfants myopathes meurent dans une déchéance intolérable et que, dès lors, chaque minute compte pour soulager ces souffrances inutiles. Une biopolitique prudente et raisonnable d'un point de vue technologique pourrait paraître cruelle et sans compassion pour la souffrance des malades. La démocratie participative bâtie autour du Web

1. *Neuro-enhancement technologies.*

communautaire dynamitera les biopolitiques sages, prudentes et raisonnables.

L'honnête homme peut aussi bien défendre une philosophie de l'acceptation de la mort, que la poursuite du grignotage de la mort.

Compte tenu de l'irréductible incertitude concernant le futur, le citoyen peut légitimement demander, au nom de l'intérêt des générations futures, que l'on freine le génotsunami dans nos pays, ou à l'inverse que l'on rattrape à marche forcée les pays de la zone Asie-Pacifique, pour éviter à nos petits-enfants d'avoir mandarin en première langue et français en option langues régionales…

Plus troublant encore, s'il peut sembler souhaitable d'interdire à l'employeur de connaître les prédispositions génétiques de ses collaborateurs, on peut aussi penser qu'il vaudrait mieux que l'industrie chimique puisse utiliser le nouveau test génétique permettant de mesurer le risque de développer une leucémie due au benzène, pour éviter d'y exposer les salariés concernés !

Un nouveau logiciel politique pour un futur vivable

Au travers des quelques exemples cités précédemment, il est clair que le logiciel biopolitique reste à inventer. Nous ne pourrons pas trop demander à la politique, tant les missions de l'homme politique du futur seront inédites et dans une large mesure encore à inventer.

Il faudra en effet garantir une certaine réversibilité des choix biopolitiques – Jacques Attali a raison de souligner qu'il n'y a pas de démocratie sans réversibilité des choix ; il faut toujours un plan B ! – ; désamorcer la violence politico-religieuse que la cocotte-minute technologique pourrait engendrer ; maintenir le dialogue entre des groupes humains qui divergeront probablement sur le plan biologique ; garder le monopole de la force armée pour dissuader les coups d'État numériques, biologiques, nanotechnologiques ou neurotechniques ; apprendre à la société à réfléchir sur son avenir à long terme ; assurer la neurosécurité qui deviendra le premier des droits de l'Homme… Et cette liste n'est pas limitative !

C'est un programme bien ambitieux pour des hommes politiques qui croulent sous les fausses urgences, accaparés par des lobbies qui utilisent savamment la pression médiatique pour servir leurs objectifs.

Ce tableau est bien éloigné des enjeux auxquels l'homme politique du XXIe siècle, libéré de la tyrannie du court terme et du désamorçage des bombes corporatistes, devra faire face.

La politique va devoir consacrer beaucoup d'énergie à gérer les cascades de chocs technologiques, philosophiques et sociaux qui se préparent. La gestion du long terme exige notamment une gouvernance tout à fait nouvelle. La biopolitique doit reposer sur des outils originaux. Maîtriser une part de notre futur suppose par ailleurs une action déterminée et beaucoup de courage, une fois les enjeux connus. Or, la classe politique se révèle pour l'instant incapable de prendre en compte les effets de la convergence NBIC.

Courage et vision

Les responsables publics devront développer une véritable vision, qui ne peut qu'être transversale. Pour être pertinente, elle devra intégrer toutes les dimensions impactées par la révolution NBIC : bioéthiques, économiques, géopolitiques, etc.

Cette transversalité est difficile : il serait irréaliste d'exiger que l'homme politique futur maîtrise l'ensemble des dimensions en jeu. Il faudra donc qu'il s'entoure d'experts qualifiés dans chaque domaine, et qu'il dispose tout de même d'un savoir minimum pour comprendre les tenants et les aboutissants des questions soulevées. La formation généraliste aux enjeux de la révolution NBIC dont nous avons parlé plus haut trouve ici une nouvelle justification. Il importe tout spécialement que la prochaine génération d'hommes politiques soit la plus sensibilisée possible à la marche des biotechnologies, pour éviter que l'on se contente de dérisoires réponses « rustines » tenant plus du déni que du réel traitement du problème.

L'émergence rapide de toutes ces technologies du vivant nous confère des responsabilités éthiques majeures. Il est du devoir de nos sociétés d'organiser un large débat démocratique, au sein duquel chacun pourra émettre ses opinions. Il est également de la responsabilité de chacun d'alimenter la réflexion plutôt que refuser le débat. Au législateur d'écouter les arguments des uns et des autres et de mettre en place les garde-fous indispensables et nécessaires. Dompter ce que les financiers appellent le « hasard sauvage » – c'est-à-dire les événements très improbables – sera bien sûr très difficile dans le domaine technologique. La gestion du risque technologique oscillera en permanence entre le principe de précaution et la volonté de ne pas se laisser distancer par les puissances émergentes.

Pour organiser cette réflexion, et prendre en main ce débat démocratique, nous ne pourrons pas nous passer des responsables politiques. Encore faut-il qu'ils aient le courage d'aborder ces questions et la maturité de le faire sereinement, sans être l'otage d'un camp ou de l'autre.

Cela nécessite que les politiques osent se saisir de ces questions. Des hommes d'État, qui, selon le mot célèbre de Churchill, « pensent pour la prochaine génération et non pour la prochaine élection ».

Gérer la quête de sens dans un siècle vertigineux

La biopolitique deviendra l'épicentre d'un débat démocratique profondément remanié par l'allongement de la vie. La technomédecine semblera légitime, en première analyse, et il faut bien admettre qu'aucune innovation médicale n'a été durablement bloquée par le pouvoir politique. Mais l'encadrement politique du risque de « dérapage orwellien » s'imposera, ce d'autant que la bio-ingénierie anti-âge ne se contentera pas de déstructurer la mort, elle s'attachera aussi à améliorer les performances humaines.

La fixation des limites à la transgression dans la modification de l'espèce humaine conduira à des oppositions violentes et légitimes. La plupart des technoprophètes transhumanistes imaginent, comme Ray Kurzweil, que toutes les transgressions qui vont de pair avec les nouvelles technologies vont passer comme une lettre à la poste. Telle n'est pas notre opinion. Les prochaines années vont être le théâtre d'affrontements passionnés entre bioconservateurs, religieux, écolos effrayés et transhumanistes exaltés par les promesses de la convergence NBIC. Du débat passionné à la lutte armée, l'Histoire nous apprend qu'il n'y a hélas qu'un pas aisément franchi. La hantise de la mort chez beaucoup des transhumanistes pourrait bien les conduire à accélérer l'histoire technologique, quitte à utiliser la force.

Le XXIe siècle sera bien celui du vertige. Nous allons en un siècle tuer la mort, créer la vie en éprouvette, organiser notre cohabitation avec l'intelligence artificielle et piloter notre cerveau. De nouvelles découvertes scientifiques en physique quantique, sur l'avant big-bang ou la mise en évidence d'univers multiples[1] pourraient, à l'avenir, troubler encore un peu plus les esprits. Cela fait beaucoup pour une génération : la question religieuse est à nos portes ! L'État va devoir s'impliquer dans des secteurs où il pensait ne pas avoir sa place. La recherche de sens face aux bouleversements technologiques et philosophiques en cours pourrait entraîner le retour du politique dans le champ du religieux.

Biopolitique face à religion 2.0

L'une des conséquences inattendues de la convergence NBIC sera, en effet, le retour de la question religieuse. Dans les pays de tradition laïque, comme la France ou la Belgique, la délimitation entre le pouvoir politique et le monde des croyances semble très solide.

Et pourtant ! Les perspectives ouvertes par les technologies NBIC rebattent complètement les cartes. Or la religion n'est jamais autant à l'aise que lorsqu'elle soulage les hommes de leur peur de mourir. Dans un univers où l'homme construira son futur, accélérera le grignotage de la mort grâce aux nanobiotechnologies, la place de la reli-

1. Une partie des astrophysiciens pensent qu'il existe un nombre important d'autres univers que le nôtre.

gion va changer. Une fragmentation des Églises et le développement des sectes semblent inévitables dans un futur où la quête de sens deviendra un enjeu majeur.

Il est significatif que certains intellectuels spécialistes des technologies NBIC se rapprochent de la foi, quand ils ne deviennent pas des prosélytes transhumanistes inconditionnels ! En France, deux des meilleurs spécialistes du sujet, Jean-Pierre Dupuy et Jean-Claude Guillebaud, ont affirmé publiquement ces dernières années leur attachement ou leur retour à la foi chrétienne.

Dans un monde sans mort, l'Humanité se cherchera de nouvelles valeurs, ce qui pourrait être à l'origine de nouvelles religions et sectes, à un moment charnière pour l'avenir de l'Humanité. On peut même imaginer que les générations façonnées par le Web demandent à construire leur propre religion, picorant, parmi les religions anciennes et nouvelles, les éléments qui leur conviennent. N'est-ce pas déjà le cas, quand on voit la religiosité diffuse qui entoure les mondes virtuels tels que ceux de l'*heroic fantasy* où certains de nos contemporains vivent par procuration ? Cette religion 2.0, personnalisée à l'image de son profil Facebook, est peut-être une réponse individuelle à la perte de repère que la technologie va induire, mais elle ne va pas faciliter le rôle des politiques. Comment piloter le grand futur si les croyances se fragmentent à l'infini ? Comment construire un consensus sur l'avenir de l'Humanité si chacun joue au Meccano religieux ? Comment créer un socle minimal de valeurs humanistes partagées, dans le tohu-bohu technologique que la révolution NBIC va faire déferler sur nos sociétés ?

La politique ne pourra pas rester à l'écart du débat et devra encadrer la recherche de sens, pour éviter que la société ne dérive vers le nihilisme ou la drogue biologique ou virtuelle, voire les deux. C'est aussi à cette condition que l'on pourra réduire le risque d'attentats bioterroristes nihilistes. L'homme biopolitique devra aussi réconcilier la science et la religion.

En outre, l'État devra aider la société à trouver des valeurs solides, ce qui pourrait radicalement changer le rôle de l'argent. À long terme, l'argent n'a pas sa place dans une civilisation NBIC. Par ailleurs, la culture et l'art, qui constituent deux remparts universels contre notre effroi devant la mort, survivront-ils à la vie éternelle ?

Les transhumains feront la fortune des psychiatres

La psychiatrie deviendra un enjeu majeur dans nos sociétés.

D'une part, parce que le recul de la mort et la possibilité de changer notre identité biologique va paradoxalement traumatiser les hommes. Dans sa passionnante conférence de 1972, à l'université de Louvain, Jacques Lacan expliquait magnifiquement pourquoi la mort nous aide à vivre et pourquoi la vie serait terrifiante si elle était sans fin. Quand tout est possible, l'être humain devient fou. La psychanalyse nous a appris à quel point l'absence de contraintes est source de dépression, voire de désarroi. Nous allons nous reconstruire, nous réinventer. L'idéologie NBIC qui magnifie nos fantasmes de toute-puissance sur la nature et sur nous-mêmes, est porteuse de bien des pathologies psychiatriques[1]. Le transhumain vivra dans l'illusion de sa toute-puissance, qui est mortifère pour

1. Et vouloir les supprimer par les nanoneurotechnologies est une pente bien glissante !

l'équilibre psychologique. Le pape du transhumanisme, Ray Kurzweil, affirme haut et fort « je n'ai pas l'intention de mourir ». On peut deviner qu'il va vivre une vieillessc difficile !

D'autre part, à cause des manipulations de nos cerveaux que la technologie va permettre. La psychiatrie va disposer de nouveaux outils techniques pour traiter les patients. La stimulation cérébrale profonde par implants cérébraux pour traiter les dépressions graves n'est que le premier pas. Demain, la neuropsychiatrie utilisera toute la gamme des instruments NBIC : génomique, sciences cognitives, électronique, cellules souches…

Des problèmes inédits se poseront. Les technologies NBIC chercheront à maintenir la plasticité de nos cerveaux : à quoi bon vivre plusieurs siècles avec un cerveau sclérosé, accroché au passé ? Dès lors, l'effacement régulier d'une partie de nos souvenirs s'imposera puisque la capacité de mémorisation de notre cerveau biologique peut certes être augmentée mais pas de façon illimitée. Nous ne serons plus nous. Nous changerons. Le risque d'une explosion des pathologies de dépersonnalisation est bien réel.

Le futur moi, ce n'est plus moi. Notre identité future sera déconnectée de notre identité actuelle. Au bout d'une longue période, nous serons une personne distincte. « Je » aura cessé d'exister : un autre moi aura émergé. Vouloir vivre longtemps est lié aujourd'hui à un désir de persistance. Or l'inéluctable transformation de soi que la vie longue implique est l'inverse de la persistance.

La demande d'aide psychologique risque d'être énorme. Dans l'offre pléthorique qu'elle suscitera, on trouvera son lot habituel de charlatans. Les hommes politiques vont donc devoir réguler la médecine du cerveau.

Certains philosophes transhumanistes ont une vision très permissive de l'usage de la drogue, qui est pour eux un des moyens de modifier le fonctionnement cérébral et de renforcer les capacités intellectuelles des hommes. Il existe dans leur esprit une continuité entre les implants cérébraux, la modification génétique du cerveau, les médicaments neuro-actifs et les drogues. Un État responsable devra, bien évidemment, encadrer tous ces fantasmes, sauf à accepter que la société parte en vrille !

L'allongement de la durée de vie et la modification du schéma corporel auront de multiples conséquences psychologiques. Les porteurs d'implants cochléaires sont bien sûr contents d'entendre, mais la voix métallique qu'ils perçoivent leur apporte une troublante impression d'étrangeté. L'un des malades transplantés d'une main a demandé à être amputé parce qu'il ne supportait plus son nouveau membre. De même, Benoît Bayle s'interroge, dans *À la poursuite de l'enfant parfait*[1], sur les risques de troubles psychiatriques que la révolution de la procréation choisie, contrôlée et finalement artificielle pourrait entraîner. L'augmentation des pathologies type « *borderline* », à la frontière entre la névrose et la psychose n'est elle pas due au contrôle de la filiation ? Est-ce le prix à payer pour « être les designers de nos descendants » ?

Notre rapport à la procréation sera bouleversé de façon encore plus radicale. Le refus de mourir signifie en réalité le refus d'enfanter. La mort de la mort conduit à la mort du désir de se perpétuer par procuration et bouleverse donc tous les repères fondamentaux de l'existence humaine. En

1. Benoît Bayle, *À la poursuite de l'enfant parfait : L'Avenir de la procréation humaine*, Robert Laffont, 2009.

effet, nous vivons tous par procuration dans nos enfants, ce qui nous fait accepter notre finitude. Dans un monde de quasi-immortalité, la naissance d'enfants perd son utilité pour perpétuer l'espèce. Cette transition est lourde de conséquences politiques et psychologiques. Aubrey de Grey, l'un des leaders de la médecine anti-âge, pronostique que la majorité des gens préférera l'immortalité à avoir des enfants.

Le transhumain pourrait donc passer beaucoup de temps chez le psychiatre ! Le thérapeute de l'ère NBIC devra être un philosophe et un éthicien plus qu'un ingénieur neurotechnologique.

Par ailleurs, la peur de mourir avant « la mort de la mort » ne risque-t-elle pas de paralyser et d'empoisonner les citoyens les plus fragiles ? Mourir à soixante ans, quand l'espérance de vie est de quatre-vingts revient à perdre deux décennies, mais mourir à soixante ans, quand la promesse d'une vie très longue se rapproche, pourrait être totalement insupportable. Qui acceptera de se sacrifier pour la patrie l'année de ses vingt ans ? Le sacrifice de sa vie sera d'autant plus fort que l'allongement moyen de la vie progressera. Une société paralysée, ayant peur de tout, pourrait être un grave effet secondaire du recul accéléré de la mort. Des enfants surprotégés, des citoyens peureux scléroseraient nos sociétés. Avec beaucoup de sagesse, Françoise Dolto avait coutume de dire : « On ne doit pas empêcher ses enfants de vivre, pour les empêcher de mourir ! » Il ne faut pas laisser la mort de la mort tuer la vie.

Dans un autre registre, la modification mnésique est une perspective aujourd'hui ouverte par les NBIC. Or la mémoire est une composante essentielle du psychisme. On mesure bien que la protection de l'intégrité cérébrale va devenir une mission essentielle de l'État du futur. Au-delà de la protection du libre arbitre individuel, l'État devra encadrer les modifications mnésiques même lorsqu'elles sont proposées au nom des bons sentiments et de l'intérêt des malades. Les médecins militaires travaillent beaucoup sur les techniques permettant de supprimer les souvenirs de guerre particulièrement traumatisants qui sont générateurs de dépressions graves. Il n'y a qu'un pas à franchir alors pour supprimer le souvenir d'un viol atroce chez un enfant abusé, ou les expériences infantiles qui ont favorisé l'anorexie-boulimie chez telle patiente de 30 kilos en danger de mort. De même, la société ne se serait probablement pas opposée à l'effacement des souvenirs des petites filles rescapées de Marc Dutroux, d'autant plus que l'État belge était responsable du retard pris dans l'arrestation du pédophile. Et puis après ? Va-t-on, un jour, proposer de supprimer les souvenirs des victimes de déportations ? Aurait-il fallu – si cela avait été possible – supprimer en 1945 les souvenirs particulièrement atroces des rescapés de la Shoah ? Pour le bien de chacun des rares déportés ayant survécu peut-être, mais sans doute pas pour le bien de l'Humanité dont l'histoire aurait été falsifiée.

La vérité va devenir de plus en plus fragile et les erreurs et les falsifications que l'on trouve sur Wikipédia ou les sites communautaires paraissent bien anodines au regard des perspectives des neurotechnologies.

Nouvelles religions, fragmentation des croyances, transformations biologiques et électroniques du cerveau, réalité virtuelle, manipulation des images et des souvenirs forment un cocktail détonant auquel l'État démocratique ne pourra éviter de goûter, même s'il est particulièrement amer. Comment éviter que la neuropsychiatrie ne devienne un levier dans les mains des transhumanistes pour transformer la société ? L'État pourra-t-il garantir notre neuro-sécurité, c'est-à-dire notre liberté, et le cœur des droits de l'Homme de la civilisation NBIC ?

Dépasser les débats stériles inné/acquis pour conforter le libre arbitre

La clarification du débat sur l'inné et l'acquis est nécessaire pour mieux comprendre les ressorts du libre arbitre et en étendre le périmètre. C'est vital pour que la quête de sens face à un futur aussi abyssal ne se traduise pas par des dérives violentes et nihilistes que nous avons évoquées plus haut. Revenons une dernière fois sur ce débat aussi complexe qu'essentiel.

La métaphysique de la génomique se partage en deux groupes. D'un côté, ceux qui pensent que les gènes ont une influence capitale sur notre personnalité, de l'autre, ceux qui considèrent que c'est l'environnement qui fait les hommes. En réalité, la vérité se situe entre les deux : il existe des gènes de prédisposition à un talent particulier, à des capacités cognitives, mais ce sont les stimulations de la vie qui vont façonner l'individu et développer, ou pas, ces capacités.

Les bioconservateurs s'appuient le plus souvent sur l'argument du déterminisme génétique supposé pour tenter d'enrayer l'essor des biotechnologies. Ils rangent ainsi ces pratiques sous la bannière du « non-respect de la vie et de l'espèce humaine ». Pourtant, le séquençage du génome humain nous permet d'aller bien au-delà de cette distinction simpliste.

D'abord, il y a très peu de gènes propres à l'Homme dans notre ADN. Il y a en revanche beaucoup de points communs entre les génomes d'animaux et le nôtre. On peut en conclure que le respect de l'espèce humaine n'a pas grand-chose à voir avec le fait de ne pas modifier le génome d'un être humain. Nous partageons 99 % du génome du chimpanzé. Nous sommes aussi très proches de la souris de laboratoire ou du cochon. Il n'existe pas de gènes propres à l'Homme qui pourraient servir à transformer par exemple un chimpanzé en pilote de Formule 1, une souris en neurochirurgien, ou un cochon en pianiste…

Le fardeau génétique est usuellement considéré comme immuable. « Il est comme son grand-père, c'est dans les gènes », dit-on d'un individu colérique, mince, aimable, ou ayant une belle peau. La nature profonde d'un individu serait donc associée à son profil génétique. Cette idée, cependant, est un raccourci trompeur. Gilles Éric Séralini[1] propose à cet égard une image fort parlante : penser que l'on pourra connaître la vie de quelqu'un en regardant ses gènes, c'est comme vouloir prévoir les accidents futurs d'une voiture en la regardant sortir de la chaîne d'assemblage !

La personnalité du conducteur, le type de routes qu'il empruntera, les voitures qu'il croisera décideront tout autant de l'éventuel accident qu'il aura que les caractéristiques techniques de la voiture. L'environnement familial et affectif façonne un individu plus sûrement que son patrimoine génétique. Si Gandhi avait grandi dans le même contexte qu'Hitler, peut-être serait-il devenu aussi mauvais que le dictateur, et inversement.

La génétique nous apprend ainsi que le débat inné/acquis n'a en fait pas réellement de sens. Il peut être utile, pour des raisons didactiques ou méthodologiques, de différencier les

1. Gilles Éric Séralini, *Génétiquement incorrect*, Flammarion, 2005.

deux, mais, dans la réalité, il s'agit de phénomènes entièrement imbriqués. Les gènes donnent des prédispositions qui s'expriment en pourcentage de chance de développer telle ou telle caractéristique ou maladie. Mais la plupart de ces prédispositions ne s'expriment qu'en relation avec un environnement donné. Par « environnement », nous entendons à la fois le lieu de vie, mais aussi le mode de vie (cigarette, alcool, contact avec des produits chimiques, etc.), la culture, l'enseignement, le milieu social…

La croissance de notre organisme depuis l'enfance jusqu'à la puberté puis l'âge adulte est le moment privilégié où s'opère cette alchimie subtile mêlant notre « programme » génétique – même si le mot est impropre – et son interprétation par la machinerie cellulaire, sous l'influence du monde et de nos actions.

L'épigénétique entre Bourdieu et l'ADN

Le libre arbitre est donc paradoxalement conforté par la biologie moderne qui a récemment découvert la dialectique subtile entre le gène, l'épigène et son environnement. Le grand débat philosophique qui oppose libre arbitre et déterminisme n'est donc pas plus fermé par la génomique que celui opposant l'inné et l'acquis. Le cocktail de nos gènes et de notre éducation/environnement ne fournit, lui aussi, que des prédispositions et non des certitudes. Si l'on met des gènes précis dans tel environnement précis, on n'obtiendra pas forcément tel caractère, tels choix de vie, etc. Pour en avoir la preuve, on n'a d'ailleurs pas eu à attendre la génétique : même élevés de façon identique, les vrais jumeaux, qui sont plus génétiquement semblables qu'aucun clone ne le sera jamais, font parfois des choix différents. Cet espace d'incertitude n'est pas autre chose que le libre arbitre. Nés avec le même patrimoine, ils divergent également en raison de différences dans leur « épigénome » en vieillissant…

Le fait qu'il y ait des relations causales entre nos connexions neuronales et nos actions ne détruit pas l'idée d'une volonté libre. La biologie et les sciences du cerveau ne sont pas une menace pour les notions de responsabilité et de libre arbitre. La compréhension de notre organisation biologique vient éclairer les conditions d'existence d'une volonté libre, et non en nier la possibilité. En définitive, la plasticité du vivant est telle qu'aucune structure biologique n'est définitivement contraignante. Elle détermine plutôt des potentialités pouvant évoluer tout au long de la vie sous l'action conjuguée de l'environnement et des actions entreprises, donc de la volonté.

La génomique est un outil en développement, qui va permettre une compréhension croissante de nos potentiels par l'analyse de nos gènes, non pas un par un, mais dans leur ensemble, associés à leur environnement. C'est bien d'un potentiel qu'il s'agit, c'est-à-dire d'un champ des possibles qui ne trouvera à s'exprimer qu'à travers un environnement donné. Il n'est pas question de déterminisme héréditaire. La génomique analyse l'état des gènes transmis par les parents, mais aussi les mutations initiales et retardées : qualité de l'environnement, mutations accidentelles, impact des transposons, ainsi que les modifications épigénétiques de la molécule d'ADN qui régulent sa lecture par la machinerie cellulaire. Notre fardeau génétique n'est pas simplement le fruit d'une hérédité. Dans son ouvrage, *La Musique de la vie*, Denis Noble[1] critique

1. Denis Noble, *La Musique de la vie*, Le Seuil, 2007.

cette idée reçue selon laquelle la génétique expliquerait tout et démontre comment l'organisme se construit tout autant par son vécu que par son potentiel génétique. Denis Noble est avec Séralini et Kupiec au cœur de ce courant prometteur de la génétique moderne.

Le débat entre inné et acquis est donc relancé plus que jamais. Si nous ignorons encore largement la part respective exacte de ce qui est naturel et de ce qui est contextuel[1] en nous, il est certain que notre personnalité ne se résume ni à l'un ni à l'autre. Les images habituelles associées aux gènes – « livre de la vie », « programme génétique » – doivent être abandonnées au profit d'une conception plus ouverte n'incluant aucun déterminisme simpliste.

En sens inverse, il faut aussi souligner le ridicule nihilisme génétique d'une partie des élites bien-pensantes. De Proudhon à Marx, la pensée du socialisme repose largement sur l'idée d'une neutralité de la nature humaine et sur le caractère fondamental de l'influence environnementale, et voit donc d'un très mauvais œil un retour en force d'une forme de déterminisme biologique. Du temps de l'URSS de Staline, des centaines de scientifiques ont été envoyés au Goulag pour avoir osé soutenir qu'une partie de notre être était biologiquement déterminée.

En réalité, le débat entre déterminisme social et déterminisme génétique est un faux débat. D'une part, tout ce qui est génétique n'est évidemment pas héréditaire : chacun d'entre nous est porteur d'environ soixante-dix mutations dites de novo, qui sont apparues pendant la fabrication des spermatozoïdes et des ovules chez nos

1. *Nature versus nurture*, selon les Anglo-Saxons.

parents. D'autre part, la génétique a démontré l'absurdité de certaines croyances réactionnaires[1].

En définitive, la fin des débats manichéens « gène contre sociologie, hérédité contre environnement, ADN contre culture » est une très mauvaise nouvelle pour les sociologues ! Ils ne vont plus pouvoir se contenter de grandes envolées lyriques antibiologie, mais vont devoir apprendre la génétique et l'épigénétique. L'existence d'interactions permanentes, complexes et bidirectionnelles entre le gène et l'environnement est révolutionnaire ! Entre l'ADN et Bourdieu[2], il y a l'épigénétique et beaucoup moins de place pour les anathèmes simplificateurs. La biologie moderne aura mis du temps à faire la synthèse avec la sociologie, mais elle y est arrivée, ce qui est plus satisfaisant que les batailles rangées entre géno-simplificateurs et géno-négationnistes. Désormais, la sociologie et la génétique vont s'enrichir mutuellement.

La clarification de ce débat philosophique fondamental est cruciale pour la cohésion sociale et la création de valeurs communes à l'humanité afin d'éviter le vertige nihiliste.

1. En particulier, la génomique a montré avec une particulière clarté l'absence de tout fondement scientifique à la notion de « race ». Les différences de couleur de peau, par exemple, tiennent à d'infimes différences génétiques arrivées très tard dans notre histoire (il y a moins de vingt-cinq mille ans) et restent absolument superficielles.

2. Bourdieu était un célèbre sociologue français d'extrême gauche, qui influença profondément l'intelligentsia des années 1980.

L'utopie d'une gouvernance mondiale de la biopolitique

Qu'il s'agisse de la résolution de la crise financière, du contrôle de la prolifération nucléaire ou de la lutte contre le réchauffement climatique, la mise en place d'une régulation mondiale est à la mode.

Il est dès lors tentant d'imaginer une gouvernance à l'échelle de la planète pour les questions touchant à l'identité même de l'homme. Ce n'est pas la première fois que nous caressons ce type d'utopie. En 1947, le Pr. Robert Oppenheimer, le père de la bombe A américaine, pensait convaincre le monde entier de placer les programmes nucléaires sous le contrôle d'une organisation mondiale. On connaît le résultat !

Ne tombons pas dans le boy-scoutisme intellectuel. Si la régulation de l'intelligence artificielle ne peut se concevoir qu'à l'échelle de l'humanité tout entière, d'autres sujets biopolitiques comme la neurosécurité ne peuvent pas être concentrés dans les mains d'une seule institution. Sauf à prendre le risque d'un totalitarisme sans sortie de secours.

Un référendum mondial sur l'intelligence artificielle ?

Certaines grandes règles doivent se dégager à un niveau international. Il faut que le monde se dote d'instances chargées de poser ces règles communes et d'en imposer le respect, un peu comme l'ONU permet – en théorie du moins – de faire pression sur certains pays qui constituent des risques pour les autres. Ces règles communes ne sauraient consister en des interdictions simplistes. L'existence d'un seul territoire sur terre où les règles sont moins strictes rend inopérantes les lois nationales. C'est ce qui se passe déjà pour l'euthanasie ou la procréation médicalement assistée pour les couples homosexuels, interdites en France mais pratiquées par les Français dans de nombreuses cliniques en Europe. Aucune raison de penser qu'il en ira différemment des autres possibilités offertes par la biomédecine.

S'il est un domaine où la régulation sera internationale ou ne sera pas, c'est bien l'intelligence artificielle. Aujourd'hui, il n'existe qu'un embryon d'intelligence artificielle : Google. Mais il s'agit d'une IA débonnaire, qui est dépendante de l'Humanité et qu'il n'est guère difficile de débrancher. Mais demain ? Dans un monde qui pourrait être dominé par l'intelligence artificielle et les posthumains (humains dotés d'une intelligence artificielle), quel sera le rôle de l'Homme ? Comment protéger l'Humanité biologique, avec ses faiblesses et ses particularités, face aux machines ? À défaut de bloquer l'émergence de toute forme d'intelligence artificielle, il faudra s'assurer que nous garderons l'essentiel : le rôle de chef d'orchestre. Nous devrons réguler un monde qui aura la capacité de s'améliorer et de progresser sans nous. Nous devrons veiller à garder le contrôle en érigeant des règles de prudence élémentaires face au risque de soulèvement des machines. L'écrivain Isaac Asimov avait déjà pensé à cela en écrivant une prémonitoire « charte des robots » dans les années 1950. Docteur en biochimie et pape de la littérature de science-fiction, Asimov avait établi trois lois fondamentales censées régir dans le futur les relations entre l'homme et les machines : « La première loi stipule qu'un robot n'a pas le droit de faire du mal à un humain, et ne peut rester passif devant un humain en danger. La deuxième loi précise qu'un robot doit obéir aux ordres des humains, sauf si ces ordres sont en contradiction avec la première loi. La troisième loi stipule qu'un robot doit protéger sa propre existence, dans la mesure où cette protection n'est pas en contradiction avec les deux premières lois. » Asimov était sans doute loin d'imaginer à l'époque que son texte servirait de base en 2007 en Corée du Sud pour la rédaction d'une très sérieuse Déclaration universelle des droits des robots financée par le gouvernement de Séoul[1]. Si nous n'avons rien à craindre de l'intelligence artificielle de 2020, comparable à celle d'une souris, nous aurons tout à craindre d'une IA des millions de fois supérieure à la nôtre… Les modalités de gouvernance et d'attribution du pouvoir devront faire l'objet d'une redéfinition éclairée. Nous devrons être méfiants et réserver, pourquoi pas, les postes de commandements stratégiques aux humains biologiques.

Il faudrait idéalement associer tous les êtres humains pour trancher cette question, mais peut-on envisager un référendum planétaire ?

La neurosécurité ne doit pas être mondialisée

Si la décision de créer d'autres formes d'intelligence que la nôtre, sur la terre, ne peut être prise qu'à l'échelle du monde entier, certains domaines ne doivent pas être régulés de façon centralisée. Un centre de décision unique pourrait conduire à un système totalitaire, puisque personne ne pourrait y échapper. Il est vital de maintenir plusieurs pôles géopolitiques afin

1. Projet de loi du ministère de l'Information de la Corée du Sud.

de garantir une concurrence idéologique. La nécessité des contre-pouvoirs et du pluralisme s'impose pour la biopolitique comme aujourd'hui pour la politique traditionnelle. Il faut pouvoir fuir quelque part !

Le cas de la neurosécurité et donc de la protection de notre cerveau, est à cet égard exemplaire.

Un monde où la régulation des sciences du cerveau serait décidée à l'échelle planétaire ne laisserait plus aucune échappatoire. En cas de dérapage totalitaire des neurosciences, où pourrait-on s'exiler ? Il n'y aurait plus aucun espace non soumis au pouvoir neurobiotechnologique central. Il s'agit bien d'un cauchemar pour nos libertés. Par ailleurs, il faut évidemment étendre le serment d'Hippocrate aux scientifiques NBIC, et notamment à ceux qui travaillent sur les sciences du cerveau !

Un homme d'État transhumain ?

L'homme biopolitique devra-t-il pencher du côté des bioprogressistes ou des bioconservateurs ? Il doit en tout cas rompre avec la stratégie perdante de la déclaration grandiloquente, masquant un recul permanent. Acceptant *a priori* les avancées, il serait en situation d'implémenter des règles éthiques et socialement acceptables.

Rien ne garantit qu'il y parvienne, mais, ce qui est certain, c'est que la politique du rejet en bloc n'a aucune chance de réussir. Bien loin des lois écrites à la hâte pour répondre à la question du moment, il faudra savoir élaborer avec intelligence et en concertation les règles du nouveau jeu biotechnologique.

Or, à force de perdre son temps et son énergie dans l'écume des jours, les politiques ne voient plus et ne s'occupent plus de ce que le sociologue Michel Puech[1] appelle « les catastrophes lentes ». Il désigne ainsi des évolutions lentes, des mutations profondes dont le point de départ est une sorte de signal qu'il convient de capter.

Les NBIC sont des catastrophes lentes. Le signal vient d'être envoyé et leurs effets se produiront dans les prochaines décennies. Tous les éléments de la « catastrophe » NBIC sont en place. Elle fera basculer le système dans quelques décennies, ce qui permet, en théorie, d'anticiper ses conséquences, de préparer la nouvelle donne et de trouver un équilibre entre le bioprogressisme et le bioconservatisme. Mais les hommes politiques ne s'intéressent aux « catastrophes » que lorsqu'elles se produisent, c'est-à-dire lorsqu'il est trop tard. À moins que, d'ici là, un homme d'État ne surgisse. Cet homme d'État sera-t-il un « transhumain » ?

1. http://michel.puech.free.fr

Conclusion

L'humanité, une technologie de l'information

Même si, comme le pensait Marx, l'Histoire a plus d'imagination que les hommes qui la font, les grandes lignes de notre avenir se dessinent progressivement. Nous allons vers une Humanité élargie, plurielle, avec divers degrés d'hybridation entre le biologique et les machines. Les ordinateurs vont devenir intelligents et passer graduellement de nos bureaux à nos cerveaux. Le phénomène est d'une logique implacable. Nous avons par nature envie de tout contrôler, de notre naissance à notre mort. La technologie et les sciences vont nous permettre d'assouvir de mieux en mieux ce besoin. L'Humanité, en ce sens, deviendra une « technologie de l'information » de plus, manipulable à l'envi.

Les promesses de la convergence NBIC et les changements de paradigmes incessants qui nous attendent vont générer une bien naturelle incrédulité. Pour certains, l'hybridation humain-machine et la mort de la mort qui nous attendent sont des élucubrations. Ils réagissent comme un homme de 1900 à qui l'on aurait parlé de Niel Armstrong marchant sur la Lune. Il faudra pourtant se faire à l'idée : nous devenons des transhumains, et la posthumanité est une éventualité sérieuse, sauf événement imprévu – guerre nucléaire, astéroïde, etc.

Les frontières entre l'Homme et la machine sont déjà floues. Elles pourraient disparaître. Le remodelage de l'Homme est en cours. Ce qui nous paraissait inacceptable et atroce hier nous semblera désirable et merveilleux demain. La maxime d'Anatole France, « ce que les hommes appellent civilisation, c'est l'état actuel des mœurs et ce qu'ils appellent barbarie, ce sont les états antérieurs », est toujours criante de vérité. Nous allons très probablement vers un eugénisme libéral, en phase avec l'économie de marché, l'individualisme et le culte du corps parfait qui, tous, définissent déjà les transhumains que nous devenons.

Comment pourrait-il en être autrement ? L'homme a toujours utilisé les outils dont il dispose pour augmenter ses capacités. Pourquoi refuserait-il de modifier son ADN défaillant, puis de s'hybrider avec des machines, si la seule solution alternative est le respect de vieux principes qui le condamnent à demeurer mortel, fragile, indigne de sa propre technologie ?

Nous allons vers une Humanité modifiée parce que nous sommes des « *Techno sapiens* » consommateurs de progrès ne supportant aucune restriction. Notre besoin de mise à jour est devenu une seconde nature. Notre corps va devenir un matériau presque comme un autre, modulable sur commande, avec des pièces de rechange de plus en plus performantes, et une intelligence assistée toujours plus puissante. À terme, l'augmentation de l'humain finira par être banalisée. Ceux qui s'y opposeront seront renvoyés dans leurs cordes par les majorités politiques.

Certains philosophes voient dans notre transhumanité en plein essor une forme de haine de soi, un dégoût devant l'humain biologique et ses limites. Les transhumains seraient des dépressifs, honteux d'être inférieurs aux machines, malheureux d'être sensibles aux maladies et voués à une mort prématurée. La volonté d'une hybridation de plus en plus intime avec les machines serait pour ces philosophes un renoncement coupable, un manque de confiance en l'Homme et en ses capacités. Cela nous pousserait à déposer les armes devant les machines et à leur laisser notre destin en main. À l'avenir, l'homme ne sera plus rien, ou presque, nous disent-ils.

Une vision pessimiste, pour le moins. Après tout, nous pourrons toujours couper l'électricité aux machines si le cœur nous en dit. Et si nous ne le faisons pas, c'est parce que notre humanité se satisfera de leur présence. L'avènement des biotechnologies peut, en effet, être celui d'un nouvel humanisme ; un phénomène libérateur et non une nouvelle et terrifiante forme de totalitarisme.

Nous ne défendons cependant pas ici de position techno-béate. Les dangers ne manquent pas, nous les avons largement balayés dans ce livre ; nous sommes conscients qu'ils tourneront tous autour de la vision de ce qu'est une vie humaine – une définition qui changera inévitablement, quelle que soit la direction prise par la nouvelle Humanité.

Il y a au moins une question à laquelle les machines ne pourront pas répondre à notre place, et c'est la plus importante de toutes : la manière dont les hommes sauront, ou non, mettre à leur propre service l'évolution technologique. De notre sagesse, et d'elle seule, dépendra notre avenir.

L'Humanité ne doit pas être aveuglée par les promesses fantastiques des NBIC. Notre évolution ne peut pas être pilotée par la loi de Moore. Nous devons choisir notre destin. Le hasard n'est pas la liberté. Comme le disait le Prix Nobel François Jacob, « la grande caractéristique de l'humain ne tient pas dans les négations des déterminismes, mais à l'augmentation des degrés de liberté dans leur exécution ». Il ne faut pas nier le gène et le déterminisme génétique par bien-pensance, ce serait d'ailleurs vain. Mais il faut combattre la dictature du gène. Orienter la technologie pour augmenter nos espaces de libertés est une partie de la solution : c'est ainsi que nous limiterons les affrontements à venir entre bioconservateurs et transhumanistes.

Notre avenir dépend de beaucoup trop de facteurs pour afficher des certitudes.

Nous devrons trouver nous-mêmes des réponses à toutes ces questions et ne jamais faire confiance à tous ceux, marchands d'Orviétan[1] ou gourous sincères, qui se proposeront de le faire à notre place. Nous ne savons pas à quoi ressembleront nos descendants dans quelques siècles, mais nous savons avec certitude que le vrai héritage que nous devons leur transmettre (au-delà d'un patrimoine génétique de moins en moins « naturel »), la réalisation dont ils nous sauront le plus gré, ce sera d'avoir pris aujourd'hui la question de notre évolution – et donc de la leur – en main.

Cette volonté un peu folle de s'affirmer dans un univers à l'échelle duquel nous n'existons pas, cette autonomie farouche, cette fierté qui confine souvent à la vanité, n'est-ce pas cela, la marque réelle et inaltérable de l'être humain ? Nous devons découvrir ce qui est le fondement

1. Médicament charlatanesque du XVIIe siècle.

de notre Humanité. C'est ainsi que nous éviterons que « la mort de la mort » ne soit « la mort de l'Homme ». Espérons que nous n'aurons pas besoin pour cela de suivre le conseil de Franz Kafka, dans son journal : « Pour te connaître, détruis-toi ! »

Quelques ouvrages remarquables pour approfondir

AMEISEN, J.C., *La Sculpture du vivant*, Le Seuil, 1999.

BAYLE, B., *À la poursuite de l'enfant parfait : L'Avenir de la procréation humaine*, Robert Laffont, 2009.

BENSAUDE-VINCENT, B., *Les Vertiges de la technoscience, façonner le monde atome par atome*, La Découverte, 2009.

BESNIER, J.-M., *Demain les post-humains, le futur a-t-il encore besoin de nous ?*, Hachette littératures, 2009.

DARDEL, F., & LEBLOND, R., *Main basse sur le génome*, Anne Carrière, 2008.

DE DUVE, C., *Génétique du péché originel, le poids du passé sur l'avenir de la vie*, Odile Jacob, 2009.

DUJON, B., *Comment évoluent nos gènes ?*, Le Pommier, 2005.

EVERS, K., *Neuroéthique, quand la matière s'éveille*, Odile Jacob, 2009.

FUKUYAMA, F., *La Fin de l'homme, les conséquences de la révolution biotechnique*, Gallimard, 2002.

GUILLEBAUD, J.-C., *Le Principe d'humanité*, Le Seuil, 2001.

JACQUARD, A., & KAHN, A., *L'avenir n'est pas écrit*, Bayard, 2001.

LAFONTAINE, C., *La Société post-mortelle*, Le Seuil, 2008.

NOBLE, D., *La Musique de la vie, la biologie au-delà du génome*, Le Seuil, 2007.

REVAH, F., & KLARSFELD D., *Biologie de la mort*, Odile Jacob, 2000.

ROUX, M., *Biologie, l'ère numérique*, CNRS éditions, 2009.

SÉGALAT, L., *La Fabrique de l'homme, pourquoi le clonage humain est inévitable*, Bourin éditeur, 2008.

SERALINI, G.-E., *Génétiquement incorrect*, Flammarion, 2003.

Glossaire

Ce livre abonde de mots inconnus pour le lecteur. Qu'il s'agisse de termes scientifiques ou bien de purs néologismes, ils sont autant d'éléments indispensables à la description des phénomènes et des technologies nouvelles dont nous parlons. Nous avons précisé à nouveau ici le sens des concepts les plus importants.

ADN

L'acide désoxyribonucléique contient l'ensemble de nos gènes. Ils déterminent, dans une certaine mesure, ce que nous sommes : caractères, potentialités, mais aussi faiblesses. C'est notre « patrimoine » génétique. L'ADN de chaque individu lui est propre.

ARN messager

L'ARN messager est une sorte de copie de l'ADN utilisée par les cellules. Il sert d'une certaine manière à transporter l'information génétique de l'ADN pour qu'elle soit traduite en cellules vivantes. L'ARN messager est un intermédiaire crucial dans l'expression des gènes.

Biopolitique

Le terme biopolitique a été forgé en 1974 par le philosophe Michel Foucault afin de désigner une forme d'exercice du pouvoir qui porte non plus sur les territoires, mais directement sur les populations. Sans tout à fait reprendre la complexe acception foucaldienne de ce terme, nous utilisons dans ce livre le mot « biopolitique » pour désigner ce tournant radical de la politique qui devra avoir lieu avec l'avènement des biotechnologies. Tant de choses devront changer dans la manière dont le pouvoir sera exercé et dont l'État assumera son rôle face aux nouvelles conditions créées par l'avènement des biotechnologies qu'il paraît justifié de désigner ce phénomène par un mot nouveau.

Gènes

Le code génétique inscrit dans chaque molécule d'ADN est un langage écrit utilisant seulement quatre lettres : ATCG. La molécule d'ADN ressemble à une échelle hélicoïdale dont les marches sont constituées par quatre composés chimiques (les fameuses lettres ATCG), les « bases », assemblées deux à deux. Ce sont les séquences selon lesquelles les bases se succèdent qui forment les gènes. Ces gènes déterminent la couleur de nos yeux par exemple, mais ne sont pas pour autant une « cage de fer » qui déterminerait ce que nous serons entièrement dans la vie et nos actions. L'environnement a aussi sa part dans la manière dont nous nous construisons. C'est pourquoi les vrais jumeaux, qui sont des clones parfaits, peuvent avoir des comportements très différents (en particulier s'ils sont élevés séparément et dans des conditions différentes).

Loi de Moore

Loi énoncée par Gordon Moore, l'un des fondateurs d'Intel, selon laquelle la puissance des micro-processeurs double à coût constant tous les dix-huit mois. Cette loi est aujourd'hui souvent citée pour illustrer l'idée de progression exponentielle des technologies, par opposition à une croissance linéaire.

NBIC

Ce sigle désigne de façon commode les quatre révolutions qui vont bouleverser le rapport de l'humanité au monde et à lui-même. Les progrès des Nanotechnologies, de la Biologie, de l'Informatique et des sciences Cognitives (intelligence artificielle) vont converger, se chevaucher, et donner lieu à des avancées spectaculaires.

SNPs

Les SNPs (*Single Nucleotide Polymorphism*) sont des petites variations dans la séquence ADN d'un individu qui peuvent prédisposer à des maladies ou altérer leur réaction à un médicament. À moyen terme, nous disposerons des SNPs caractéristiques de toutes les maladies. Des tests simplifiés seront alors fournis aux médecins pour déceler ces pathologies chez leurs patients.

Transposons

Les « transposons » sont des petites séquences d'ADN qui peuvent s'intégrer dans un génome et se multiplier. Ce sont, en d'autres termes, des virus qui se sont sédentarisés dans notre ADN. Ils ont contribué à l'évolution en créant des « accidents » de réplication de l'ADN d'une génération à l'autre. Pour le dire simplement, ils mettent dans notre génome le désordre d'où naît l'évolution.

Table des matières

Composition Nord Compo

Cet ouvrage a été imprimé en France
par CPI Bussière
à Saint-Amand-Montrond (Cher)
en septembre 2016

N° d'édition : 16 . — N° d'impression : 2025606.
Dépôt légal : septembre 2016.